高等学校土木工程专业“十四五”系列教材
土木工程专业本研贯通系列教材

岛礁岩土工程

刘建坤　汪　稔　主　编
姚　婷　高　燕　副主编
朱长歧　徐东升　主　审

中国建筑工业出版社

审图号：GS（2019）1703 号
GS 京（2023）1381 号

图书在版编目（CIP）数据

岛礁岩土工程 / 刘建坤，汪稔主编 ；姚婷，高燕副主编. — 北京 ：中国建筑工业出版社，2023.8
高等学校土木工程专业“十四五”系列教材　土木工程专业本研贯通系列教材
ISBN 978-7-112-28791-8

Ⅰ. ①岛… Ⅱ. ①刘… ②汪… ③姚… ④高… Ⅲ. ①岩土工程-高等学校-教材 Ⅳ. ①TU4

中国国家版本馆 CIP 数据核字（2023）第 100872 号

本书是为土木工程专业高年级本科生和研究生编写的岛礁岩土工程教材。本书系统介绍了钙质砂的基本物理力学性质以及岛礁开发中的典型岩土工程问题，内容包括岛礁工程地质，钙质砂的物理性质和静、动态力学性质以及抗冲击性能，岛礁地基与岸坡，筑岛工程，岛礁交通基础设施工程等。本教材可供土木工程、海洋工程及相关专业的高年级本科生和研究生使用。

为支持教学，本书作者制作了多媒体教学课件，选用此教材的教师可通过以下方式获取：1. 邮箱：jckj@cabp. com. cn；2. 电话：（010）58337285；3. 建工书院：http：//edu. cabplink. com。

责任编辑：赵　莉　吉万旺
责任校对：党　蕾

高等学校土木工程专业“十四五”系列教材
土木工程专业本研贯通系列教材
岛礁岩土工程
刘建坤　汪　稔　主　编
姚　婷　高　燕　副主编
朱长歧　徐东升　主　审
*
中国建筑工业出版社出版、发行（北京海淀三里河路 9 号）
各地新华书店、建筑书店经销
北京鸿文瀚海文化传媒有限公司制版
天津安泰印刷有限公司印刷
*
开本：787 毫米×1092 毫米　1/16　印张：12½　插页：1　字数：279 千字
2023 年 9 月第一版　　2023 年 9 月第一次印刷
定价：**42.00** 元（赠教师课件）
ISBN 978-7-112-28791-8
（41244）

本书编写委员会

主　　编：刘建坤　汪　稔
副 主 编：姚　婷　高　燕
参编人员：王新志　吕亚茹　王　星　林宏杰
　　　　　伍浩良　张小燕　王子玉　戴北冰
　　　　　吴　杨　李建宇　李　学　吴毅航
主　　审：朱长歧　徐东升

前　言

随着国家海洋战略的深入实施以及国防建设需求的增加，岛礁开发带来的基础设施建设得到大力发展，针对珊瑚岛礁的岩土工程研究也已取得了大量的理论及技术成果。然而时至今日在大多数高等院校教学中，有关钙质砂的工程性质以及岛礁工程建设相关的知识鲜有涉及，也未见相关的教学参考书。党的二十大发出了“发展海洋经济，保护海洋生态环境，加强建设海洋强国”的战略号召，作为从事海洋土木工程专业的教育工作者而言颇感任重道远，时不我待。为了满足土木工程专业高年级本科生以及研究生的学习和研究，特编写本教材，供开设相关课程的高校选用。

全书内容分为10章。第1章介绍了珊瑚礁的成因以及岛礁工程地质概况，由汪稔、李学、姚婷、高燕等编写；第2章介绍了钙质砂的基本物理性质，由王新志和李学等编写；第3章介绍了钙质砂的静力特性，由王新志、刘建坤、李学等编写；第4章介绍了钙质砂的动力特性，由刘建坤、李学和吴毅航等编写；第5章介绍了钙质砂的冲击特性，由吕亚茹编写；第6章介绍了钙质砂的改良方法及珊瑚骨料混凝土的制备与性质，由张小燕、伍浩良和王子玉编写；第7章介绍了岛礁岸坡的稳定性，由林宏杰、刘建坤编写；第8章介绍了岛礁地基基础设计与计算，由王星、王新志编写；第9章介绍了筑岛工程，由李建宇和李学编写；第10章介绍了岛礁基础设施建设中的主要岩土工程问题，由戴北冰、吴杨和吴毅航编写。全书由刘建坤和汪稔统稿，并请朱长歧、徐东升教授进行了审校。编写过程中得到了周虎鑫、孟庆山等专家的指导，在此一并致谢！

本教材的编写得到了中山大学教学质量提升项目和南方海洋科学与工程广东省实验室（珠海）岛礁与海洋工程创新团队的支持，在此一并致谢。

编写过程中引用了大量前人资料，如有遗漏请见谅。任何错误请联系作者：liujiank@mail. sysu. edu. cn。

刘建坤　汪　稔

2023年8月

目 录

第1章 绪论

21世纪是海洋的世纪，由于陆地空间的开发和利用已遇到瓶颈，同时伴随着人口膨胀、资源短缺、环境恶化等问题的出现，开发海洋资源成为新时代谋求发展的目标。我国是一个海洋大国，拥有四大海域(渤海、黄海、东海及南海)，海域总面积共计470余万平方千米，其中南海总面积达350万平方千米，是四大海域中面积最大、水最深的海域。南海位于北纬23°27′至南纬3°00′，东经122°10′至东经99°10′之间，其地理区位图如图1-1所示，是沟通太平洋与印度洋，联系亚洲和大洋洲的重要通道，同时也是海上丝绸之路的起点。南海是我国最大的海洋油气资源储集区，已探明可采石油储量为200亿t，天然气储量约4万亿m^3和可燃冰储量约194亿m^3。南海优越的地理位置与丰富的油气资源决定了其复杂的地缘特性和重要的战略意义。

与其他三大海域不同的是，南海海域因其特殊的地理位置和独特的气候环境条件，广泛分布着由造礁石珊瑚遗骸堆积形成的珊瑚岛礁，其中包括23座岛屿和沙洲以及200多座礁滩。虽然这些岛屿和沙洲面积大小不一且总面积也不大，但它们却是茫茫大海中极为宝贵的陆地资源，是海洋开发和海洋权益保护的立足点，可作为现代深海远洋渔业、海底石油天然气资源开发、旅游业、交通运输业和国防事业的依托和前方基地。

在第二次世界大战期间，美国、澳大利亚等国就已经在太平洋的珊瑚礁岛屿上就地取材，使用珊瑚礁碎屑为填料修建人工岛机场跑道和公路，后经改扩建使用至今。在1988—1991年期间，我国成功在西沙群岛的永兴岛上建设了南海的第一个机场。2013年，我国开始大规模进行吹砂填岛工程，于南沙群岛相继建造了永暑礁、美济礁及渚碧礁三大机场。岛礁工程必将是今后我国重大岩土工程的重要组成部分之一。随着我国岛礁建设进入新的阶段，其将面临越来越严峻的工程地质难题和工程技术挑战，这将是我国南海岛礁开发与可持续发展事业的严峻考验，也为珊瑚礁岩土工程的深入研究提供了国家需求导向。本章将主要介绍珊瑚礁的成因与分布、南海珊瑚礁的地貌特征、岛礁工程地质以及岛礁基础设施建设中的岩土工程问题。

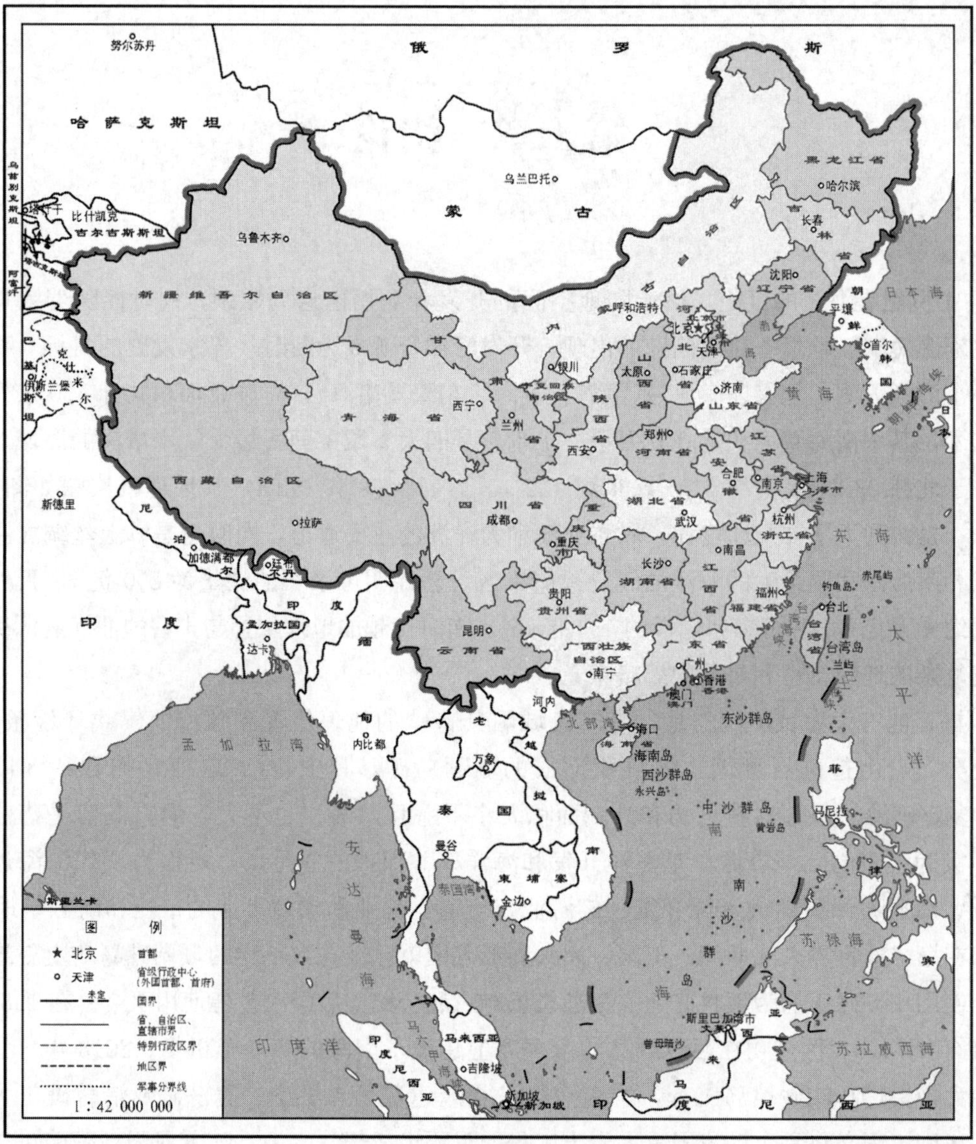

审图号：GS(2019)1703号　　自然资源部 监制

图 1-1　南海地理位置图

1.1　珊瑚礁的成因与分布

珊瑚礁是一种由造礁石珊瑚等海洋生物体历经一系列的生物与地质作用过程而形成的沉积建造。从生的珊瑚群体死后其遗骸堆积在原生长地上，保留死前形态的称为原生礁。而被波浪、天敌或人为破坏后其残肢与各种附礁生物贝类及钙质藻类等的遗骸经堆积胶结而构成次生礁。原生礁和次生礁构成了整个珊瑚礁地质体，该地质体的顶部隐现于水面下，且其顶部面积相差悬殊，大者超过 100 km^2，小者不足 1 km^2。最适宜造礁石珊瑚生

长的海水温度是25～28℃，海水温度低于18℃或高于29℃时珊瑚生长就会受到抑制，低于13℃或高于36℃时珊瑚就会死亡。因此，全球的珊瑚礁多分布于南北纬30°之间的海域中，尤以太平洋中部、西部为多。全球珊瑚礁分布位置如图1-2所示，珊瑚礁在我国南海、红海、波斯湾、印度西部海域、澳大利亚西部大陆架和巴斯海峡、爪哇海、北美的佛罗里达海域、中美洲海域等都有分布。我国珊瑚礁主要分布于北回归线以南的热带海岸和海洋中，在西沙、南沙、东沙、中沙群岛、澎湖列岛及海南岛南部至西南部沿海一带均有丰富的造礁珊瑚分布。珊瑚生长除了受海水温度的影响外，还会受到海水的盐度、溶解氧和太阳辐射等的制约。珊瑚适应的海水盐度范围是27‰～40‰，最佳盐度为36‰。清洁且不断扰动的海水，含有较多的氧气和养料，有利于珊瑚的生长，珊瑚生长最适宜的海水溶解氧量为4.5～5.0 ml/L。珊瑚的生长还会受海水透光度的影响，通常水面下50 m以内为珊瑚适宜的生长范围，20 m以内珊瑚生长最为繁茂，50～70 m范围内个别种类和个体的珊瑚可以生长，但不能成礁，也有小部分造礁珊瑚生长在水深100 m，甚至更深的海底处。

珊瑚礁在岩石学上统称为珊瑚礁灰岩，属于海相生物成因的碳酸盐岩，矿物成分主要为方解石和文石，化学成分以碳酸钙为主，我国南海的珊瑚礁灰岩中碳酸钙含量超过90%，东南亚以及加勒比海地区珊瑚礁灰岩中的碳酸钙含量分别为99%和97%，胶结类型主要为孔隙式胶结和接触式胶结。珊瑚礁在形成过程中，地质环境、海洋环境、造礁生物种类及生长条件基本相同，因此珊瑚礁的地貌类型相似，地层岩性、成因和分布规律具有很强的共性。

珊瑚礁顶部一般为松散未胶结的钙质沉积物，通常被称为钙质砂(土)或珊瑚砂，其主要成分为珊瑚碎屑，含部分珊瑚藻、贝壳及有孔虫等生物的碎屑，碳酸钙含量一般超过50%。研究发现，钙质砂的形成一部分是海浪对珊瑚礁的破碎作用导致，而主要的成因则是源于生物作用的结果，即珊瑚礁遭鹦鹉鱼啃食之后，将不能消化的钙质颗粒经粪便排出后形成钙质砂，且该部分占钙质砂总量的80%左右。生物成因以及较短的沉积搬运距离，导致钙质砂颗粒形状各异、内孔隙发育，这些特性是导致钙质砂与陆源石英砂岩土工程性质不同的决定因素。

1.2 珊瑚礁地貌特征

南海地壳属于大陆型地壳和大洋型地壳的过渡类型，新构造运动活跃，断裂构造非常发育，且不同区域差异性较明显。南海地质体剖面示意图如图1-3所示，从图中可看出南海海域地质地貌复杂多样，主要有岩石圈断裂、基底断裂、地壳断裂以及覆盖断裂等类型，呈现NW或NE走向分布，因而礁体多呈NE-SW方向分布。南海海域南北向断裂是发育时间最早，分布最为广泛的断裂。南海被南北向分布的断垒和岸脊分开，其中马尼拉海沟断裂带为俯冲型岩石圈断裂。根据地质力学理论，南海北缘为陆缘性扩张带，以NW向走滑断裂带为主，如琼粤滨海断裂带；南海南部为挤压断裂带，如南沙海槽断裂；西边是剪切断裂带，如金沙江、红河断裂；东部为俯冲断裂带，如菲律宾吕宋岛向北延伸至我国台湾岛南部海域。研究显示活断层是由地壳运动引发的岩层滑移而引起，也可以是沉积作用下出现的地层之间的错动，断层面上下盘堆积物重量不同而造成。南海群岛的新构造运动大多位于南沙地块，自渐新世晚期以来一直处于下降阶段，下降速率为 0.1 mm/a。此外，菲律宾板块和印澳板块分别向西北方向、正北方向以一定速度滑移和俯冲。

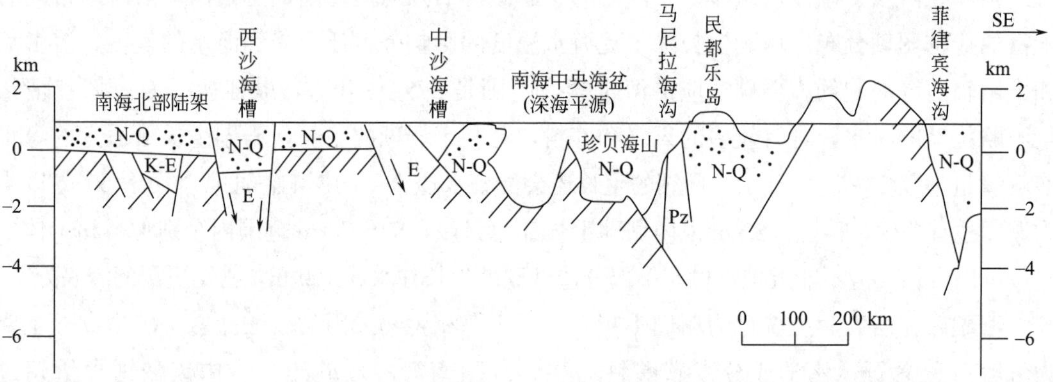

图 1-3　南海地质体剖面示意图

按照珊瑚礁体与岸线的关系，地质学家将珊瑚礁划分为裙礁(岸礁)、堡礁和环礁 3 个主要类型，又根据形态分出台礁和点礁等类型。其中，裙礁为分布在陆地边缘的珊瑚礁；堡礁为分布在距陆地有一定距离的堤状礁体，最著名的堡礁为澳大利亚的大堡礁；环礁是形成环状或部分环状的珊瑚礁，南海珊瑚礁多为环礁，如永乐环礁、宣德环礁等。呈台地状高出海底，礁顶无潟湖和边缘隆起的大型珊瑚礁称为台礁。我国南海现有的珊瑚礁以环礁最多，据统计，南海有环礁 53 座，台礁 10 座，还有尚未完全查明的浸没于水下的珊瑚礁数十座。南海珊瑚礁绝大部分分布于中大陆坡，如东沙群岛在东沙台阶上，中沙群岛的主体和西沙群岛在西沙-中沙台阶上，南沙群岛的主体在南沙台阶上。少部分分布在上大陆坡，如南沙群岛西南部的暗滩群，即万安滩、西卫滩、广雅滩、人骏滩和李准滩等。也有小部分分布在大陆架上，如南沙群岛南部的南屏礁和暗沙群，即北康暗沙、南康暗沙和曾母暗沙等，个别分布在植根于深海盆的海山上，如中沙群岛的黄岩岛。

南海珊瑚岛礁的地形地貌由所处的地质环境和海洋地理条件所决定，同时也会受造礁石珊瑚的生长、充填以及堆积程度等因素的影响。南海岛礁地势低，平均海拔为 3～5 m。以礁体位置、动力环境和生物环境为划分标准，赵焕庭等(1996)将南海环礁地貌-沉积相带分为广为采用的 2 等级 14 类，包括向海坡(礁缘坡)；外礁坪；礁凸起；内礁坪：珊瑚稀疏带、珊瑚丛林带、礁坑发育带；潟湖：潟湖坡、潟湖盆、点礁；礁坪上发育沙洲和灰沙岛，其中灰沙岛：海滩、沙堤、沙席及洼地。岛礁四周的礁外坡都很陡峭，向海坡一般是陡峭的阶地，岛礁顶部轮廓呈圆形，礁坪在涨潮时隐没在水面下，落潮时浮出水面，坪面凹凸不平，外礁坪一般由礁坡带和礁缘凸起所组成。内礁坪沉积物常见的有礁砾块、珊瑚断枝和砂屑等；潟湖水深一般为 0～50 m，潟湖底部多为粉细砂沉积。在南沙群岛珊瑚礁体上，水动力作用、沉积类型及地形地貌都具有成带分布的特点，因而岩体结构及其工程地质性质亦具有分带性。外礁坪的礁体结构性好，具有较大的地基承载力，但外礁坪所处的地段波浪海流作用强烈，属于稳定性较差的地带，不宜建设大型建筑物。内礁坪上的沉积物主要为粗砂，其胶结性较差、地基承载力小，但内礁坪水动力环境良好，且钙质砂经过简单的地基处理后承载力显著提高，因此内礁坪可作为岛礁工程的适宜建设场所。大型建筑物或者构筑物可建设在内礁坪上，远离海洋风浪环境的侵扰。南海诸岛中的灰沙岛是由海洋生物珊瑚虫的骨骼以及其他海洋生物的残骸如贝壳碎屑等堆积而成，所以也叫珊瑚岛，与大陆没有任何关系。灰沙岛往往仅高出海面数米，呈低平延展状。我国南海已查明的灰沙岛约有 52 座，绝大多数灰沙岛是全新世中期出现高海面时陆续形成的松散堆积，平均海拔 1～8.2 m。有些岛上存在胶结成岩的海滩岩、沙堤岩和鸟粪石，其^{14}C年龄距今小于 5 ka。西沙群岛的石岛是南海唯一由已全部胶结成岩的沙丘岩构成的老灰沙岛，形成于全新世中期高海面出现之前，高 15.9 m，地层的^{14}C年龄为距今 8～19.73 ka，是南海诸岛中海拔最高、时代最老的灰沙岛。

对珊瑚岛礁进行工程地质分区可更合理地利用岛礁资源。考虑地貌单元特性，可将珊瑚岛礁分为沙洲区、潟湖区、灰沙岛区、礁坪区和人工回填区等五部分，如图 1-4 所示。研究显示，南海岛礁的礁体最大厚度达到 2160 m，由距今 27 Ma 的晚渐新世发育而来。根据南沙群岛永暑礁南永 1 井岩芯地层资料，如图 1-5 所示，岛礁地层从下至上依次为礁灰岩层、天然钙质砂层以及吹填钙质砂层，地面 17.3 m 以下均为已固化成岩且其内部孔隙发育的礁灰岩层，礁灰岩的工程地质性质可以从孔隙性、水理性、岩体结构特征、变形特性与强度特征等进行描述。礁灰岩的密度比钙质砂的大，但比一般灰岩的小。在珊瑚岛礁岩土层中，往往存在礁灰岩层与砂砾层的互层现象，以及不整合面和类似岩溶的现象，存在上述现象的部位岩体强度低、松散易碎。在礁缘处，表层的珊瑚碎屑层常年处于雨水入渗、生物活动及海洋水动力环境的影响，颗粒间存在一定程度的胶结作用，抗冲刷能力增强，形成了周缘高而中间低的总体地貌格局，这种海盆地形有利于岛礁地基的整体稳定性。迄今为止，尚未发现珊瑚礁体存在整体失稳的迹象，但地震或海啸作用下的礁体整体稳定性还有待进一步的研究。传统土力学理论是建立在固体颗粒不可压缩和不可破碎基础上的，而钙质砂颗粒的矿物成分主要为文石和方解石，矿物硬度低且含有丰富的内孔隙，

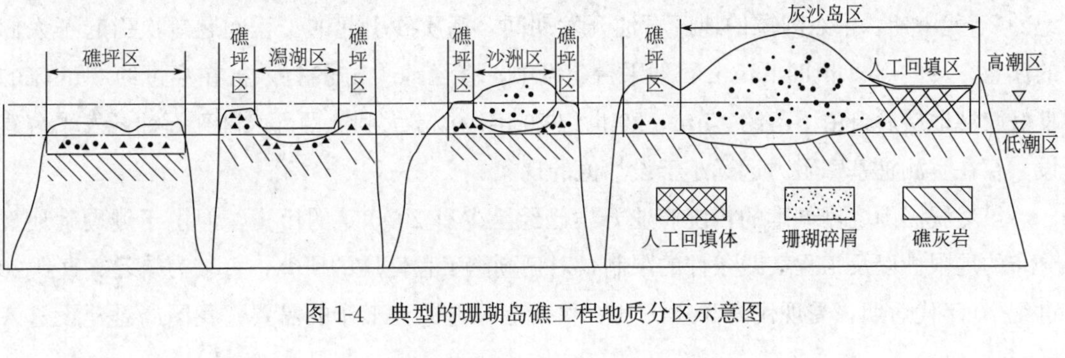

图 1-4　典型的珊瑚岛礁工程地质分区示意图

因此颗粒具有易碎性，在常压下即可发生颗粒破碎现象，导致其岩土工程性状与石英砂有着根本的区别。人工吹填钙质砂地基，在较低应力水平下，其压缩性比常规陆源砂的小，采用常规的地基处理方法，如换填法，用礁块与碎屑作为置换体，经机械碾压平整后，就能满足一般工程建设对地基承载力的要求。在较高应力水平下，由于颗粒破碎，钙质砂的压缩性急剧增加，且内摩擦角急剧降低。

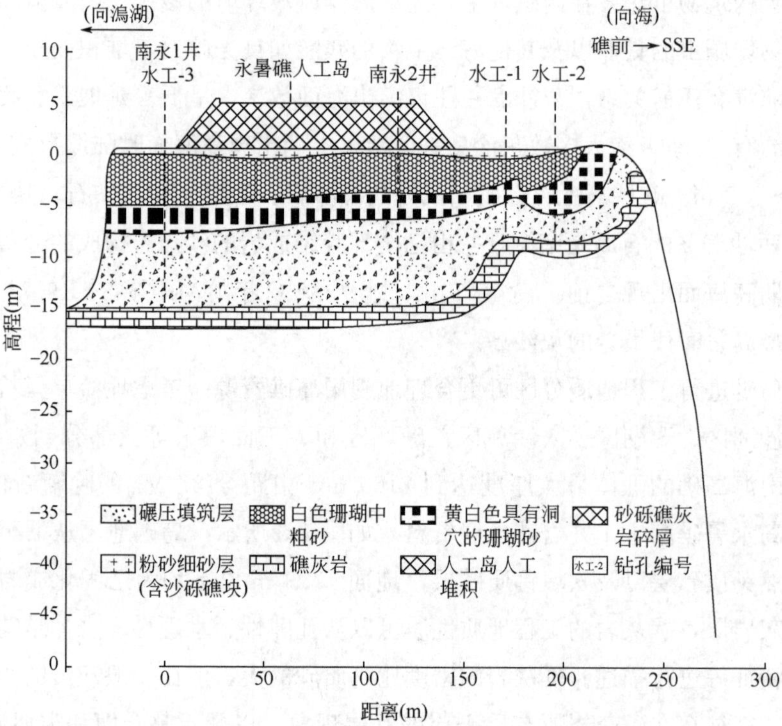

图1-5　岛礁工程地质剖面图(汪稔，1997)

1.3　岛礁工程地质与岩土工程

人们利用珊瑚礁碎屑为建造材料修建建(构)筑物的历史由来已久，太平洋战争期间，美国和澳大利亚在太平洋岛屿上就地利用珊瑚礁砂砾建筑了多条公路和机场跑道。20世纪60年代中期，中东阿拉伯地区石油开发期间，钙质砂引起的工程问题首次引起了人们的注意。1968年，伊朗Lavan石油平台建设中，直径约1 m的打入桩在穿过约8 m厚的良好胶结地层后自由下落约15 m。20世纪70年代，澳大利亚西部大陆架石油开发平台建设，存在实测桩基摩阻力远远小于设计值的现象。

虽然我国围绕珊瑚礁的传统产业开发已经至少有2000年的历史，但由于珊瑚礁地理分布的局限性以及工程实践条件的限制，对珊瑚礁工程性质的研究一直较为缺乏。直到20世纪70年代后期，受现代海洋经济发展和国土海疆保卫工作的需要，我国岛礁建设进入起步阶段。在开展珊瑚礁工程地质现场初步调查的基础上，结合原位测试及室内实验，初步解决了工程建设中遇到的一些工程地质问题，成功修建了永兴岛机场及营房和港口码头等一批国防基础设施，为维护国家安全及领土完整事业提供了有力支撑。

进入21世纪，涉及珊瑚岛礁的工程规模越来越大。调查发现，岛礁上的建筑物不同程度地存在着场址选择不甚合理、造价昂贵以及建筑物出现裂缝、渗漏，地基塌陷、潜蚀和工程护坡失稳等工程地质灾害问题。自2013年开始，我国陆续实施了新一轮的吹填造岛工程，至2020年，该轮造岛及其基础设施建设基本完成。由于项目的设计和施工建设周期较短，该期吹填造岛工程的设计、建造和长期运维缺乏完整而深入的科学论证。复杂的海洋地质构造、吹填钙质砂特殊的工程性质以及长期的波浪动力侵蚀均可能对岛礁地基及建筑物的稳定性构成威胁。为适应珊瑚岛礁工程建设需求发展起来的珊瑚礁工程地质学科是现代工程地质学的一个新方向，可以为珊瑚礁工程的规划、设计、施工与可持续发展提供科学理论支撑。

在岛礁上建设基础设施会遇到多种工程地质问题，例如通过吹填造陆形成人工岛的过程中其技术指标的控制，岛礁岸坡在受到海洋荷载作用时的稳定性评估，吹填钙质砂地基承载力的计算，以及钙质砂地层中桩基承载力的计算，同时岛礁建设机场等基础设施与陆地上建设相比面临着建设难度更大、成本更高以及维护难度大等问题，这些都需要科研人员与工程师的协同合作才能解决。目前，国内外的工程地质专著均未将珊瑚礁作为一种特殊类型的岩土进行系统研究。并且人们的注意点尚集中于对珊瑚礁碎屑（钙质砂）力学性质的认识，对珊瑚礁的结构和环境特性缺乏系统的认识。此外，将珊瑚礁礁体作为整个工程岩体进行稳定性分析，研究岩体结构特征，探讨影响礁体稳定性的因素等方面做得还很不够。另外，尚未能就珊瑚礁体开展系统的工程地质环境区划和评价，对珊瑚礁各区带的结构特征、工程适宜性，礁坪区普遍存在的塌陷、溶洞等工程地质灾害分布的规律性认识还不够深入。因此，无法为珊瑚礁区工程的场址选取、布局规划、工程设计、地基处理及边坡保护等任务提供科学依据。开展珊瑚礁工程地质研究，将拓宽现代工程地质研究的领域，丰富其研究内容，同时又具有广阔的应用前景。

珊瑚礁工程地质学既包含一般工程地质学的研究内容，又由于研究对象的工程地质性质的独特性及所处海洋环境的特殊性而具有新的特点。珊瑚礁工程地质学的研究内容包括：珊瑚礁地质环境特征、珊瑚礁海洋动力环境特征、珊瑚礁岩土工程地质性质、珊瑚礁工程地质问题分析、珊瑚礁工程地质勘察内容和技术方法等。岛礁工程地质需要开展以下诸方面的研究：

（1）珊瑚礁工程地质区带划分和工程适宜性评价研究。珊瑚礁工程地质环境是一个复杂的系统，由地质条件、海洋动力条件及生态条件等组成。为了合理布局、规划、设计珊瑚礁工程，必须开展珊瑚礁工程地质区带划分，研究各区带的工程地质环境、工程地质性质、工程适宜性以及工程地质环境与工程的相互作用。

（2）加强海洋动力环境的研究。珊瑚礁发育于热带海洋中，海洋动力环境和珊瑚礁地质环境一起构成了珊瑚礁工程地质环境。波浪、潮流对礁体边坡和工程建筑物护坡冲刷、掏蚀，引起边坡失稳。水动力环境和地质环境共同制约着珊瑚礁工程的规划和设计，直接影响到工程场址的选择、建筑物地基的处理、基础结构类型的设计以及地面高程的确定。

（3）珊瑚礁岩土工程地质基础理论研究，研究对象主要为表层的钙质砂与深层的礁灰岩。钙质砂碳酸钙含量高达97%，棱角明显，在固结和剪切作用下易破碎，颗粒破碎被认为是影响钙质砂强度和变形特性的主要因素。因此，需要开展钙质砂颗粒破碎机理以及颗粒破碎对钙质砂工程特性的影响机制研究。目前，对钙质砂应力-应变特性的认识尚不足，钙质砂不是一种各向同性的岩土体材料，应力水平和应力路径均会影响其应力-应变关系，因此，需要建立能够代表钙质砂应力-应变关系的本构模型，用于开展钙质砂地基变形和稳定性评估。礁灰岩具有强度低、脆性大且孔隙率高等特点，其成岩作用因时期不同及所经历的后期环境条件不同，各层位的岩石学性质各有特点。礁灰岩作为珊瑚礁重大型建(构)筑物的持力层以及地下洞室的潜在层，其桩-岩相互作用及损伤机制、岩体稳定性、开挖方法以及动荷载作用下的岩土工程性状等都是需要深入研究的内容。

（4）珊瑚礁体结构及稳定性研究。岩体结构包括宏观结构和微观结构，对珊瑚礁体的稳定性起着控制性作用。目前对礁体浅层普遍存在的裂隙、塌陷和溶洞的分布规律尚缺乏充分的认识。影响岩体结构和稳定性的因素很多，包括生物组分、沉积环境、胶结作用、化学作用及水动力作用等。

（5）珊瑚礁工程地质勘察技术研究。珊瑚礁礁坪处于高潮淹没、低潮干出或半干出的潮间带环境，沉积物中砂、砾石混杂，要求工程地质勘察设备和技术方法既有别于陆地，也不同于深海。钻探、物探及许多原位测试方法仍是珊瑚礁工程地质勘察常用的技术手段，但需要考虑沉积物性质的特殊性及其所处环境特点，采用适宜的测试方法及设备。岛礁特殊的地质环境，造就了珊瑚礁岩土体在结构及物理力学性质上的各向异性，以及洞穴等灾害条件分布的非均匀性，致使场地浅层地基承载力存在着较大的差异性，在进行岩土工程勘察方案编写时必须考虑上述因素对布孔间距等因素的影响。

思考题

1. 南海海洋开发有何重要性？谈谈你的理解。
2. 简述珊瑚礁的成因及其分布特征。
3. 简述珊瑚岛礁的工程地质分区。
4. 珊瑚礁浅层和深层沉积物各有什么特性？

参考文献

汪稔，等，1997. 南沙群岛珊瑚礁工程地质[M]. 北京：科学出版社.

赵焕庭，等，1996. 南沙群岛珊瑚礁自然特征[J]. 海洋学报(中文版)，(05)：61-70.

第2章　钙质砂的基本物理性质

珊瑚礁岩土的类型，从工程地质的角度可分为珊瑚礁岩(或礁灰岩)和珊瑚碎屑土两大类。珊瑚礁岩位于珊瑚礁下部，完整性较好。珊瑚碎屑土位于珊瑚礁上部，是全新世以来由珊瑚礁岩，以及珊瑚、贝壳等海洋生物死亡后的残骸等经风化作用或海水动力作用破碎后堆积而未胶结成岩形成的土类，以钙质砂砾层为主，其主要化学成分为碳酸钙，摩氏硬度约为3，颜色呈淡黄色或白色，表观样貌如图2-1所示。不同地貌单元沉积物的生物组分不尽相同，礁坪沉积物一般以珊瑚碎屑和珊瑚藻屑为主，有孔虫含量低；潟湖盆底沉积物以仙掌藻片和有孔虫含量高为普遍特征；潟湖坡沉积物中的生物组分介于礁坪和潟湖盆底之间。当珊瑚碎屑土中等效碳酸钙的含量大于50%时，其称为钙质土(Calcareous soil)或碳酸盐土。钙质土大多未经长距离搬运，保留了原生生物骨架中的细小孔隙，形成的颗粒富含内孔隙，形状不规则且易破碎，其物理力学性质与一般陆相沉积物相比有较明显的差异，表现为孔隙比高、单颗粒强度低但抗剪强度高等。我国南海的钙质土因分布区域不同其成分通常存在一些差异，如西沙、南沙群岛钙质土的碳酸钙含量在90%以上，而南海北部岸礁区域(如雷州半岛、涠洲岛等)钙质土因夹杂部分陆源土导致其碳酸钙含量较低。由于室内实验中常以粒径介于0.075～2 mm间的钙质土为研究对象，因此下文统一以“钙质砂”来表述该研究介质。本章主要就钙质砂的矿物成分、比重、颗粒形态及表征、孔隙结构特征、渗透特性几个方面展开叙述。

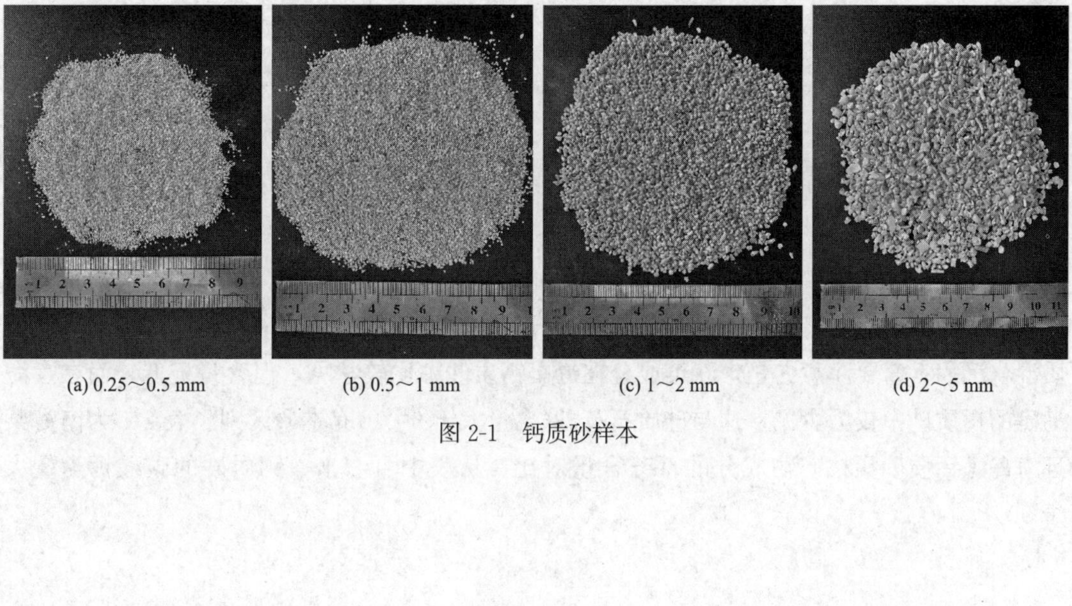

(a) 0.25～0.5 mm　(b) 0.5～1 mm　(c) 1～2 mm　(d) 2～5 mm

图2-1　钙质砂样本

2.1　钙质砂的矿物成分

大量 X 射线衍射（XRD）分析发现钙质砂的主要矿物成分为高镁方解石和文石，如图 2-2 所示。钙质砂主要以生物文石、镁方解石为主。文石作为生物化学作用的产物，常见于许多动物的贝壳或骨骸中，也可在海水中直接生成，呈块状构造，多由多种不规则形状的块体混合而成。钙质砂中的文石主要来源于海洋生物的骨骼，自然生成的生物文石含量较低。生物文石在自然界中不稳定，在一定条件下可转变为方解石，这意味着钙质砂中的方解石一部分是自然生成的，另一部分则是由生物文石转变而来。一般而言，组成钙质砂的文石为柱状或针状，呈平行或羽簇状排列，而方解石呈细晶状或微晶状。

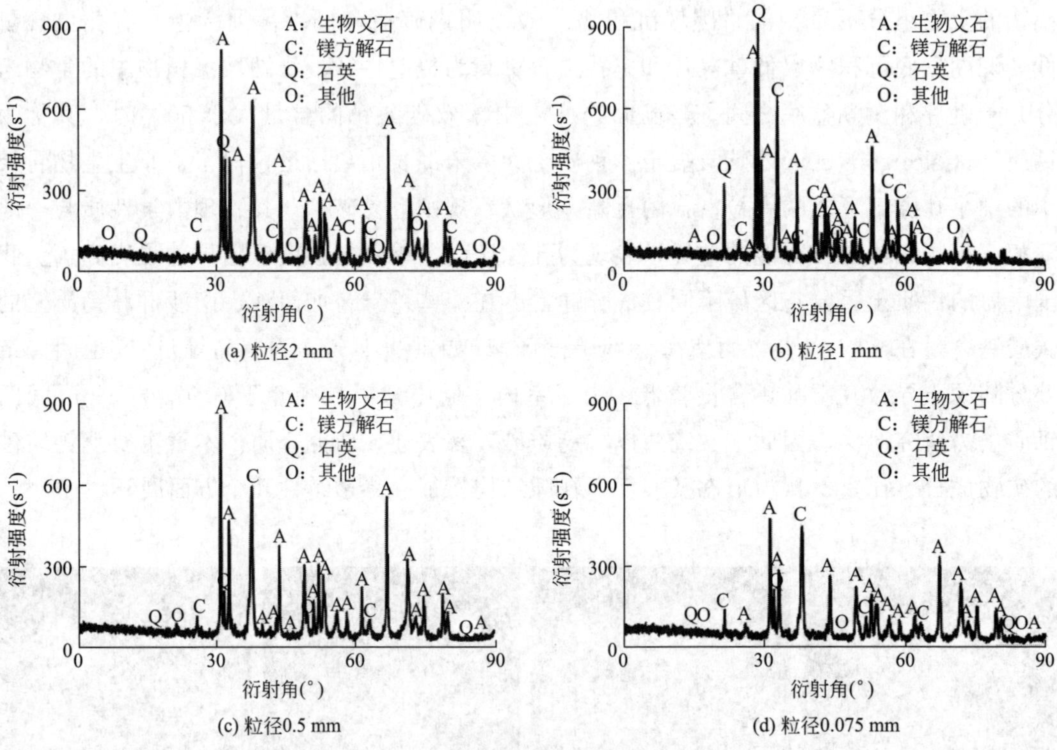

图 2-2　XRD 衍射结果（吕亚茹等，2021）

钙质砂中的石英矿物，其主要物源有两种方式：一是海洋生物，如蚌类自身携带的石英砂等含石英矿物的坚硬物质；二是陆源的石英颗粒经海水搬运而来，与海洋生物碎屑物质混合沉积。需要注意的是，石英成分在近岸钙质砂中比较常见，但含量极低，而在远海岛礁的钙质砂中较为少见，这与硅质石英砂（含量大于 90%）有本质区别。表 2-1 为南海某远海岛礁钙质砂颗粒矿物成分的百分含量对比，从表中可看出，钙质砂的碳酸钙含量大于 90%。

钙质砂颗粒矿物成分的百分含量对比(马林，2016) 表 2-1

粒径 (mm)	生物文石 (%)	镁方解石 (%)	方解石 (%)
永暑	55.15	24.96	18.67
西沙-1	64.33	12.68	21.19
西沙-2	63.34	21.01	12.65
西沙-3	70.24	16.65	12.11
西沙-4	59.03	28.05	11.42
西沙-5	60.27	24.27	13.76
西沙-6	53.04	26.81	17.65

2.2 钙质砂比重

按照现行国家标准《土工试验方法标准》GB/T 50123 规定，测试砂土颗粒比重(G_S)的方法主要有 3 种，即比重瓶法(粒径 $D<5.0$ mm)、浮称法(粒径 $D\geqslant5.0$ mm，其中大于 20.0 mm 的颗粒含量小于 10%时)和虹吸筒法(粒径 $D\geqslant5.0$ mm，其中大于 20.0 mm 的颗粒含量大于等于 10%时)。因钙质砂颗粒表面含有易溶盐，研究表明，采用比重瓶法测试钙质砂颗粒比重时，应使用煤油作为测试液体。表 2-2 汇总了文献中出现的不同地区钙质砂的物性参数值，从表中可以看出钙质砂的比重平均值范围为 2.70～2.86，南海永暑礁钙质砂的比重平均值为 2.76～2.83，西沙群岛钙质砂的比重平均值为 2.75～2.86，较石英砂高($G_S=2.65$)。其中 D_{10} 和 D_{50} 分别为颗粒粒径分布曲线上，小于某粒径的土含量占总质量的 10%和 50%时所对应的粒径值，不均匀系数 C_u 为 D_{60}/D_{10} 的比值。

钙质砂的物性参数 表 2-2

取样地点	最大孔隙比 e_{max}	最小孔隙比 e_{min}	不均匀系数 C_u	D_{50} (mm)	D_{10} (mm)	比重 G_S	参考文献
Ewa Plains, Hawaii	1.30	0.66	5.42	0.84	—	2.72	Morioka(2000)
Ledge point, Western Australia	1.21	0.9	1.835	0.24	—	2.76	Sharma(2003)
Goodwyn, Western Australia	2.317	1.266	4.604	0.1	—	2.72	
中国南海南沙永暑礁	1.460	1.050	2.2	0.377	0.208	2.79	张家铭(2004)
中国南海南沙永暑礁	1.423	0.896	2.5	0.50～0.60	0.20～0.26	2.73	李建国(2005)
中国南海南沙永暑礁	1.423	0.896	2.5	0.50～0.60	0.20～0.26	2.73	虞海珍(2006)
Cabo Rojo, Puerto Rico	1.71	1.34	1.05	0.38	0.20	2.86	Pando(2006)
中国南海南沙永暑礁	1.480	1.000	2.78	—	—	2.80	谭峰屹(2007)
中国南海南沙渚碧礁	1.405	0.766	8.95	0.6～0.7	0.1～0.2	2.76	王新志(2008)
中国南海南沙美济礁	1.410	0.770	5.64	—	0.132	2.76	胡波(2008)

续表

取样地点	最大孔隙比 e_{max}	最小孔隙比 e_{min}	不均匀系数 C_u	D_{50} (mm)	D_{10} (mm)	比重 G_S	参考文献
Dogs Bay, Ireland	1.86	1.17	—	0.33	—	2.70	Donohue(2009)
Dabaa, Egypt	1.04	0.75	2.40	—	0.15	2.79	Salem(2013)
Hormuz Island, Persian Gulf	0.909	0.625	4.47	0.78	—	2.76	Shahnazari(2013)
Bushehr Port, Persian Gulf	1.051	0.726	3.2	0.43	—	2.71	
Hormuz Island, Persian Gulf	0.909	0.625	8.33	0.78	—	2.764	Shahnazari(2016)
Bushehr Port, Persian Gulf	1.051	0.726	7.87	0.43	—	2.709	
Sarb, Abu Dhabi	1.33	0.903	3.46	0.73	—	2.787	Pham(2017)
中国南海南沙美济礁	1.19	0.80	4.8	—	—	2.70	Shen(2018)
中国南海西沙晋卿岛	1.45	0.98	3.35	2.05	0.79	2.86	汪轶群(2018)
Agami, Egypt	0.63	0.43	2.0	0.40	0.20	2.72	Morsy(2019)

2.3　钙质砂的颗粒形貌

颗粒形状是无黏性土最为重要的特征之一，颗粒形貌可以采用三个尺度参数进行量化表征，分别为颗粒形状、棱角度或磨圆度以及粗糙度。颗粒形貌对砂土的孔隙比、单颗粒强度、压缩及剪切特性和抗液化性能等物理力学特性都有较大影响。另外，颗粒形貌通常反映了土颗粒的形成历史，隐含其形成过程中的机械及化学作用类型。陆源石英砂颗粒的形成通常经历较长距离的搬运，颗粒间的相互摩擦等作用使得其颗粒形状趋于规则，整体磨圆度高，且表面较光滑。中国南海珊瑚礁地区钙质砂由于其特殊的生物成因及形成环境，颗粒形状极不规则，且棱角分明(图 2-3)。钙质砂颗粒形状可分为块状、片状、条状三个大类，也有学者将其再细分为块状、片状、条状、树枝状、纺锤状、长条状等。从单个颗粒的结构特征来看，这些颗粒都保留了大量的原生生物结构。

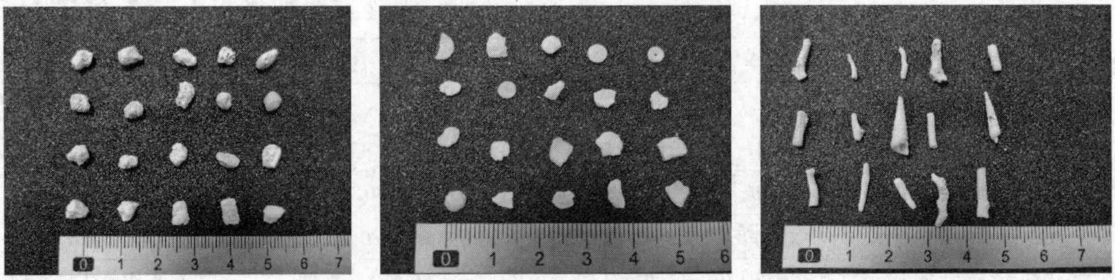

(a) 块状　　(b) 片状　　(c) 条状

图 2-3　钙质砂颗粒形状不规则

钙质砂条状颗粒还保留有原生生物形态，以及原生孔隙和溶蚀孔隙，形状也相对规则。片状颗粒大多是由贝壳破碎而来，结构较为致密，很少或基本不含内孔隙，其形状较为规则。块状颗粒外形比较复杂，有些外表面含丰富的孔隙而显得粗糙，有些外表则比较光滑。总体而言，对于粒径小于 2 mm 的钙质砂以块状颗粒为主。随着粒径的增大，钙质砂颗粒由原来的块状、片状，逐渐变为以条状的珊瑚枝为主，在粒径超过 2 mm 的试样中，珊瑚断枝颗粒占比超 40%，剩余有近 30%为由珊瑚断枝风化而来的块状特征不明显的颗粒。

目前，针对钙质砂颗粒形状的定量描述主要采用动态颗粒形状扫描仪获取钙质砂颗粒的二维图像，或者是使用 X 射线计算机断层成像(CT)获取钙质砂颗粒的三维图像，之后应用多种形状参数对其颗粒形状进行表征。王步雪岩等(2019)利用 PartAn 动态颗粒形貌扫描仪获取同一钙质砂颗粒在不同角度下的投影图像，使用多种参数对砂土颗粒的形貌进行描述，区分了钙质砂砾中片状、条状、块状等颗粒的形貌特征，如图 2-4 所示。同时，实验中对 17 万个颗粒进行了颗粒形状量化分析，数据量大，具有较高的统计可信度，测试数据也可作为数值模拟的基础数据库，为随机生成不规则颗粒提供了数据资源。

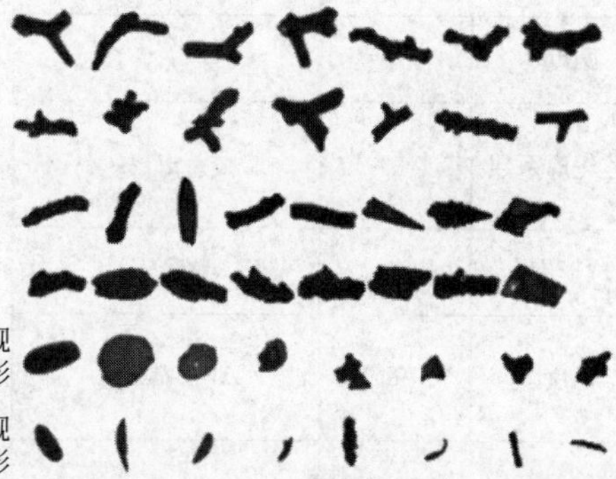

图 2-4　条状、块状、片状钙质砂砾投影图像

为与传统仅以长宽比做定义的形貌分类方法作对比，可综合考虑采用球形度、长宽比及凸度等的复合标准对钙质砂颗粒形貌进行分类，各形状参数计算方法如表 2-3、表 2-4 及图 2-5 所示。即同时满足 2 或 3 种参数要求的颗粒才可确定为目标颗粒，且保证分类标准的逻辑严谨性，不同类别形状的颗粒集合之间不得有交集，即同一颗粒不会被同时划分为多重形状，以此来最大限度地提升颗粒形状分类的精确性，如图 2-6 所示，其中 a、b、c 分别为长轴、中轴和短轴(Zhou，2020)。

颗粒形貌参数　　**表 2-3**

参数名称	符号	意义
面积	A	颗粒面积,二值化处理后为边界内像素之和
周长	P	颗粒的边界长度,二值化处理后为边界上连续像素之和
长度	L	最大费雷特直径
宽度	W	最小费雷特直径
外接多边形面积	C_a	颗粒最小外接多边形面积
外接多边形周长	P_c	颗粒最小外接多边形周长
等效圆直径	D	与颗粒等面积的圆直径
等效椭圆周长	P_e	与颗粒具有相同面积和扁平度标准的标准椭圆的周长
内接圆直径	R_i	颗粒最大内接圆直径
外接圆直径	R_c	颗粒最小外接圆直径

颗粒形貌评价指标　表 2-4

指标名称	符号	表达方法	意义
长宽比	AR	$AR=L/W$	对颗粒进行等轴状、非等轴状、长条状的初步划分。①等轴状：比值小于 1.5；②非等轴状：比值介于 1.5～10 之间；③长条状：比值大于 10
圆度	S	$S=4\pi A/P^2$	圆度值范围为 0～1，1 代表颗粒形状规则
整体轮廓系数	α	$\alpha=\pi D/P$	等效面积圆周长与颗粒自身周长比，在面积一定的情况下，整体形状越偏离圆形，该值越小
球形度	s	$s=R_i/R_c$	反映了颗粒 3 个主要尺寸接近标准球形的程度
凸度	A_g	$A_g=P_c/P_e$	颗粒最小外接多边形周长与等效椭圆的周长之比，用于表示颗粒表面棱角数目及突出程度的参数
粗糙度	r	$r=(P/P_c)^2$	颗粒周长与颗粒最小外接多边形周长之比，用于表示颗粒表面棱角数目及突出程度的参数
分形维数	D_P	盒计数法或推导法	分形维数越小，长宽比越小，颗粒的表面越光滑，投影外轮廓的凹凸性越小

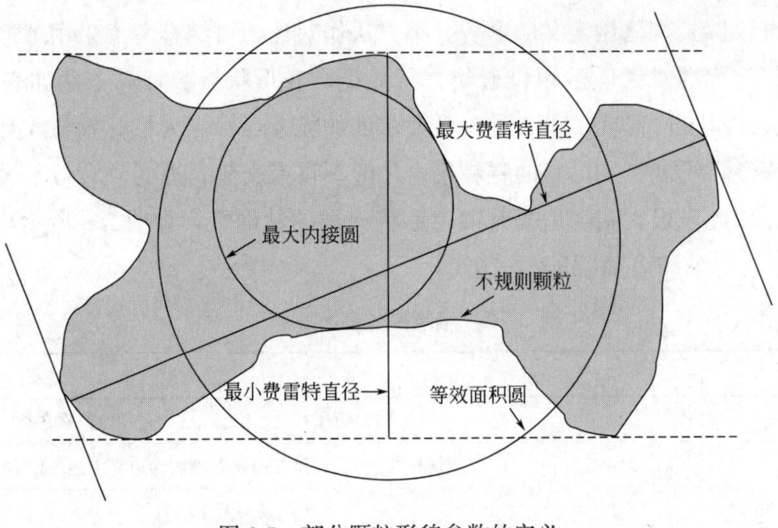

图 2-5　部分颗粒形貌参数的定义

崔翔等(2020a)对不同粒径钙质砂和石英砂的颗粒形状进行了对比(图 2-7)，发现 2～5 mm 钙质砂颗粒圆度小于石英砂。钙质砂的物质来源主要为贝壳和珊瑚等海洋生物，颗粒保留有明显的原生生物的形状特征，如珊瑚断肢为棒状，贝壳碎片为片状，珊瑚碎块为块状，因此钙质砂颗粒形状更为不规则。同时，2～5 mm 粒级钙质砂凸度均小于石英砂，这仍然与其物质来源和形成过程相关。

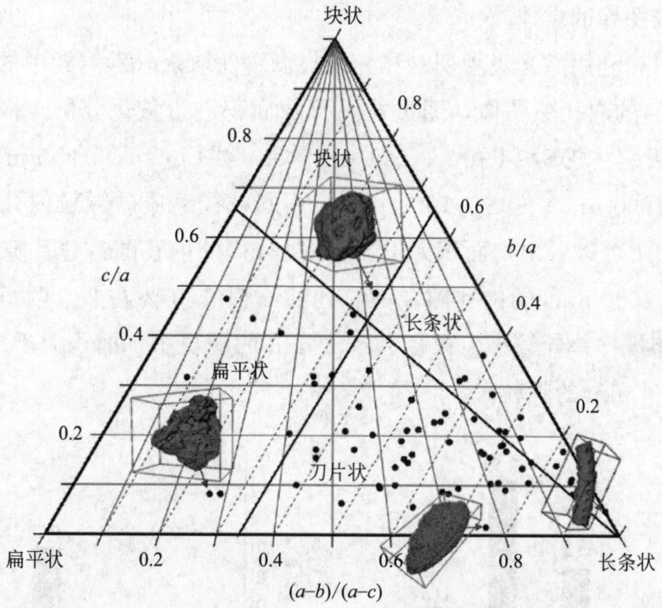

图 2-6　钙质砂形状三角分类图(Zhou，2020)

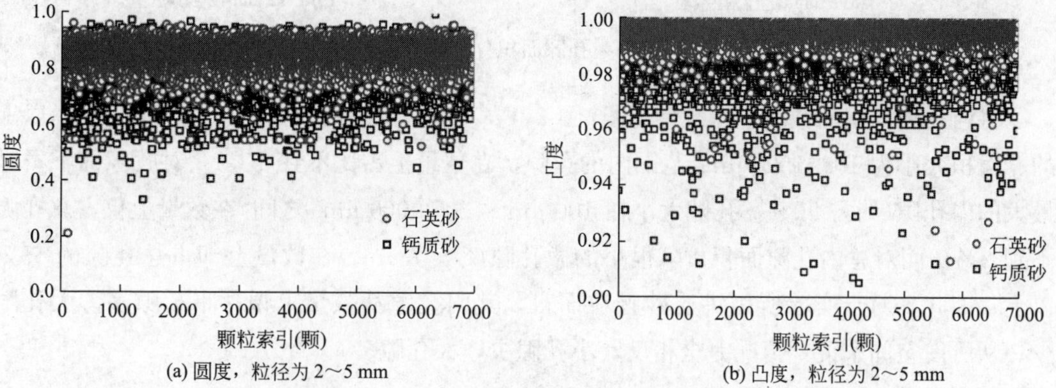

(a) 圆度，粒径为 2～5 mm　(b) 凸度，粒径为 2～5 mm

图 2-7　钙质砂和石英砂圆度和凸度散点图(崔翔等，2020a)

2.4　钙质砂的孔隙特征

钙质砂孔隙由颗粒间的孔隙(外孔隙)和颗粒内部孔隙(内孔隙)两部分组成，由于其颗粒形状不规则，钙质砂孔隙比在 0.54～2.97 之间，比石英砂孔隙比(0.4～0.9)高出许多。钙质砂颗粒大多保留有原生生物骨架中的细小孔隙，颗粒内孔隙发育，具有与陆源石英砂截然不同的孔隙结构特性，从微观角度研究钙质砂孔隙特性，对于揭示钙质砂的特殊物理力学性质是十分重要的。钙质砂常规内孔隙研究手段包括光学显微镜配合飞秒激光切割和 CT 扫描。前者是通过飞秒激光切割获得钙质砂颗粒的平整断面，然后采用显微镜获取珊瑚砂内孔隙的二维图像。CT 扫描通过对试样进行 360°扫描，结合图形分析软件可实现钙质砂孔隙结构三维图像的重建。

朱长歧等(2014)利用激光飞秒切割和光学显微镜获取永暑礁潟湖中的钙质砂颗粒(1～2mm 和大于 2mm)的内孔隙图像，通过对内孔隙面积进行量化分析，将内孔隙按切面面积大小分为 5 个级别：①$S \leqslant 1\ \mu m^2$；②$1\ \mu m^2 < S \leqslant 10\ \mu m^2$；③$10\ \mu m^2 < S \leqslant 100\ \mu m^2$；④$100\ \mu m^2 < S \leqslant 1000\ \mu m^2$；⑤$S > 1000\ \mu m^2$。不同粒径钙质砂颗粒内孔隙面积的分布如图 2-8 所示。从图中可以看出，面积为 10～1000 μm^2 的内孔隙占总孔隙的 70%以上，尤其是面积为 100～1000 μm^2 的内孔隙，占总孔隙面积的 50%左右。两组不同粒径钙质砂的内孔隙面积分布规律差异较小，粒径大于 2 mm 的颗粒中，面积大于 1000 μm^2 的内孔隙含量稍大于 1～2 mm 的颗粒。

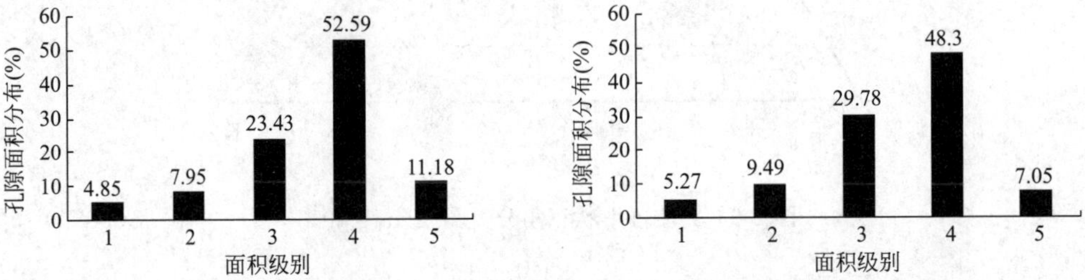

(a) 2 mm 以上粒径颗粒　　(b) 1～2 mm粒径颗粒

图 2-8　颗粒断面内孔隙面积分布(朱长歧等，2014)

将内孔隙面积的数量进行统计分析(图 2-9)，发现钙质砂颗粒中，占总面积 70%以上的、面积大小为 10～1000 μm^2 范围内的孔隙，在数量上占比不到 10%；对孔隙面积贡献最大的内孔隙(约占 50%，孔隙大小在 $100\ \mu m^2 < S \leqslant 1000\ \mu m^2$ 之间)在数量上仅占总孔隙不到 2%；而对总内孔隙面积贡献很小的微孔隙($S \leqslant 1\ \mu m^2$)在数量上却占总孔隙的 65%以上。因此，对于实验所用钙质砂颗粒而言，其内孔隙从数量上说，小孔隙多，大孔隙少；从所占空间来说，情况完全相反，小孔隙少，大孔隙多。

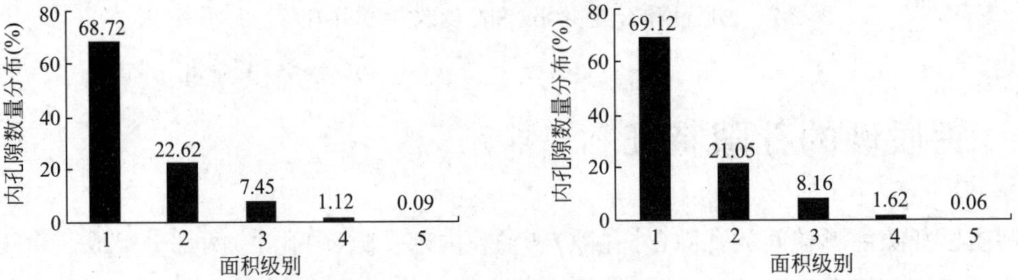

(a) 2 mm 以上粒径颗粒　　(b) 1～2 mm粒径颗粒

图 2-9　颗粒断面内孔隙数量分布(朱长歧等，2014)

基于高精度 X 射线 μCT(显微 CT)扫描技术，通过图形处理及计算分析，可以重构钙质砂内部的三维孔隙。安晓宇等(2021)发现钙质砂颗粒内孔隙截面形状不规则，孔隙结构保留了珊瑚虫圆筒状腔肠动物的特征，内孔隙非常发育，且孔道连通性好，即表面孔洞一般能延伸至钙质砂内部。影响内孔隙率的因素包括内孔隙尺寸与孔隙的密集程度，有些颗粒的内孔隙率能达到25%以上。同时，粒径也是影响钙质砂颗粒内孔隙结构特征的因素之一，据统计，粒径小于1 mm的钙质砂颗粒内孔隙多为原生孔隙，后期风化剥蚀产生的孔隙结构较少，连通性差，多集中于颗粒表面，且有碎屑矿物填充。较大粒径的颗粒裸露的孔径较大，与颗粒内部间有较好的连通性。粒径大于2 mm颗粒的表面孔隙结构多由原生的生物结构所决定，与颗粒形状关系不大。周博等(2019)对2～5 mm钙质砂颗粒的三维孔隙结构进行研究，根据颗粒外表形态，粗略将所测试的11个钙质砂颗粒分为两类，第1类颗粒面孔隙较为发达，表面有较多沟槽发育，第2类钙质砂颗粒表面较为平坦，如图2-10所示。通过进一步对两类颗粒的三维内孔隙结构进行对比，发现第1种类型钙质砂颗粒内孔隙半径分布范围较小，大部分孔隙半径集中在10～100 μm之间，说明孔隙半径分布较为均匀，第2种类型钙质砂颗粒内孔隙半径分布范围较广，孔隙半径分布较不均匀，如图2-11所示。

图2-10 CT扫描得到的11个钙质砂颗粒的外部形态(周博等，2019)

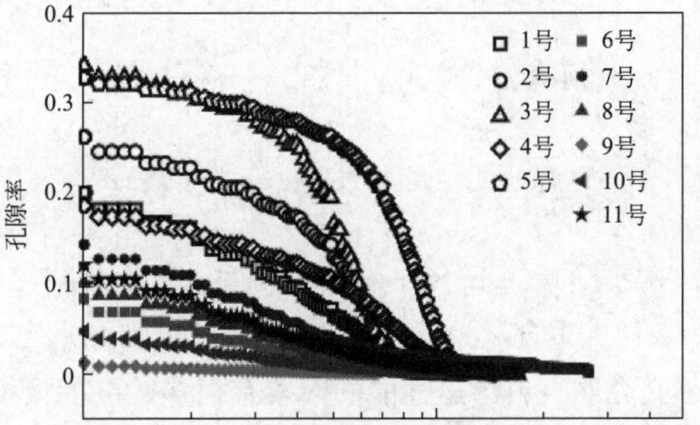

图2-11 钙质砂颗粒连续型孔径分布计算结果(周博等，2019)

内孔隙的存在，使钙质砂表现出颗粒易破碎和难以饱和等特性。在压缩过程中，钙质砂颗粒会重新排列从而引起体积收缩；当外力进一步增大时，颗粒的内孔隙会促进颗粒破碎的发生，在颗粒破碎过程中，内孔隙得到释放，释放后的内孔隙被更小的颗粒填充，加剧体积收缩。

2.5　钙质砂的渗透特性

作为岛礁地基填筑材料，钙质砂的渗透特性不仅关系到地基的长期稳定性及变形特性，也关系到岛礁地下淡水的形成，从而影响岛礁淡水体形态与储量。因此，认识钙质砂的渗透规律，特别是从细观角度上考虑颗粒级配和颗粒形状对其渗透性的影响具有十分重要的工程意义。在工程中常用渗透系数表征土体的渗透性能，渗透系数是当水力梯度等于1时的渗流速度。法国工程师达西(Darcy)在对均质砂进行大量的渗透实验后得出了层流条件下，水流在土体中的渗流速度与水力坡降呈正比的结论，即著名的达西定律，公式为：

$$v=K \cdot i \tag{2-1}$$

式中　v——渗透速度(cm/s)；

K——渗透系数(cm/s)；

i——水力坡降。

在实际工程建设中，渗透系数的数值往往需要通过实验来测定，为了减少繁琐的实验工作量，国内外很多学者都对砂土的渗透系数进行了研究，通过一些基本物理参数，建立经验公式，从而便捷地估算渗透系数，并直接用于相关设计。具有代表性的经验公式包括太沙基模型、哈增模型、柯森模型、张宜健模型等，如下所示：

$$\text{太沙基公式：} K=2d_{10}^2e^2 \tag{2-2}$$

$$\text{哈增公式：} K=2d_{10}^2 \tag{2-3}$$

$$\text{柯森公式：} K_{18}=780\frac{n^3}{(1-n)^2}d_9^2 \tag{2-4}$$

$$\text{张宜健公式：} K=157\frac{n^3}{(1-n)}C_uC_cd_{10}^2 \tag{2-5}$$

式中，K 为20℃时土的渗透系数(cm/s)；n 为孔隙率；e 为孔隙比；C_u 为不均匀系数；C_c 为曲率系数；d_x 为累计土重含量为 x%对应的颗粒粒径(mm)。

影响钙质砂这类多孔介质材料渗透性能的因素有很多，包括颗粒形状、尺寸、级配、相对密实度、含水率、围压以及细粒含量等。目前有关钙质砂渗透模型都是以达西定律为基础，假设水流在孔隙介质内的流动为均匀线性流。学者们采用常水头渗透实验来研究各种因素对钙质砂渗透性的影响，发现钙质砂渗透系数与孔隙比、曲率系数、不均匀系数和有效粒径的二次方有很好的相关性。Shinjo(1996)研究了珊瑚礁钙质沉积物的渗透性与级配和孔隙率的关系，并用有效粒径 d_{30} 对钙质沉积物的渗透性进行了描述，发现与普通陆源石英砂相似，钙质砂渗透系数随着颗粒粒径不均匀系数和曲率系数的增大而增大，在粒径不均匀系数相同的条件下，其渗透性会随着曲率系数的增加而增大。生物成因钙质砂的渗透性与所处的地理位置密切相关，例如珊瑚礁全新世松散沉积物的渗透性通常与环礁所在地的盛行风向有关，环礁迎风向通常沉积较粗的沉积物，渗透性较大，反之在背风向易沉积较细的沉积物，渗透性较小。这种全新世沉积物在珊瑚岛内部的渗透性差异甚至可以达到两个数量级，造成淡水透镜体形态上的明显不对称。此外，钙质砂在岛礁内部亦存在渗透性差异，潟湖相沉积物较向海坡相沉积物往往颗粒较细，渗透性较小。

钙质砂颗粒形状具有较强的不均匀性，相同密实度下钙质砂的渗透性小于陆源石英砂。在堆积体密实度相同的条件下，钙质砂由于颗粒形状的不规则，孔隙结构的各向异性，使得堆积体中过水通道变得狭窄和曲折，水流透过钙质砂内部需要绕流而走过更长的渗透路径，所以渗透系数较小，宏观上表现为透水性变差。而标准砂，其颗粒形状较钙质砂颗粒相对规则，堆积体形成的孔隙结构也较均匀、规则，过水通道通畅，所以标准砂的透水性要好于钙质砂。崔翔等(2020b)对比了不同粒径的钙质砂和石英砂的渗透系数，发现钙质砂和石英砂渗透系数均随粒径增大而增大，但石英砂渗透系数大于钙质砂，如图 2-12 所示。将曲线局部放大后发现，两种介质渗透性存在分段性规律。当颗粒粒径小于 0.46 mm 时，钙质砂渗透系数大于石英砂；当粒径大于 0.46 mm 时，钙质砂渗透系数小于石英砂，这是钙质砂形状、表面粗糙度和疏水性等因素共同作用的结果。

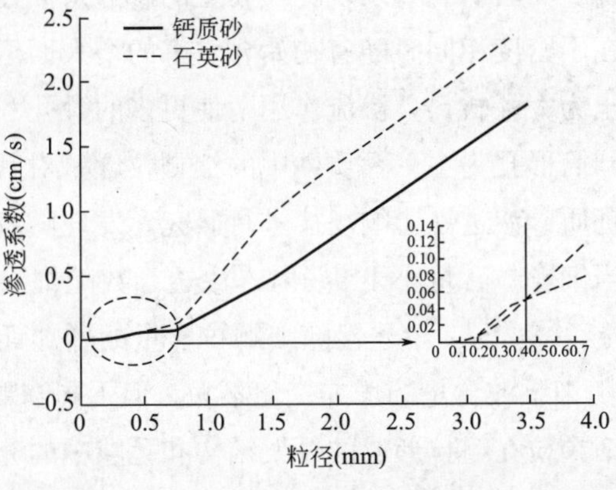

图 2-12 钙质砂与石英砂的渗透系数(崔翔等，2020b)

钱琨等(2017)通过室内常水头渗透实验研究了吹填钙质砂的级配、孔隙比和渗透性之间的相互关系。实验结果表明，钙质砂的渗透系数和 10^e 有很好的线性关系，并且与不均匀系数、曲率系数和颗粒粒径都有很好的相关性；通过对室内实验结果的分析，获取了渗透系数与各个影响因素的拟合公式并进行了温度修正，建立钙质砂渗透系数计算公式：

$$K = R \cdot \frac{\eta_{20}}{\eta_T} \cdot 10^e \cdot C_c \cdot C_u \cdot d_{10}^2 \tag{2-6}$$

式中，K 为 T℃时渗透系数(cm/s)；R 为无因次系数。经过实验结果分析计算，得到当

R 取 0.15 时，渗透系数的计算值与实际的测量值最接近。将该公式的计算值、太沙基公式计算值、哈增公式计算值、张宜健公式计算值与实验获得的实测值进行对比发现，式(2-6)的渗透系数计算值与实测值最为接近，且计算精度有很大的提高，可以很好地应用于预测实际工程中钙质砂的渗透系数，可为岛礁吹填土层的渗透性评估和新填岛礁地下淡水的形成分析提供参考。

此外，石英砂的渗透系数与围压表现为明显的线性关系，然而钙质砂的渗透系数与围压表现为明显的指数关系，随围压的升高而降低。钙质砂颗粒形状不规则且表面粗糙，颗粒内部含有复杂的孔隙，渗流通道曲折复杂，水流阻力较大，导致渗透系数较小，渗透性比普通石英砂要差。偏应力作用下，钙质砂的渗透性依然服从达西定律，并随应力的变化而变化。三轴剪切渗透实验结果表明，在较低围压下钙质砂由剪缩到剪胀，渗透系数随应变的增加先下降后升高，其变形规律和渗透特性与石英砂类似；在较高围压下，二者差异明显，钙质砂发生破碎，产生的细小颗粒填充到粗颗粒形成的骨架中，整体变形表现为剪缩，渗透系数降幅由快变慢直至稳定，与石英砂的变形和渗透规律明显不同。

近年来我国实施了大规模的珊瑚礁吹填造岛工程，即将礁坪和潟湖中松散的珊瑚礁砾石和钙质砂通过绞吸、耙吸等方式吹填到礁坪上形成高于海平面的陆地。吹填过程中水力分选作用导致钙质砂粗细颗粒发生分离，容易形成工程性质不良的钙质粉土夹层，这与南海珊瑚岛礁自然形成的钙质沉积物的级配完全不同。王新志等(2017)就吹填人工岛地基钙质粉土夹层的渗透特性开展实验研究，发现钙质粉土的渗透系数在初始含水率相同时随着干密度的增大而减小，在干密度相同时随着初始含水率的增大而增大，且在饱和时渗透系数达到最大值。钙质粉土为大孔材料，渗流作用下使更多的微孔和介孔转变为大孔，孔隙类型以一端开口的均匀圆筒形孔为主。钙质砂中的细颗粒含量对其渗透性有重要影响，胡明鉴(2019)就细颗粒对钙质砂渗透性影响规律进行研究，发现随着细颗粒含量增加，渗透系数总体呈减小趋势，当细颗粒含量小于 9%时，渗透系数随细颗粒含量的增加而缓慢减小；当细颗粒含量在 9%～24%时，渗透性随细颗粒含量的增加而迅速减小；当细颗粒含量大于 24%时，渗透性随细颗粒含量的增加变化不大。但不同细颗粒含量下渗透系数减小幅度存在差异，反映出细颗粒在粗粒形成的骨架结构和孔隙中的充填状态。影响渗透系数的细颗粒含量存在着由试样骨架形成的孔隙决定的反映孔隙最佳充填时的细颗粒含量界限值，充填不佳或过量细颗粒均可能在渗透作用下发生细粒运移流失。钙质砂渗透过程中渗透系数随时间变化的主要原因是土体内细颗粒随渗流发生运移、丢失和结构重构，流失颗粒粒径主要集中在 20～250 μm，尤以 50～60 μm 含量最多。土体级配、密实程度、细颗粒含量、应力条件、渗流水力梯度是影响细颗粒流失过程的主要因素。珊瑚礁岛的钙质砂黏结力低、结构松散、胶结较差，细颗粒容易在渗流条件下产生流失。细颗粒流失主要以积聚—破坏—积聚的模式进行，并最终形成新的土体结构。土体粗颗粒含量越高、密实程度越低、渗流水力梯度越大，细颗粒越易流失，新土体结构越难形成。

在工程实践方面，珊瑚礁原位抽水实验成果较少，新建人工岛浅层抽水实验测得的渗透系数在 1 m/d 量级，而天然成岛历史久远的永兴岛浅层抽水实验测定的渗透系数在 100 m/d 量级。钙质砂地基的渗透性是影响人工岛地下淡水形成的重要因素，而细颗粒含量及其赋存状态对渗透性有重要的影响。室内实验和原位实验测定的钙质砂渗透系数差异较大，说明钙质砂渗透性与当地地层结构特征有关，人工岛钙质砂渗透性可能随雨水入渗淡化过程发生变化。钙质砂地层中地下淡水的形成、淡水透镜体规模的预测、岛礁建筑地基的固结排水和基坑开挖的地下水突涌都与渗透性密切相关，因此，有必要对钙质砂渗透性的影响进行定量分析。需要指出的是，关于钙质砂渗透特性的研究还尚处初始阶段，理论还不完善，现有的研究多是基于达西渗流定律基础上开展的，海洋环境条件下钙质砂的渗透形式仍需深入研究。

思考题

1. 钙质砂与一般陆相石英砂的力学特性差异是什么？其原因是什么？
2. 钙质砂主要组成成分是什么？是如何形成的？
3. 钙质砂的比重与硅砂相比有什么差异？这会影响到哪些基本物理指标的确定？
4. 钙质砂的颗粒形状可分为哪几类？可通过什么参数来表征其形貌特征？
5. 钙质砂的孔隙有什么特征？这会对其力学性质产生什么样的影响？
6. 影响钙质砂渗透性的因素有哪些？钙质砂渗透性与硅砂相比有什么差异？

参考文献

Donohue S，et al.，2009. Particle breakage during cyclic triaxial loading of a carbonate sand[J]. Géotechnique，59(5)：477-482.

Morioka B T，Nicholson P G，2000. Evaluation of the liquefaction potential of calcareous sand[C]. The Tenth International Offshore and Polar Engineering Conference. OnePetro.

Morsy A M，et al.，2019. Evaluation of dynamic properties of calcareous sands in Egypt at small and medium shear strain ranges[J]. Soil Dynamics and Earthquake Engineering，116：692-708.

Pando M A，et al.，2012. Liquefaction susceptibility and dynamic properties of calcareous sands from Cabo Rojo，Puerto Rico[C]. Proceedings of the 15th World Conference on Earthquake Engineering：30501-30510.

Pham H H G，et al.，2017. Shear and interface shear strengths of calcareous sand[C]. 19th International Conference on Soil Mechanics and Geotechnical Engineering：389-392.

Salem M，et al.，2013. Static and cyclic behavior of North Coast calcareous sand in Egypt[J]. Soil Dynamics and Earthquake Engineering，55：83-91.

Shahnazari H，et al.，2016. Undrained cyclic and monotonic behavior of Hormuz calcareous sand using hollow cylinder simple shear tests[J]. International Journal of Civil Engineering，14(4)：209-219.

Shahnazari H，Rezvani R，2013. Effective parameters for the particle breakage of calcareous sands：an experimental study[J]. Engineering Geology，159：98-105.

Sharma S S，Fahey M，2003. Degradation of stiffness of cemented calcareous soil in cyclic triaxial tests[J]. Journal of Geotechnical and Geoenvironmental engineering，129(7)：619-629.

Shen Y，et al.，2018. Macro-meso effects of gradation and particle morphology on the compressibility characteristics of calcareous sand[J]. Bulletin of Engineering Geology and the Environment，77(3)：1047-1055.

Shinjo T，1996. The coefficient of permeability of calcareous sediments in coral reefs[J]. Science Bulletin of the College of Agriculture-University of the Ryukyus.

Zhou B，et al.，2020. Particle classification and intra particle pore structure of carbonate sands[J]. Engineering Geology，279：105889.

崔翔，等，2020a. 珊瑚砂三维孔隙微观特性研究[J]. 岩土力学，41(11)：3632-3640+3686.

崔翔，等，2020b. 珊瑚砂渗透性的微观机理研究[J]. 岩土工程学报，42(12)：2336-2341.

胡波，2008. 三轴条件下钙质砂颗粒破碎力学性质与本构模型研究[D]. 武汉：中国科学院研究生院(武汉岩土力学研究所).

胡明鉴，等，2019. 细颗粒对钙质砂渗透性的影响试验研究[J]. 岩土力学，40(08)：2925-2930.

李建国，2005. 波浪荷载作用下饱和钙质砂动力特性的试验研究[D]. 武汉：中国科学院研究生院(武汉岩土力学研究所).

吕亚茹，等，2021. 珊瑚砂细观颗粒结构及破碎特性研究[J]. 岩土力学，42(02)：352-360.

马林，2016. 钙质土的剪切特性试验研究[J]. 岩土力学，37(S1)：309-316.

钱琨，等，2017. 南海岛礁吹填钙质砂渗透特性试验研究[J]. 岩土力学，38(6)：1557-1564+1572.

谭峰屹，2007. 钙质砂声发射试验研究[D]. 武汉：中国科学院研究生院(武汉岩土力学研究所).

汪轶群，等，2018. 南海钙质砂宏细观破碎力学特性[J]. 岩土力学，39(01)：199-206+215.

王步雪岩，等，2019. 多投影面下珊瑚砂砾颗粒形貌量化试验研究[J]. 岩土力学，40(10)：3871-3878.

王新志，2008. 南沙群岛珊瑚礁工程地质特性及大型工程建设可行性研究[D]. 武汉：中国科学院研究生院(武汉岩土力学研究所).

王新志，等，2017. 吹填人工岛地基钙质粉土夹层的渗透特性研究[J]. 岩土力学，38(11)：3127-3135.

虞海珍，2006. 复杂应力条件下饱和钙质砂动力特性的试验研究[D]. 武汉：华中科技大学.

张家铭，2004. 钙质砂基本力学性质及颗粒破碎影响研究[D]. 武汉：中国科学院研究生院(武汉岩土力学研究所).

周博，等，2019. 钙质砂颗粒内孔隙三维表征[J]. 天津大学学报(自然科学与工程技术版)，52(S1)：41-48.

朱长歧，等，2014. 钙质砂颗粒内孔隙的结构特征分析[J]. 岩土力学，35(07)：1831-1836.

第 3 章　钙质砂的静力特性

钙质砂与陆源石英砂相比，颗粒具有多棱角、形状极不规则、内孔隙发育、易破碎及易胶结等多种特性。因此，钙质砂的压缩、蠕变、剪切等力学特性与陆源石英砂的差别较大。研究发现，钙质砂在常规应力作用下即可发生颗粒破碎，导致其压缩性远远大于石英砂，具有类似于黏土的压缩特性。此外，同一密实度的钙质砂在较低围压下易发生剪胀，而高围压下逐渐转为剪缩，在循环剪切作用下会产生以研磨为主的颗粒破碎。外部条件的变化直接或间接影响钙质砂颗粒破碎特征，进而影响钙质砂的宏观力学特性。钙质砂的这些特殊性质都需要认真考虑，才能在岛礁建设与开发中进行正确合理的设计与施工。本章主要介绍钙质砂的压缩特性、剪切特性、颗粒破碎特性以及本构关系等内容。

3.1　钙质砂的压缩特性

岛礁吹填过程中所用的主要岩土材料为岛礁礁盘和潟湖内沉积的钙质砂，其颗粒形状不规则、内孔隙发育、易破碎并常伴有胶结等显著区别于陆源土的物理力学性质，使其在工程运用中具有一定的特殊性。同时，在岛礁建筑物施工及运营过程中，其地基局部大都会经历加载—卸载—再加载的应力过程，如基坑的开挖与支护、车辆荷载对路基的作用、地下防空工程的修建以及在涨、落潮期间海水对防波堤外近海岸坡的冲击荷载等。因此，岛礁地基在复杂荷载作用下的力学特性有待深入研究。

土的压缩性是指土体受压时体积压缩变小、承载力提升、压缩模量随密度增加而增大的特性，这主要是由土中孔隙体积被压缩而引起的。钙质砂属无黏性土，通常情况下钙质砂的压缩变形主要由以下几部分引起：①土体固体颗粒的压缩或破碎；②砂土中封闭气体的压缩；③砂土中的气体和水在压力的作用下被挤出。一般采用室内一维固结实验测试砂土的压缩特性，图 3-1 为钙质砂与石英砂在 v-lnp'平面的一维压缩曲线，纵坐标 v 为试样的比体积($v=1+e$)。从图中可以看出，钙质砂(试样的粒径范围为 0.1～1 mm，平均粒径为 0.3 mm)的压缩特性与应力水平密切相关，且随应力的增加可分为两个阶段：当应力水平较低时，钙质砂体积变化较小，主要由颗粒发生的弹性压缩和重新排列(包括滑动和滚动)造成，颗粒破碎所占比重较小；当应力水平超过一定值后，压缩曲线出现明显的弯曲，试样体积随着应力水平的增加而显著降低。一般把压缩曲线上曲率最大的点看作屈服点，该点对应于试样开始产生较大塑性变形的应力水平，此时大量颗粒开始破碎，人们将此应力水平定义为试样的屈服应力。屈服应力不仅受砂土单颗粒强度的影响，也受试样初始密实度的影响，从图中可以看出初始孔隙比越小，试样的屈服应力越高。钙质砂由于单颗粒强度低，且试样的初始孔隙比较高(1.6～1.7)，因此其屈服应力较低，约为 800 kPa，此时颗粒破碎是导致其体积发生显著变化的主要原因，此阶段钙质砂的压缩性与正常固结黏土相似，且压缩指数更大，主要因为钙质砂颗粒形状不规则，单颗粒强度低，在荷载作用下容易发生颗粒破碎，导致体积显著减小，呈现出较高的压缩性。与钙质砂不同的是，石英砂在竖向应力达到 10MPa 时，压缩曲线才发生弯曲，其屈服应力显著高于钙质砂，且压缩系数远小于钙质砂。这主要是因为石英砂单颗粒强度高，且颗粒形状较规则，试样在荷载作用下不易发生变形。随着应力水平的进一步增加，具有不同初始孔隙比的钙质砂与石英砂试样的压缩曲线均趋于收敛，可以定义一个唯一的正常固结线(Normal compression line，NCL)：

$$v = N - \lambda \ln p' \tag{3-1}$$

其中，v 是试样的比体积，$v=1+e$；N 为 NCL 线在 $p'=1$ kPa 时对应的比体积；λ 为 NCL 线在 v-$\ln p'$ 平面的斜率，可用于表征土样的压缩特性，一般 λ 越大则表示试样的可压缩性越高。表 3-1 为 Dogs Bay 钙质砂、Cowden Till、伦敦黏土、河砂以及花岗岩残积土的压缩参数统计表，从表中可以看出，屈服后，钙质砂的压缩性最大，甚至高于伦敦黏土。钙质砂的压缩性与其密实状态、胶结状态和干湿程度等条件有关。例如，密实或弱胶结状态下，钙质砂的压缩性较小，而松砂的压缩性比密砂更大，且颗粒破碎更为显著。张家铭等(2005)对钙质砂进行一维压缩实验，发现初始孔隙比越大，在加载初期孔隙比变化越大，而密实试样压缩曲线在初始阶段则平缓得多。

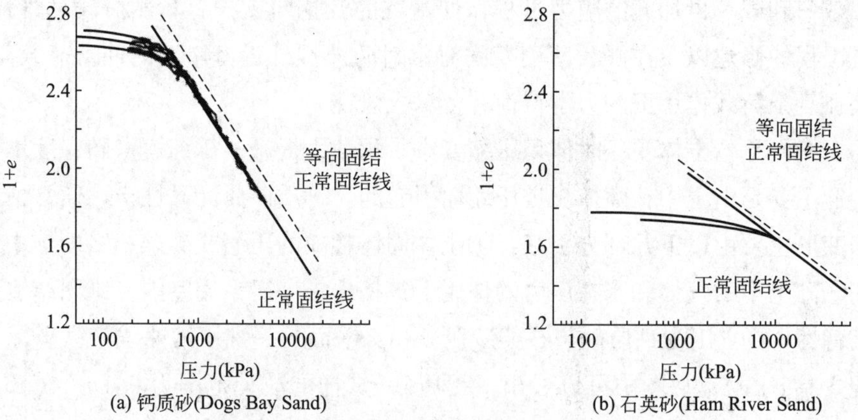

图 3-1　钙质砂和石英砂一维压缩曲线对比(Coop 等，1993)

钙质砂与其他岩土材料的压缩特性对比　　**表 3-1**

岩土类型	钙质砂	Cowden Till	伦敦黏土	河砂	花岗岩残积土
λ	0.335	0.077	0.157	0.175	0.09
N	4.80	1.915	2.710	3.25	2.17

张季如等(2016)通过高压应力下的一维压缩实验，对比钙质砂和石英砂的压缩变形、应力-应变关系和颗粒破碎特性。研究发现，无论是钙质砂还是石英砂，随着应力水平的增加，一旦颗粒破碎增长致使试样粒径分布趋向分形分布，体应变与相对破碎率的比值将保持恒定，在此基础上，建立了描述钙质砂在一维压缩条件下应力水平与孔隙比、体应变和相对破碎率等相关关系的数学模型：

$$B_r^F = B_{r0}^F + C_B \lg\left(\frac{P^F}{P_0^F}\right) \tag{3-2}$$

其中，P_0^F 为颗粒趋于分形分布的应力；B_{r0}^F 为 P_0^F 对应的破碎量；C_B 为破碎指数。当轴向应力 P 达到 P_0^F 后，颗粒趋于分形分布，对应的表达式可表示为：

$$B_r = C_B \lg\left(\frac{P^F}{P_0^F}\right) \tag{3-3}$$

根据经典土力学，土体的一维侧限压缩曲线符合下式：

$$e = e_0 - C_c \lg(P) \tag{3-4}$$

式中 e_0 为初始孔隙比；C_c 为土体压缩指数，可由土体的压缩曲线得到；P 为轴向应力。由于颗粒破碎的存在，钙质砂比石英砂的压缩性更大。随着轴向应力的增加，初始孔隙比对土体压缩特性的影响会逐渐降低。

图 3-2 为不同初始孔隙比钙质砂试样的加卸载曲线，发现在卸载过程中，钙质砂的回弹量很小，因为卸载过程中颗粒之间的接触方式基本保持不变，而且破碎后的颗粒不可能恢复原状。同时，在一维侧限加卸载压缩实验中，钙质砂的卸荷曲线与再加荷曲线基本是重合的，没有明显的滞回圈，说明在压缩过程中发生了不可恢复的塑性变形。

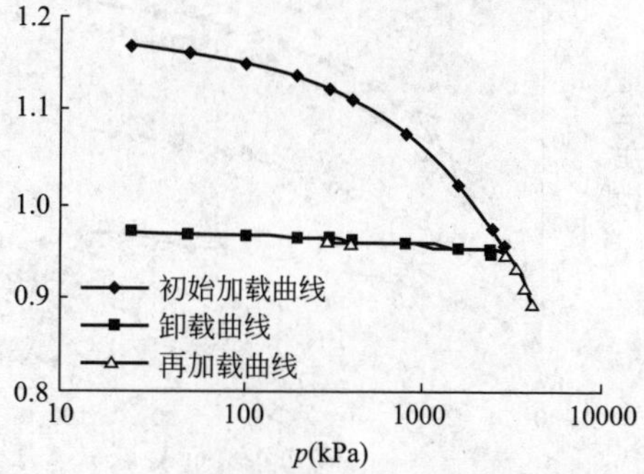

图 3-2 不同初始孔隙比钙质砂试样的加卸载曲线(张家铭等，2005)

评价土的压缩特性，除了可以用室内压缩实验测定的压缩系数、压缩指数或压缩模量来表示外，还可以通过现场载荷实验测定的变形模量 E_0 来表示。王新志(2008)通过室内载荷实验，研究相对密实度和含水量等因素对钙质砂地基承载力和变形特性的影响规律，并与石英砂进行对比。研究发现，当荷载水平小于 500 kPa 时，在相同初始密实度条件下，钙质砂的承载力和变形模量均较石英砂高，变形量则小得多。因为在此应力水平下，钙质砂尚未发生显著的颗粒破碎，颗粒间相互咬合，不易滑动，导致其变形量比石英砂小。钙质砂的承载力和变形模量随相对密实度的增大而显著提高，因此可以通过夯实的办法提高地基的承载力。相同密实度条件下，饱和钙质砂的承载力和变形模量比干燥钙质砂低很多。

3.2　钙质砂的剪切特性

岩土材料的应力应变关系十分复杂，并且与诸多因素有关。钙质砂特殊的海洋生物成因致使其剪切特性与陆源石英砂存在显著差异。学者们开展了一系列研究来揭示钙质砂这种特殊岩土材料的变形特征，并深入探究各种因素对其应力应变特性的影响。

3.2.1　直接剪切

通过直剪实验与三轴剪切实验均可获得砂土的应力应变关系及抗剪强度指标的变化规律。图 3-3 为干燥和饱和钙质砂（干密度 1.5 g/cm^3）的直接剪切实验结果。从图中可以看出，其应力应变关系呈近双曲线型，在剪切过程中没有出现明显的剪应力峰值，表现出明显的应变硬化特性。剪切面上的粗颗粒被剪破，土颗粒不断调整相对位置，颗粒之间接触点增加，抗剪强度逐渐增大。钙质砂为无黏性土，一般不存在严格意义上的黏聚力，但钙质砂颗粒形状不规则，相互间咬合紧密，可在垂直开挖的情况下不发生倒塌，因此由摩尔-库伦强度理论获得的抗剪强度中的黏聚力为“假黏聚力”。

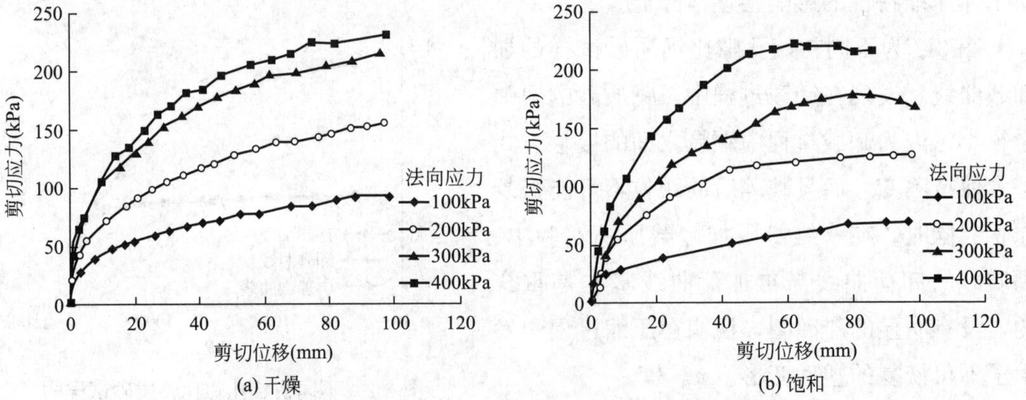

图 3-3　钙质砂试样的剪应力-位移曲线（马林，2016）

图 3-4 为钙质粉土（粒径＜0.075mm）直剪实验的应力应变曲线，从图中可以看出，不同法向荷载作用下，与钙质砂类似，钙质粉土的剪应力-位移曲线均呈现出应变硬化的特征。随着剪切位移的产生，土体通过内部结构的调整来提高其强度，抵抗外部作用力的破坏，但是其强度增长速率逐渐减小，表明土体的强度不能持续增强，其抵抗外界作用的能力是有限的。根据现行国家标准《土工试验方法标准》GB/T 50123 的规定，取有效剪切位移达到 4 mm 时对应的应力作为其抗剪强度，可以看出钙质粉土的峰值强度随着法向荷载的增加而增加，这是由于在剪切过程中，接触面上的土颗粒以滚动、滑动等方式进行位置

变换，宏观上表现为剪切位移的持续增大，颗粒在位移过程中不断达到新的平衡状态，并且由于法向荷载的增加，使得颗粒与颗粒之间接触亦愈发紧密，两者之间的摩擦力和黏结力增大，破坏颗粒间黏结并使其产生位移的剪应力也相应增加。

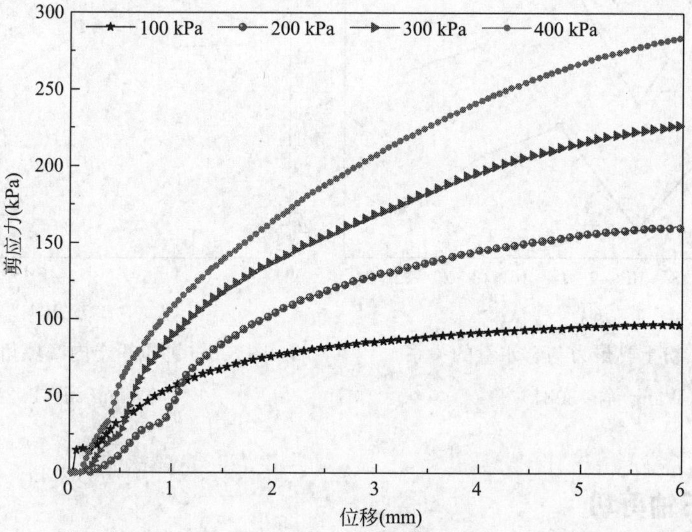

图 3-4 钙质粉土试样的剪应力-位移曲线（Wang 等，2021）

图 3-5 为通过直剪实验得到的钙质粉土的黏聚力随含水量的变化规律。钙质粉土的黏聚力并不随含水量的增大单调增大或减小，而是近似呈 M 形，即每条关系曲线上存在两个峰值点。当干密度取 1.23 g/cm^3 和 1.33 g/cm^3 时，两个峰值黏聚力对应的含水量分别为 6.2%和 13.9%，而当干密度增大到 1.43 g/cm^3 时，两个峰值黏聚力对应的含水量分别为 9.6%和 18.1%，表明峰值黏聚力对应的含水量随着干密度的增大有增大的趋势。在含水量从 2.5%逐渐增加到 21.6%的过程中，干密度 1.23 g/cm^3 的钙质粉土黏聚力变化范围在 3.54～16.24 kPa 之间，干密度 1.33 g/cm^3 的钙质粉土黏聚力变化范围为 18.94～36.61 kPa，干密度 1.43 g/cm^3 的钙质粉土黏聚力范围为 19.77～44.69 kPa，这表明对于非饱和钙质粉土，密实度大的试样的黏聚力在总体上大于密实度小的试样，在工程实践中可以通过提高密实度的方法来增大钙质粉土的黏聚力和强度。

图 3-6 为钙质粉土的内摩擦角与含水量的变化关系，从中可看出当干密度为 1.23 g/cm^3 和 1.33 g/cm^3 时，试样的内摩擦角随着含水量的增加呈现出先微幅上升后下降的趋势，在总体上随含水量的升高而减小。对于干密度为 1.43 g/cm^3 的钙质粉土试样，在含水率从 2.5%增加到 21.6%的过程中，其内摩擦角出现了持续下降。综合分析不同干密度下钙质粉土内摩擦角随含水量的变化规律发现：当干密度在 1.23～1.33 g/cm^3 范围内时，不管试样的初始含水量如何变化，干密度大的试样的内摩擦角始终大于干密度小的试样；当干密度升高到 1.43 g/cm^3 时，干密度对内摩擦角的影响并不十分明显。

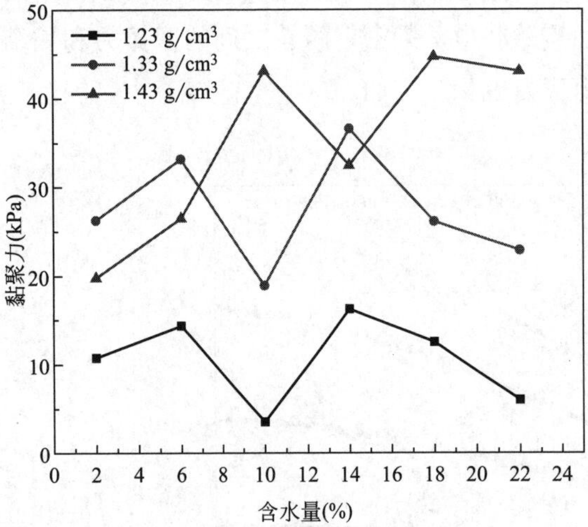

图 3-5　钙质粉土黏聚力与含水量的关系（Wang 等，2021）

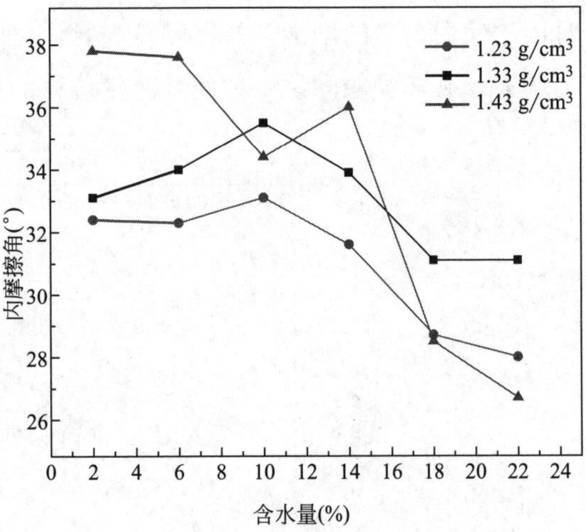

图 3-6　钙质粉土内摩擦角-含水量关系（Wang 等，2021）

3.2.2　三轴剪切

直剪实验的剪切面是人为确定的，且不能考虑土体剪切时的排水条件，因此学者们通常采用三轴剪切实验(CD 和 CU)研究钙质砂的应力应变关系和强度特征。

(1) 三轴固结排水剪切特性

图 3-7 为粒径范围 0.1～2 mm 钙质砂三轴固结排水剪切实验(CD)结果，包括主应力比-轴向应变曲线和体积应变-轴向应变曲线(体积应变正值表示剪缩，体积应变负值表示剪胀)。从图中可以看出，低围压条件下(当有效围压小于 400 kPa 时)，不同初始密实度的钙质砂试样均表现出应变软化的现象，峰值主应力比在 5%～15%应变时出现。此时，从体积应变-轴向应变的关系图中可以看出，试样的体积应变由最初的剪缩转变为剪胀，此处剪胀主要是因为被压缩的钙质砂颗粒在进一步剪切作用下产生翻转而导致的体积膨胀，虽然剪切过程中产生了少量的颗粒破碎，但是颗粒的翻转占主导地位，从而导致主应力比在达到峰值后随轴向应变的增大逐渐降低到临界状态主应力比，曲线呈现出软化现象。同时，钙质砂的相变点(剪缩到剪胀的转换点)大概在 5%～10%的轴向应变处，与普通硅质砂明显不同，硅质砂一般在 1%～3%应变条件下就会开始剪胀。钙质砂的易破碎性导致其具有更明显的韧性，而硅质砂则表现出更强的脆性。

当有效围压增大到 400 kPa 时，相对密实度为 90%的钙质砂主应力比-轴向应变曲线为应变软化型曲线，而相对密实度为 30%、60%的钙质砂主应力比-轴向应变曲线却呈现出应变硬化的趋势，至实验结束仍未出现峰值主应力比。试样的初始相对密实度越大，相同体积内所含的土颗粒越多，可供颗粒调整位置的空间越少。试样在外力作用下发生剪胀，以此来维持自身的平衡状态，相应的主应力比-轴向应变曲线存在峰值。反之，试样

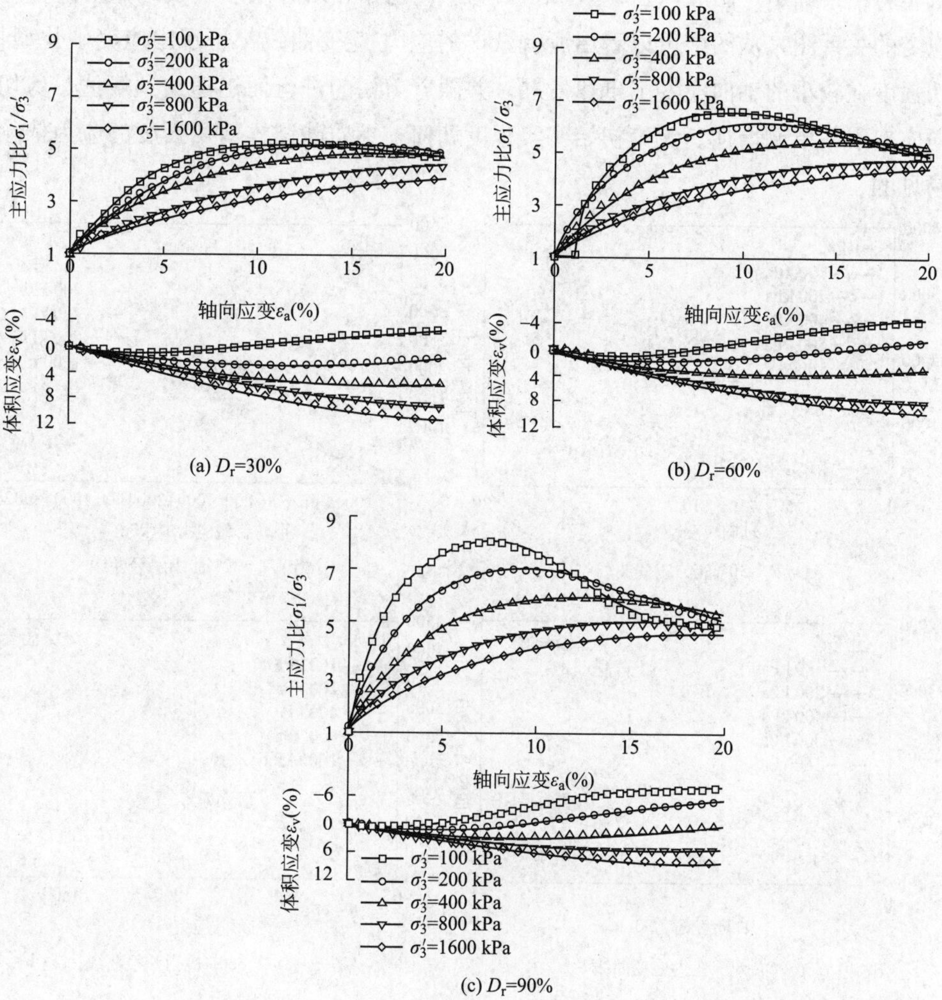

图 3-7 0.1～2 mm 钙质砂三轴固结排水剪切实验结果(吴杨等, 2020)

的相对密实度越小，在外力作用下颗粒不断调整自身位置，向更密实的方向发展，试样发生剪缩。颗粒破碎的产生亦进一步加大了试样的剪缩程度，主应力比-轴向应变曲线呈应变硬化型。随着有效围压的增大，相对密度对试样体积应变的影响逐渐削弱；至有效围压增大到 800 kPa 和 1600 kPa 时，不同相对密度的钙质砂试样的体积在整个剪切过程中持续剪缩，与之相应的主应力比-轴向应变曲线也均呈现出应变硬化特征。

(2) 三轴固结不排水剪切特性

图 3-8 为三种相对密实度下(30％、60％、90％)钙质砂的固结不排水剪切实验(CU)结果。从图中可以看出，不同围压下松散、中密和密实试样表现出不同的剪切响应模式。与固结排水剪切类似，松散的钙质砂在低围压下呈现出剪胀现象，当围压超过 400 kPa 和 800 kPa 之间的特定值时表现出剪缩行为。从图 3-8 可以清楚地观察到低围压下的剪胀行为：有效平均应力在通过相变点后先下降后逆转上升，最终接近临界状态，相变线可由各

不排水实验结果确定。图 3-8(b)、(d)和(f)为不同初始相对密实度钙质砂试样的偏应力与轴向应变的关系图，从图中可以看出所有试样的应力-应变曲线都呈现出应变硬化型特征，即剪切强度在较小的轴向应变下迅速发展，并随着剪切的进行而迅速达到峰值，剪切强度随轴向应变水平单调增加。无论初始密实程度如何，钙质砂试样剪切强度的应力依赖性是显而易见的。

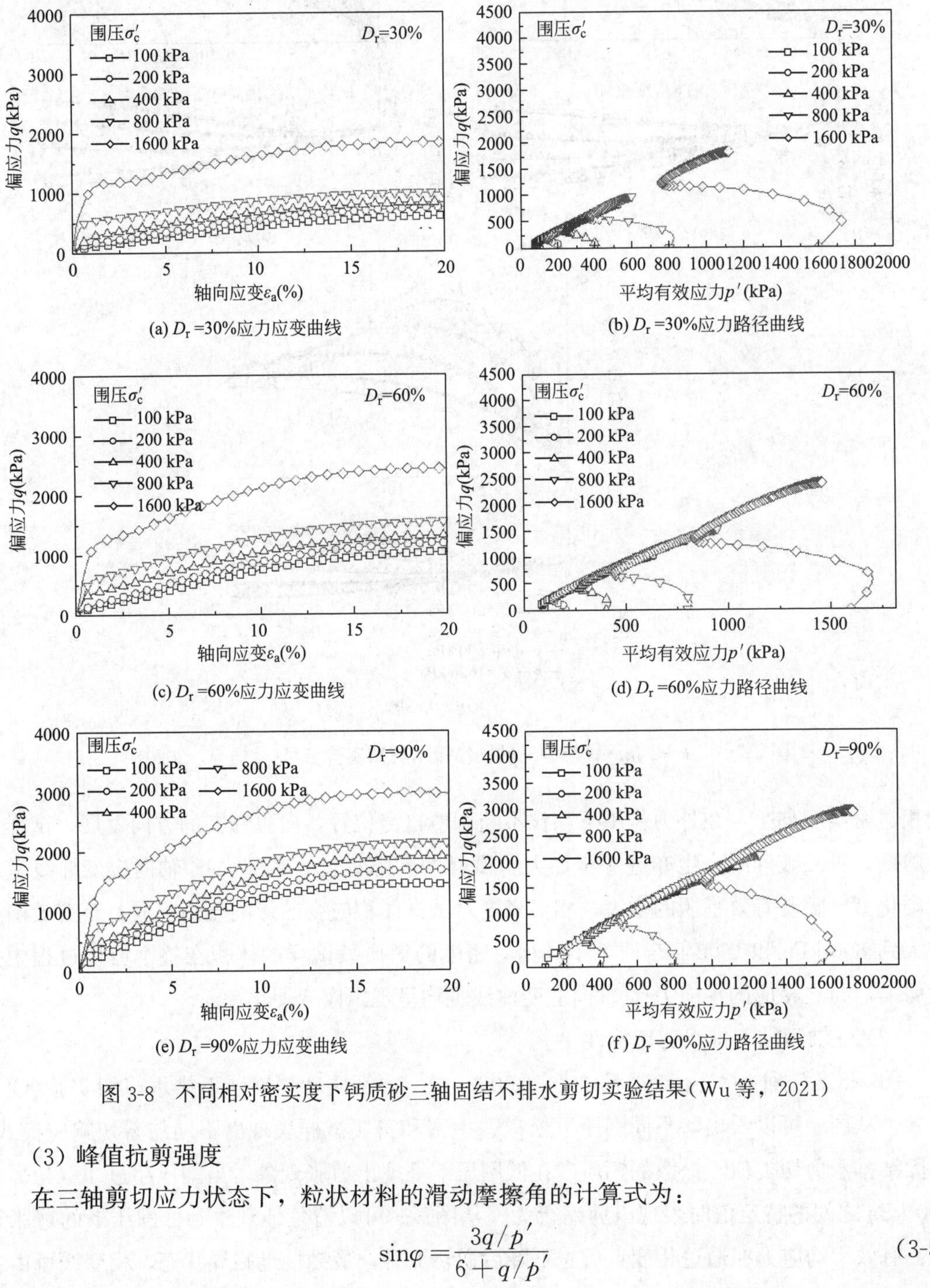

(a) D_r =30%应力应变曲线

(b) D_r =30%应力路径曲线

(c) D_r =60%应力应变曲线

(d) D_r =60%应力路径曲线

(e) D_r =90%应力应变曲线

(f) D_r =90%应力路径曲线

图 3-8 不同相对密实度下钙质砂三轴固结不排水剪切实验结果(Wu 等，2021)

(3) 峰值抗剪强度

在三轴剪切应力状态下，粒状材料的滑动摩擦角的计算式为：

$$\sin\varphi=\frac{3q/p'}{6+q/p'} \tag{3-5}$$

其中 q 为偏应力，p'为平均有效应力，q/p'为广义剪应力比，即偏应力与平均有效应力之比。有效内摩擦角是表征钙质砂抗剪强度的重要参数，钙质砂由于其粗糙的颗粒表面和极其不规则的形状特征，峰值摩擦角一般较高，主要取值范围为 33°～58°，较硅质砂高。砂土的峰值摩擦角受初始孔隙比和围压的共同影响，一般而言，峰值摩擦角随着围压或者初始孔隙比的增加而减小。为了同时考虑围压与初始孔隙比对峰值强度的影响，Been 和 Jefferies(1985)基于临界状态土力学框架，提出状态参数 ψ，代表土体当前所处的一个相对状态，用来描述砂土在各种应力水平和初始密实度条件下的剪切特性。状态参数 ψ 的定义如图 3-9 所示，可以理解为砂土的孔隙比与临界状态孔隙比的差值，即：

$$\psi = e_0 - e_c \tag{3-6}$$

其中，e_0 为砂土试样的初始孔隙比，e_c 为相同应力水平下的临界状态孔隙比。如果试样的初始位置位于临界状态线的上方，$\psi>0$，这个试样就是一个松样，在剪切的过程中会产生剪缩，对应的应力应变关系就是应变硬化型，没有明显的峰值；如果试样的初始位置位于临界状态线的下方，状态参数小于 0，这个试样就是一个密样，在剪切的过程中会有短暂的剪缩然后开始剪胀，对应的应力应变关系就是应变软化型，峰值之后偏应力下降直至临界状态点。一般而言，对于密样，状态参数越小，土体的剪胀就会越明显。

通常而言，砂土的峰值摩擦角会随着状态参数的增大而减小。图 3-10 为 0.5～1.0mm 钙质砂的峰值摩擦角与状态参数的关系，可以看出钙质砂的峰值摩擦角也随着状态参数的增加而减小，与其他砂土的实验结果类似。但是对于不同的排水条件，峰值摩擦角减小的趋势不同。当 $\psi<0$ 时，固结排水剪切条件下，钙质砂的峰值摩擦角随着状态参数的增加而显著减小；然而在固结不排水剪切条件下，钙质砂的峰值摩擦角随状态参数的增加而减小的程度非常有限(从 45°到 40°)，且峰值摩擦角明显小于排水条件的。理论上，当 $\psi>0$

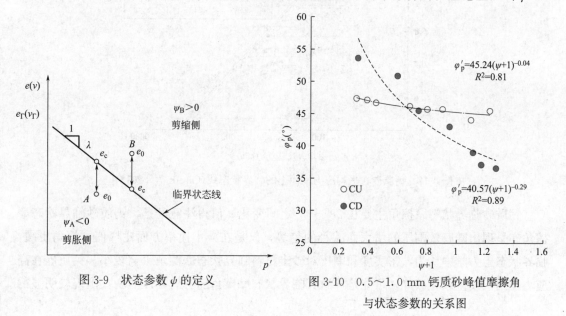

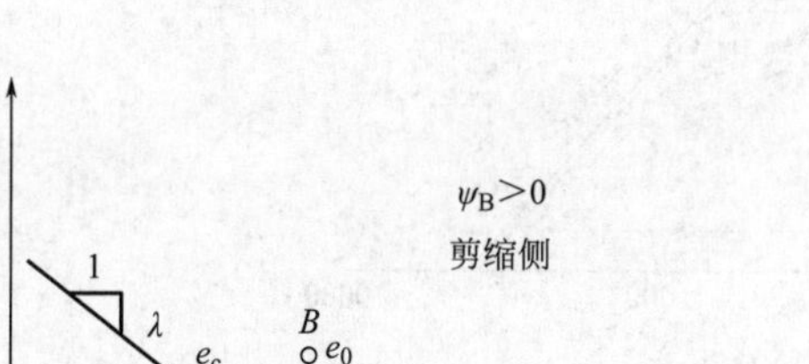

图 3-9 状态参数 ψ 的定义

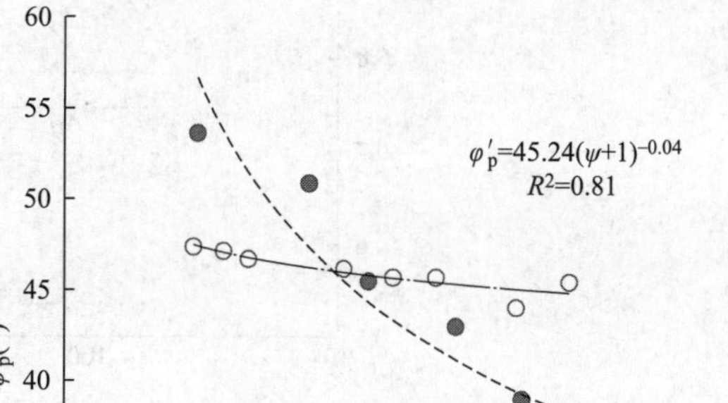

图 3-10 0.5～1.0 mm 钙质砂峰值摩擦角与状态参数的关系图

时，砂土的峰值摩擦角不再随着状态参数的增加而减小，而是趋于稳定，接近临界状态摩擦角。但是对于钙质砂而言，在高压情况下颗粒容易发生破碎，导致其临界状态摩擦角减小，所以即使 $\psi>0$，钙质砂的峰值摩擦角仍随着状态参数的增加而减小。

(4) 临界状态

临界状态指土体在大变形阶段，体积、总应力以及剪应力等不变，剪应变持续发展和流动的状态，如图 3-11 所示。在三轴剪切实验中，当应力应变曲线中的应力不再产生变化时是实验砂土材料达到临界状态的必要条件。

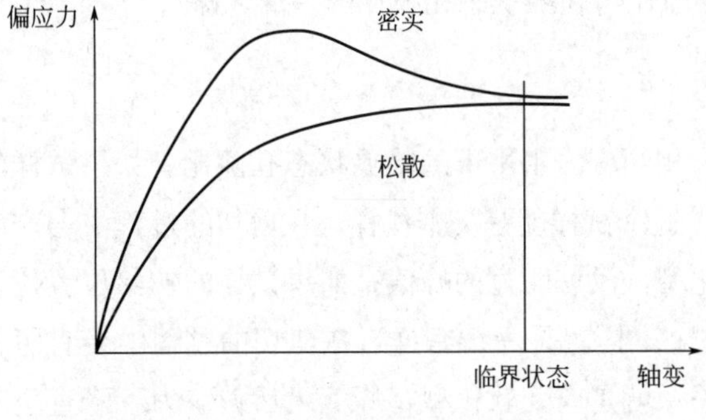

图 3-11　临界状态示意图

为进一步分析钙质砂的临界状态线，图 3-11 探讨了排水和不排水条件下的钙质砂在剪切过程中孔隙比 e 与平均应力 p' 的关系。可以发现，e-ln p' 平面中的所有应力路径最终都接近相同的临界状态线，如图 3-12 所示。在排水剪切时，对于发生先剪缩后剪胀的试样，孔隙比先减小，然后增加，达到临界状态时的孔隙比大于初始孔隙比。对于只发生剪缩的试样，应力路径向临界状态线单调下降，这与钙质砂试样在高压下的明显的体积收缩有关。

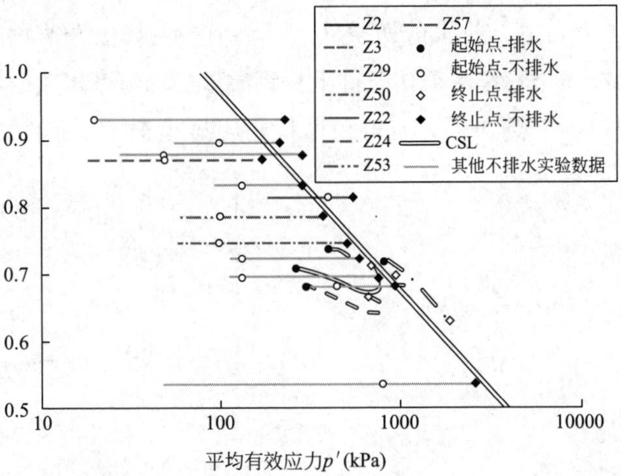

图 3-12　钙质砂在平均应力平面上的临界状态线(Giretti 等，2018)

钙质砂临界状态摩擦角主要在 28°～47°之间变化。值得注意的是，钙质砂临界状态摩擦角亦呈现出随有效围压的增大而减小的趋势，仅是在减小速率方面比峰值摩擦角更缓。临界状态土力学中认为，密实度和围压对砂土材料临界状态摩擦角影响较小。钙质砂在高应力作用下发生颗粒破碎，可能是导致其临界状态摩擦角随有效围压的增大出现较明显的降低趋势的主要原因。从不同岛礁吹填区域获得的钙质砂摩擦角存在显著差异，试样颗粒粒径、级配、相对密度、沉积吹填历史和实验加载条件等因素的不同是导致这一差异的主要原因。此结果亦表明南海吹填钙质砂的摩擦角在一个相对广泛的区间内变化。

3.3 钙质砂的破碎特性

经典土力学认为土颗粒是不可压缩和破碎的，其变形由土体孔隙中气、水排出和颗粒排列结构的重组造成，且其强度理论建立在颗粒摩擦和滑移基础之上。实际上，土颗粒在受到大于其自身强度的应力作用下会产生部分或整体破裂，产生更小的颗粒，导致砂土的微观结构发生变化，从而影响砂土的强度和变形特性。颗粒破碎现象广泛存在于钙质砂等易破碎岩土体和高土石坝、桩基工程等高应力条件的工程领域，研究岩土材料的颗粒破碎问题具有十分重要的意义。研究发现，颗粒破碎不仅影响土体的压缩回弹特性以及杨氏模量等，同时也会影响其抗剪强度，导致临界状态线下移。

钙质砂的矿物成分主要为方解石和文石，单颗粒强度低，颗粒棱角分明，在较低应力水平下即可发生颗粒破碎，导致其压缩及剪切特性与石英砂显著不同。通过观察破碎后的钙质砂颗粒，发现钙质砂颗粒碎裂方式主要包括破碎、破裂和研磨，如图 3-13 所示。影响钙质砂颗粒破碎的因素可分为内部因素和外部因素，内部因素指的是钙质砂的物理性质，包括颗粒的粒径大小、级配分布、相对密度及颗粒形状等；外部因素是指应力水平、应力路径、排水条件及加载时间等。

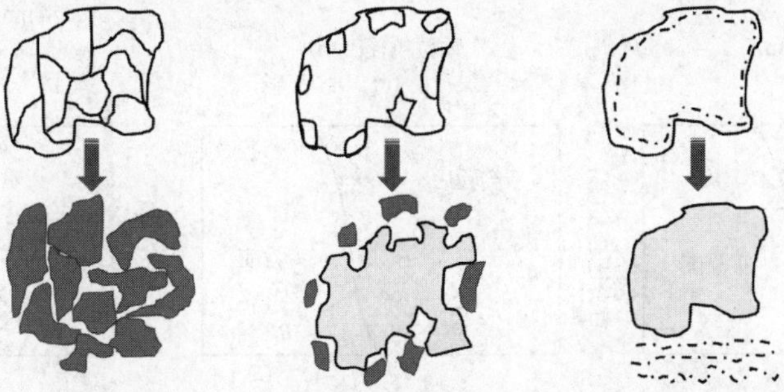

图 3-13 钙质砂颗粒碎裂方式示意图

为了量化颗粒破碎程度，学者们以特征粒径或整体颗分曲线为基础，提出了各类颗粒破碎因子，见表 3-2，具体的颗粒破碎描述方法定义如图 3-14 所示。

颗粒破碎的定量化描述模型(Xu 等，2022) 表 3-2

文献	破碎因子	计算公式
Lee 等(1967)	B_{15}	$B_{15}=D_{15i}/D_{15f}$
Lade 等(1996)	B_{10}	$B_{10}=1-D_{10f}/D_{10i}$

续表

文献	破碎因子	计算公式
柏树田等(1997)	B	$B=d_{60i}-d_{60f}$
Biarez 等(1997)	C_u	$C_u=D_{60}/D_{10}$
Marsal(1977)	B_g	$B_g=\sum\Delta W_K$
Hardin(1985)	B_r	$B_r=B_t/B_p$
Nakata 等(1999)	B_f	$B_f=1-R/100$
Einav(2007)	B_r^*	$B_r^*=B_t^*/B_p^*$
Wood 等(2008)	I_G	$I_G=B_t'/B_p'$

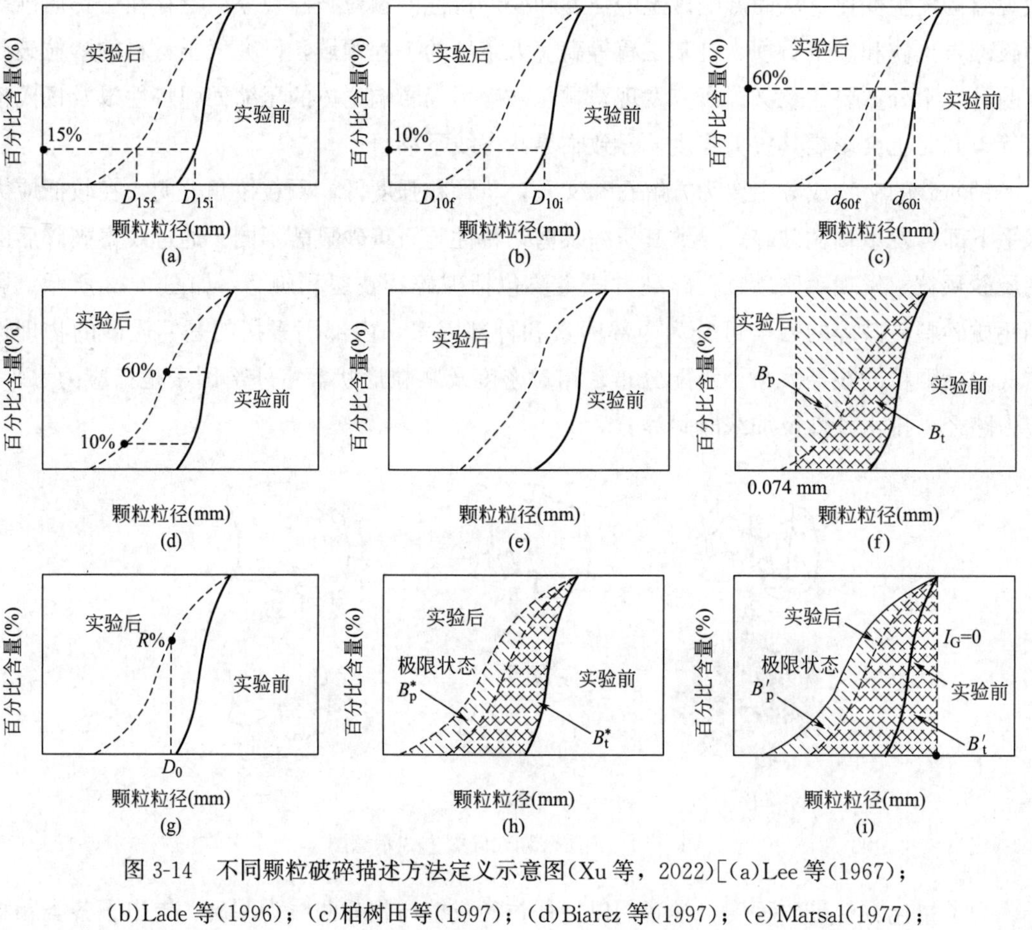

图 3-14 不同颗粒破碎描述方法定义示意图(Xu 等，2022)[(a)Lee 等(1967)；(b)Lade 等(1996)；(c)柏树田等(1997)；(d)Biarez 等(1997)；(e)Marsal(1977)；(f)Hardin(1985)；(g)Nakata 等(1999)；(h)Einav(2007)；(i)Wood 等(2008)]

目前，应用最广泛的是 Hardin(1985)提出的相对破碎参数 B_r，图 3-15 为 Hardin 颗粒破碎模型详图，模型的一个基本假设是小于 0.075 mm 的颗粒不会发生破碎。因此，将试样的初始级配曲线和 0.075 mm 垂直线所包围的区域定义为初始破碎势 B_p，而将实验后的颗粒级配曲线、初始级配曲线和 0.075 mm 垂直线所包围的区域定义为总破碎势 B_t，

相对破碎率 B_r 可表示为总破碎势 B_t 与初始破碎势 B_p 的比值：

$$B_r = \frac{B_t}{B_p} \tag{3-7}$$

式中 B_r 为相对破碎率，B_t 为总破碎势，B_p 为初始破碎势，可以利用实验前后级配曲线的变化来定量化表述颗粒破碎程度。虽然 Hardin 颗粒破碎模型假设当颗粒粒径小于 0.075 mm 时破碎不再发生，但当时并没有被证实。Coop(2004)等通过实验，证明了颗粒破碎的有限性，即破碎不可能无限发展下去，最终会到达一种基本稳定的状态。

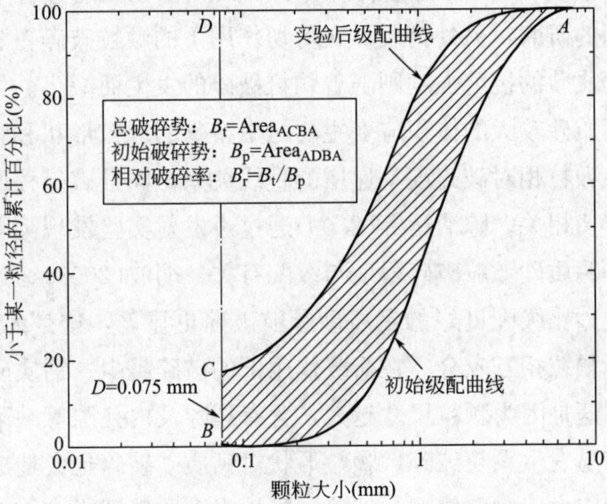

图 3-15 Hardin 模型相对破碎率计算详图

Hardin 提出的相对破碎率能够反映颗粒破碎前、后级配曲线的整体变化，而且通过实验得出土体颗粒破碎与颗粒级配、颗粒形状、有效应力和单颗粒强度等因素有关，因而获得广泛应用。近年来，除 Hardin 提出的相对破碎率，学者们也提出了其他表征颗粒破碎的指标。例如，利用固结或剪切实验前后颗分曲线的变化，引入破碎系数 C_c 描述颗粒破碎：

$$C_c = D_{10}^2 / D_{10}^1 \tag{3-8}$$

式中，D_{10}^2 为受力后小于 D_{10} 粒径的颗粒含量；D_{10}^1 为受力前小于 D_{10} 粒径的颗粒含量。

此外，单级配系数 B_{15} 也被提出来表示颗粒破碎量，其表示为：

$$B_{15} = D_{15}^{i} / D_{15}^{f} \tag{3-9}$$

式中，D_{15}^{i} 和 D_{15}^{f} 分别为压缩前后颗粒级配曲线中 15％重量对应的颗粒粒径。

此外，学者还提出一表征单颗粒破碎的修正指标 B_{10}：

$$B_{10} = 1 - D_{10}^{f} / D_{10}^{i} \tag{3-10}$$

式中，D_{10}^{i} 和 D_{10}^{f} 分别为压缩前后颗粒级配曲线中 10％重量对应的颗粒有效粒径。

考虑到中值粒径 D_{50}，基于颗粒的最终分形维数，提出了另一颗粒破碎指标 B_{r50}（Xiao 等，2021）：

$$B_{r50}=(D_{50}^{i}-D_{50}^{c})/(D_{50}^{i}-D_{50}^{u}) \tag{3-11}$$

式中，D_{50}^{i}、D_{50}^{c} 及 D_{50}^{u} 分别为颗粒初始粒径、颗粒当前粒径以及颗粒最终粒径。

钙质砂颗粒破碎是一个复杂的物理过程，破碎程度与应力水平、砂土的密实状态以及细颗粒含量等密切相关。研究发现，对于较密实的钙质砂试样，较大的颗粒间接触面积可以抑制应力集中，因此初始孔隙比较大的试样在压缩过程中颗粒破碎较为明显。张家铭等(2005)采用 B_r 分析钙质砂压缩实验的数据后发现大颗粒在压缩过程中的破碎形式主要是棱角的折断和颗粒间的研磨，另外钙质砂在剪切作用下的颗粒破碎率随着围压和剪切应变的增加而增加，而钙质砂的抗剪强度则随着颗粒破碎的发生而减小。吴京平等(1997)通过三轴剪切实验发现钙质砂较大的体积应变主要是由特殊的颗粒形状和颗粒破碎引起的，破碎引起的体积应变与颗粒相对破碎度呈递增的直线关系，而且破碎程度与受力过程中所吸收的塑性功的大小密切相关。陈清运等(2009)通过声发射实验发现随着围压的增加，颗粒破碎先加剧后减弱。钙质砂颗粒破碎程度与级配有关，胡波(2008)通过三轴固结剪切实验得出级配不良的钙质砂比级配良好的钙质砂颗粒破碎更显著，这是因为级配较好的土体，颗粒之间接触面多，颗粒相互咬合，在荷载作用下的破碎越少。钙质砂颗粒破碎程度随着粒径的增加而增大，这是因为颗粒尺寸越大，含有裂隙及内孔隙等缺陷的概率越大，单颗粒强度越低，则越容易发生颗粒破碎。颗粒形状对钙质砂破碎也会造成影响，如高棱角度的颗粒会导致较大的应力集中而使颗粒破碎加剧。当钙质砂试样中细粒土含量增大时，更多的是钙质砂颗粒表面发生研磨，较少发生破碎或破裂。

3.4　钙质砂的非线性弹性模型

钙质砂作为岛礁建设的基本介质和重要原材料，其力学特性及本构关系研究至关重要，但由于钙质砂在较低荷载作用下就会发生颗粒破碎，而颗粒破碎显著影响其应力-应变特性，对其本构关系的描述是一个难点。孙吉主等(2003，2004)分析认为，钙质砂存在颗粒破碎和滑移两种变形机制，采用损伤模型和边界面模型予以表述，基于接触面的宏观、细观物理特征，建立了单调加载条件下钙质砂与结构接触面的弹塑性增量本构关系，建立描述钙质砂变形特性的本构关系。通过引入状态参数和盖帽屈服面，可以建立考虑钙质砂颗粒破碎影响的弹塑性本构模型，很好地描述了侯贺营(2021)钙质砂的强度和剪胀特性，为进一步研究钙质砂本构关系作出了有益的探索。近年来，发展了考虑钙质砂颗粒破碎的本构关系，并对其抗剪强度指标进行了修正。采用驼峰曲线模型来描述钙质砂的应变软化，进而建立考虑颗粒破碎的本构关系。归一化的驼峰曲线可表示为：

$$\frac{\sigma_1-\sigma_3}{P_a}=\frac{\varepsilon_1(a+l\varepsilon_1)}{(a+b\varepsilon_1)^2} \tag{3-12}$$

式中，a、b 与 l 均为实验常数；ε_1 为轴向应变。在常规三轴实验中，由于$\frac{\partial\sigma_2}{\partial\sigma_3}=1$，其切线变形模量可表示为：

$$E_t=\frac{\partial(\sigma_1-\sigma_3)}{\partial\varepsilon_1}=P_a\cdot\frac{a\left[a+(2l-b)\varepsilon_1\right]}{(a+b\varepsilon_1)^3} \tag{3-13}$$

在实验的初始阶段，$\varepsilon_1=0$，此时有 $E_t=E_i$，因此有：

$$E_i=\frac{P_a}{a} \tag{3-14}$$

再结合其抗剪强度指标，得到修正后的切线变形模量为：

$$E_t=\frac{64\sigma_c^3\sin^3\varphi_p KP_a^2\left(\frac{\sigma_c}{P_a}\right)^n+16\sigma_c^2\sin^2\varphi_p(-\sin\varphi_p)K^2P_a^3\left(\frac{\sigma_c}{P_a}\right)^{2n}(R_p-\sqrt{R_p^2-R_p}-1)}{\left[4\sigma_c\sin\varphi_p+(-\sin\varphi_p)KP_a\left(\frac{\sigma_c}{P_a}\right)^n(R_p-\sqrt{R_p^2-R_p})\varepsilon_1\right]^3} \tag{3-15}$$

上式中的材料参数 K、n、R_p 可通过常规三轴实验得到。

从宏观角度研究钙质砂的基本特性及本构关系和强度理论便于抓住客观力学特性的主要方面，使得通过宏观砂单元实验确定相关参数以及应用于工程问题的数值计算成为一种重要方法，在确定钙质砂力学特性及本构关系时，诸多学者都以宏观本构理论体系为基础。

经典土力学中土的本构形式及描述方式因不同的介质特性具有一定的多样性。在此框架内，胡波(2008)通过研究认为，钙质砂颗粒破碎的形式主要表现为前期棱角的折断与研磨，直至后期的整体破碎。对更大范围粒径的颗粒破碎研究表明，粒径越大破碎越严重；此外，级配不良的钙质砂相比级配良好的钙质砂破碎更加严重；围压的增加致使颗粒破碎加剧，但并非无限加剧，当围压增大到一定程度时，颗粒破碎不明显。根据以上对颗粒破碎问题的研究，建立了钙质砂增量型本构关系，该本构关系采用非关联流动准则和运动强化模型，基于剪切变形中颗粒破碎的能量消耗也提出了新的塑性流动准则。该准则考虑了颗粒破碎对塑性剪切变形与塑性体积变形的影响，归一化的相对破碎率与剪切应变之间的关系为：

$$B_r=\frac{\theta\left[1-\exp(-v\varepsilon_s^p)\right]}{\ln\left[\frac{p_{cs(i)}}{p_{(i)}}\right]} \tag{3-16}$$

式中，p_{cs} 为当前孔隙比对应的临界状态线上的 p 值，下标(i)表示剪切开始时对应的初始值；ε_s^p 为剪应变增量的塑性部分；θ 和 v 为与钙质砂颗粒破碎相关的材料常数。

在极限平衡条件下提出了相应的应力-应变公式。其中，不排水和排水应力路径剪切下的应变硬化函数如式(3-17)和式(3-18)所示：

$$d\varepsilon_s^p=\frac{2\kappa\left(\dfrac{p}{p_{cs}}\right)\left(1-\dfrac{p_0}{p_{cs}}\right)(9+3M-2\eta M)\,d\eta}{M^2(1+e_i)\left(\dfrac{2p_0}{p}-1\right)\left\{9(M-\eta)+\dfrac{B}{P}[\chi+\mu(M-\xi)]\right\}} \tag{3-17}$$

$$d\varepsilon_s^p=\frac{2\alpha\kappa\left(\dfrac{p}{p_{cs}}\right)\left(1-\dfrac{p_0}{p_{cs}}\right)(9+3M-2\eta M)\,d\eta}{M^2(1+e_i)\left(\dfrac{2p_0}{p}-1\right)\left\{9(M-\eta)+\dfrac{B}{p}[\chi+\mu(M-\xi)]\right\}} \tag{3-18}$$

式中，e_i 为初始孔隙比；η 为应力比；M 为临界状态线斜率；p_0 为初始应力比曲线中与不排水应力路径交点对应的 p 值；B 为与临界状态相关的常数；χ、μ 为与材料破碎率有关的材料常数；α 为与钙质砂初始刚度有关的模型参数；κ 为卸载-再加载常数；$\xi=\eta(p/p_{cs})$。

剪胀特性是砂土类材料的特有性质，张家铭等(2008)通过对取自南海岛礁的钙质砂进行的三轴剪切实验，分析了钙质砂颗粒破碎与剪胀对其抗剪强度的影响，结果表明颗粒破碎与剪胀对钙质砂强度有着重要影响，低围压下剪胀对其强度的影响远大于颗粒破碎，随着围压的增加钙质砂颗粒破碎加剧，剪胀影响越来越小，而颗粒破碎的影响则越来越显著。颗粒破碎对强度的影响随着围压的增大而增大，当破碎达到一定程度后颗粒破碎趋势减弱，对变形和强度的影响也逐渐稳定。在此基础上，建立了基于颗粒破碎的钙质砂损伤本构关系，用损伤参量来描述破碎率即 $B_r=D$，总结了峰值应力比的非线性关系：

$$\eta_p=\left(\frac{q}{p}\right)_{max}=3-\frac{9}{2+8.6e^{-2.1D}} \tag{3-19}$$

并给出了加载函数 L 与实际塑性模量 H 的表达式及相关参数：

$$L=\frac{Bn_p\dot{\varepsilon}_p+3Gn_q\dot{\varepsilon}_p}{H/[(1-D)+Bn_p^2+3Gn_q^2]} \tag{3-20}$$

$$H=H_b+\frac{1+e_0}{\lambda-k}\frac{\delta}{p_0-\delta}hp\left[\frac{\eta_p-\eta}{M}\right] \tag{3-21}$$

式中，B、G 为弹性体积和剪切模量；H 为实际塑性模量；n_p、n_q 为边界面上“像”点处的单位法向量；δ 为应力点与其像的距离；λ、k 分别为等压固结线及回弹线斜率；h 为硬化模量；η、η_p 分别为应力比(q/p)及其峰值。

需要指出的是 η_p 并非常数，它随着颗粒破碎的发展而变化。此模型考虑了孔隙比对塑性流动的影响，得出颗粒破碎是钙质砂硬化反应的一个关键因素的结论。不同于常见的陆源石英砂，考虑到钙质砂特殊的物理力学特性而建立适合其力学特性的本构关系及剪胀方程是近些年来研究的热点，但限于实验条件与相关理论，适合于钙质砂的本构模型少之又少。因此，发展适合钙质砂的本构模型是将来研究的重点和难点。

思考题

1. 钙质砂的压缩变形由哪几部分组成？随着施加荷载历时的增长这几种组成将会发生什么变化？

2. 屈服点的含义是什么？钙质砂的一维压缩曲线达到屈服点之后试样压缩特性有何变化？

3. 钙质砂在三轴剪切下的剪胀行为会受什么因素影响？

4. 钙质砂的峰值摩擦角一般在多少范围内？与硅砂的摩擦角范围有什么区别？

5. 钙质砂的颗粒破碎主要表现为哪几种形式？

6. 钙质砂试样和硅砂试样哪个更容易发生颗粒破碎？为什么？这会对钙质砂的静力学性质产生什么样的影响？

参考文献

Biarez J，Hicher P Y，1997. Influence de la granulométrie et de son évolution par ruptures de grains sur le comportement mécanique de matériaux granulaires[J]. Revue française de génie civil，1(4)：607-631.

Coop M R，Lee I，1993. The behavior of granular soils at elevated stresses[J]. Predictive Soil Mechanics，186-198.

Einav I，2007. Breakage mechanics—part I：theory[J]. Journal of the Mechanics and Physics of Solids，55(6)：1274-1297.

Giretti D，et al.，2018. Mechanical properties of a carbonate sand from a dredged hydraulic fill[J]. Géotechnique，68(5)：410-420.

Hardin B O，1985. Crushing of soil particles[J]. Journal of Geotechnical Engineering，111(10)：1177-1192.

Lade P V，et al.，1996. Significance of particle crushing in granular materials[J]. Journal of Geotechnical Engineering，122(4)：309-316.

Lee K L，Farhoomand I，1967. Compressibility and crushing of granular soil in anisotropic triaxial compression[J]. Canadian Geotechnical Journal，4(1)：68-86.

Coop M R，et al.，2004. Particle breakage during shearing of a carbonate sand[J]. Géotechnique，54(3)：157-163.

Marsal R J，1967. Large scale testing of rockfill materials[J]. Journal of the Soil Mechanics and Foundations Division，93(2)：27-43.

Nakata A, et al., 1999. A probabilistic approach to sand particle crushing in the triaxial test [J]. Géotechnique, 49(5): 567-583.

Wood D M, Maed A K, 2007. Changing grading of soil: effect on critical states[J]. Acta Geotechnica, 3(1): 3-14.

Wu Y, et al., 2021. Experimental investigation on mechanical behavior and particle crushing of calcareous sand retrieved from South China Sea[J]. Engineering Geology, 280: 105932.

Wang X, et al., 2020. Mechanical properties of calcareous silts in a hydraulic fill island-reef[J]. Marine Georesources & Geotechnology, 4: 1-14.

Xu L J, et al., 2022. Review of particle breakage measurement methods for calcareous sand[J]. Advances in Civil Engineering, 6477197.

Xiao Y, et al., 2021. New simple breakage index for crushable granular soils[J]. Int. J. Geomech, 21(8): 4021136.

柏树田，崔亦昊，1997. 堆石的力学性质[J]. 水力发电学报，(03)：22-31.

陈清运，等，2009. 钙质砂声发射特征的三轴试验研究[J]. 岩土力学，30(7)：2027-2030+2036.

侯贺营，等，2021. 考虑颗粒破碎的钙质砂双屈服面模型[J]. 工程科学与技术，2021，53(06)：132-141.

胡波，2008. 三轴条件下钙质砂颗粒破碎力学性质与本构模型研究[D]. 武汉：中国科学院研究生院(武汉岩土力学研究所).

马林，2016. 钙质土的剪切特性试验研究[J]. 岩土力学，37(S1)：309-316.

孙吉主，汪稔，2003. 三轴压缩条件下钙质砂的颗粒破裂过程研究[J]. 岩土力学，(05)：822-825.

孙吉主，汪稔，2004. 钙质砂的颗粒破碎和剪胀特性的围压效应[J]. 岩石力学与工程学报，(04)：641-644.

王新志，2008. 南沙群岛珊瑚礁工程地质特性及大型工程建设可行性研究[D]. 武汉：中国科学院研究生院(武汉岩土力学研究所).

吴京平，等，1997. 颗粒破碎对钙质砂变形及强度特性的影响[J]. 岩土工程学报，(05)：51-57.

吴杨，等，2020. 岛礁吹填珊瑚砂力学行为与颗粒破碎特性试验研究[J]. 岩土力学，41(10)，3181-3191.

张季如，等，2016. 粒状岩土材料颗粒破碎演化规律的模型预测研究[J]. 岩石力学与工程学报，35(9)：1898-1905.

张家铭，等，2005. 侧限条件下钙质砂压缩和破碎特性试验研究[J]. 岩石力学与工程学报，(18)：3327-3331.

张家铭，等，2008. 剪切作用下钙质砂颗粒破碎试验研究[J]. 岩土力学，29(10)：2789-2793.

郑坤，等，2020. 珊瑚礁灰岩工程地质特性研究新进展[J]. 海洋地质与第四纪地质，40(01)：42-49.

第 4 章　钙质砂的动力特性

海洋环境中的钙质砂地基不仅要遭受台风、波浪及交通工具等动荷载作用，还要面对地震、海底滑坡等风险。岛礁海岸波流动力复杂、地貌形态特殊，波浪传播变形和波生环流对建筑物安全、地形地貌、防灾减灾和生态环境保护都有重要影响。自 1964 年新潟地震中发现砂土大规模液化现象并导致地面建筑和地下结构遭受严重破坏以来，砂土液化问题开始受到学者们的广泛重视。液化现象在宏观上主要表现为土体喷砂冒水、土层滑移、地面建筑物下陷等，在微观方面表现为孔隙水压力的增长和土体抗剪强度的丧失，两者之间往往存在因果关系。我国在 20 世纪 50 年代就开始了对饱和砂土液化的研究，至此已取得了丰富的研究成果并建立了庞大的数据库，然而这些成果多是建立在陆源硅砂的数据分析之上。钙质砂由于其特殊的生物成因特点，表现出异于陆源硅砂的液化特性。近年来随着海洋工程的发展，钙质砂的力学性质日益受到关注，特别是在 1993 年关岛地震、2006 年夏威夷地震和 2010 年海地地震中发现钙质砂场地出现严重液化灾变现象之后，钙质砂地基在地震灾害下的液化稳定性研究得到了进一步的重视。南海地区地处太平洋板块、欧亚板块和印度-澳大利亚板块相互作用的交界处，地震活动频发而强烈。据监测数据记载，近年来我国南海海域地震活动频发(如 2018 年 6 月 5.0 级、2019 年 9 月 5.2 级、2020 年 8 月 2.9 级、2021 年 8 月 3.2 级)，未来也存在着遭遇强震的风险。因此，钙质砂动力学性质是岛礁工程设计人员必须了解的知识。本章介绍钙质砂动力学特性的实验方法以及目前获得的一些重要研究发现。

4.1　岛礁基础设施中的动荷载特点

钙质砂岛礁极端风浪严重影响了南海吹填岛礁吹填体的整体稳定性，为减少极端风浪对岛礁吹填体的动力侵蚀，工程上在岛礁吹填体外围边缘修建了大量的护岸防波堤。这些岛礁护岸防波堤在极端风浪作用下的安全稳定，是保证岛礁吹填体整体稳定的前提。研究南海岛礁护岸防波堤在极端风浪作用下的稳定性，对保障岛礁吹填体的稳定性以及长期服役性能具有重要的工程意义(申春妮等，2021)。台风、热带风暴中的巨大波浪对岛礁结构物的冲击会造成灾害性影响。除了极端波浪以外，地震和爆炸冲击也是南海岛礁结构物需要抵御的偶然荷载。因此在极端条件下，岛礁可能会受到暴雨、风浪和地震等多种灾害作用，这对岛礁地基及基础设施的安全性能提出了更为严格的要求，因此，岛礁设施的设计结构性能一般宜优于相同的陆地建筑设施。在动力荷载作用下，砂土地基容易发生液化导致失稳破坏，液化是指土颗粒排列在振动下趋于密实，导致孔隙水压力急剧增加的同时有效应力减小，当有效应力完全消失时，砂土颗粒局部或全部处于悬浮状态。此时，土体抗剪强度等于零，形成“液化”现象。

4.2　钙质砂动力特性研究的测试仪器和方法

4.2.1　室内实验

目前用于测试土体在大应变条件下的动力特性的实验主要包含动三轴实验(图 4-1)、空心扭剪实验、弹性模量实验、动态真三轴实验、动直剪实验等，以获取土样的动强度和变形特性以及抗液化性能。共振柱实验主要用于测试土体在小应变范围内的动力特性，获取土样在小应变阶段的动剪切模量及阻尼比等动态力学参数。动三轴实验在国内外较为普及，动三轴实验的原理为：在振动荷载施加之前，应使得砂土试样固结，以此来模拟砂土的原始应力状态，固结方式分为等压固结与偏压固结，然后施加围压 σ_3，此时剪应力 τ_0 为零，其应力状态如图 4-2 所示。

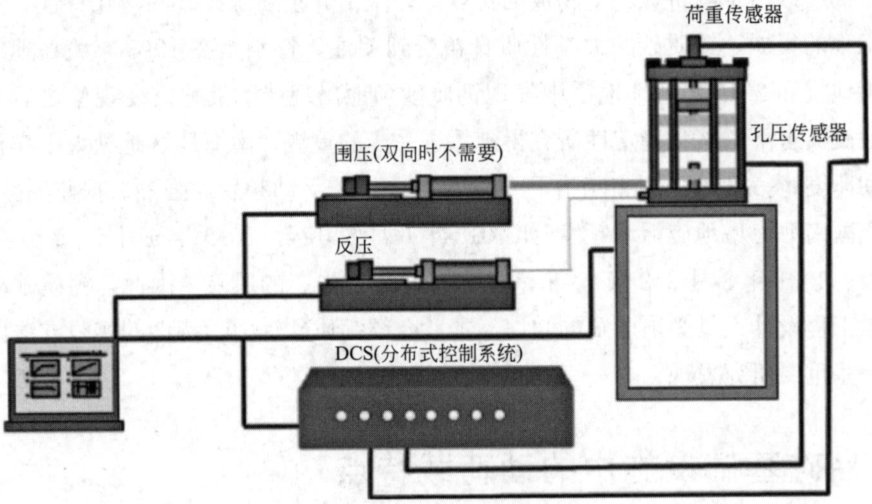

图 4-1　动三轴实验示意图

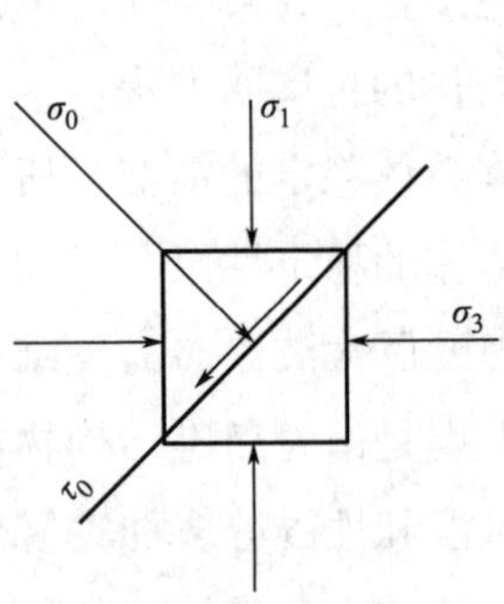

图 4-2　固结时应力状态

待土体固结完成后，施加竖向荷载 $\pm\sigma_d$ 进行循环加载。加载过程中不排水，且保持循环荷载的最大值与最小值相等。在循环加载过程中，试样于轴向方向的轴向动应力 $\pm\sigma_d$ 在土体单元 45°平面上形成一个切向剪应力，即 $\tau_d=\pm\sigma_d/2$，此时应力方向不变，其应力状态如图 4-3 所示。

在土动力学中一般将循环应力比 *CSR*(Cyclic Stress Ratio)定义为循环应力 σ_d 与固结时的平均有效应力 σ_c'的比值。由循环加载时的应力状态可知，$\tau_d=\pm\sigma_d/2$，因此固结时的平均有效应力为：

$$\sigma'_c = \sigma_3 \tag{4-1}$$

因此，循环应力比 CSR 可由下式得到：

$$CSR = \tau_d / \sigma'_c \tag{4-2}$$

$$CSR = \sigma_d / 2\sigma_3 \tag{4-3}$$

式中，τ_d 为循环应力幅值；σ'_c为固结时平均有效应力；σ_d 为施加的动应力；σ_3 为围压。

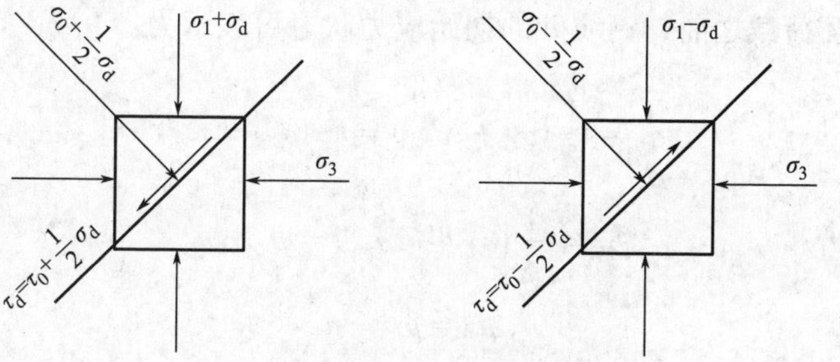

图 4-3　受压与受拉的应力状态

4.2.2　现场(原位)测试

在原位测试中，静力触探实验(Cone Penetration Test，CPT)和标准贯入实验(Standard Penetration Test，SPT)被广泛用于评估土壤刚度、地基承载力和其他地基土特性。CPT 是指在现场借助液压机以指定速度将圆锥形探头压入土层，同时利用电测技术量测贯入阻力(锥尖阻力、侧壁阻力)的一种原位测试方法。而 SPT 是通过在地面上重复锤击，将指定尺寸的圆柱形管穿透到钻孔底部，根据打入土中的阻力，判别土层的变化和土的工程性质的原位测试方法，如图 4-4 所示。CPT 具有无需钻孔，经济且省时，实验数据受个

图 4-4　SPT 测试场景图(Towhata，2008)

人因素影响较小等优点。CPT 的缺点是穿透能力较弱，且不具备收集土壤样本功能。因此很难确定土壤的类型、级配以及塑性指标等参数。尽管 SPT 也存在大量的问题，但 SPT 可以采集扰动样本进行目视检查，同时可以对样品进行级配和塑性指数等物性指标的测试。原位测试具有土样扰动程度小，操作简便快捷的优点。但也存在一些不可避免的缺点，如人为操作以及机械型号、使用状态不同会产生误差等问题。

4.3　钙质砂的动力强度与变形特性

在未施加循环荷载之前，钙质砂的初始应力状态可表示为：

$$q_0=\frac{1}{2}(\sigma_{10}-\sigma_{30})=\frac{1}{2}(\sigma'_{10}-\sigma'_{30}) \tag{4-4}$$

$$p_0=\frac{1}{3}(\sigma_{10}+2\sigma_{30})=p'_0+u_0 \tag{4-5}$$

$$p'_0=p_0-u_0 \tag{4-6}$$

式中，σ_{10} 和 σ_{30} 分别为初始最大、最小主应力；σ'_{10} 和 σ'_{30} 分别为相应的有效最大、最小主应力；u_0 为初始孔隙水压力；p_0 和 p'_0 分别为平均主应力和有效平均主应力；q_0 为剪应力。当土体受到循环动荷载后，其应力状态变为：

$$q=q_0+\frac{1}{2}\Delta\sigma_{\mathrm{d}}(t) \tag{4-7}$$

$$p=p_0+\frac{1}{3}\Delta\sigma_{\mathrm{d}}(t)=p'+u \tag{4-8}$$

$$p'=p'_0+\frac{1}{3}\Delta\sigma_{\mathrm{d}}(t)-\Delta u \tag{4-9}$$

式中，$\Delta\sigma_{\mathrm{d}}(t)$ 为某一时刻的动应力；Δu 为动应力 $\Delta\sigma_{\mathrm{d}}(t)$ 引起的孔隙水压力增量。由土体平衡条件可知，当 $\sigma_{10}+\Delta\sigma_{\mathrm{d}}(t)<\sigma_{30}$ 时，土体为轴向拉伸；当 $\sigma_{10}+\Delta\sigma_{\mathrm{d}}(t)\geqslant\sigma_{30}$ 时，土体为轴向压缩。对水平地表面的土体，有效抗剪强度可表示为：

$$\tau_{\mathrm{f}}=\sigma'\tan\varphi'+c'=(\sigma-u)\tan\varphi'+c' \tag{4-10}$$

式中，σ 为总应力；u 为孔隙水压力；φ' 为内摩擦角；c' 为黏聚力。当孔隙水压力 u 增大至总应力 σ 时，无黏性砂土将完全丧失抗剪强度而发生初始液化。研究显示，砂土在振动荷载下发生液化时需满足以下两个条件：振动荷载足够大，使得土体结构发生破坏；土体结构发生破坏后颗粒之间出现压密的趋势。砂土液化的类型主要有砂沸、流滑破坏以及循环活动性。砂沸指在动力荷载作用下土体孔压增大，导致土体中渗流场改变，当土体中水头变化使得饱和砂土内部的孔压大于或等于上覆压力时砂土将发生上浮或者“沸腾”现象，此时土体完全丧失承载力。流滑指在不排水条件下，饱和松砂受到剪切作用时土体颗粒骨架会产生体积压缩和变形，引起孔压增大和有效应力减小。土体发生流滑作用后仍具有一定的抗剪强度。循环活动性指砂土在振动荷载作用下，前期出现孔压上升和累积剪缩的现象，但在后期出现加载剪胀、卸载剪缩的交替特征。在振动过程中，土体内部的孔压仅在循环加载后期满足液化条件。

砂土抗液化能力随着相对密度的增大而增大，与石英砂相比，颗粒形状不规则且多棱角、易破碎的钙质砂在地基抗液化方面有较大不同。通过与石英砂的动三轴试验结果对比，发现相同相对密度下，钙质砂比硅质砂具有更高的抗液化能力和抗变形能力，孔压在循环加载过程中呈现较大的波动(Hyodo，1998)。虞海珍等(2006)采用动三轴试验对我国南海钙质砂开展研究，结果表明钙质砂的液化机理为循环活动性。原位测试发现砂土贯入阻力随着相对密度的增大而增大，相同相对密度下钙质砂比硅质砂具有更高的贯入阻力(王刚等，2021)。钙质砂颗粒的不规则棱角状会增大贯入阻力，而钙质砂尖角破碎会减小贯入力。因此，只有综合考虑钙质砂颗粒的不规则形状以及易破碎特点才能合理评价其动力特征以及抗液化特性。

4.3.1 动强度

目前常用室内不排水动三轴实验评判其应力-应变特征及抗液化能力，在现场可通过轻型动力触探建立钙质砂地基贯入指标 N_{10} 与相对密实度的关系。在不排水动三轴实验中，孔隙水压力在一个剪切循环中由于剪胀剪缩的交替变化而呈现出起伏波动，孔隙水压力的峰值随着循环次数的增加而逐渐增大直至等于初始有效围压。当孔隙水压力等于初始围压时，土体中的有效应力接近于0，将试样中有效应力第一次为0的时刻定义为初始液化，从而将整个应力-应变过程分为液化前和液化后的两个阶段。在循环三轴实验中，一般用循环应力比 *CSR* 表征作用于试样的剪切力的大小。另一方面，用在规定的循环周次下土样达到初始液化所需要的循环应力比 *CRR* 来表征动强度，通常用 *CRR* 与循环周次的关系曲线来表征土体抗液化能力。近年来，液化判别方面的研究重点之一是考虑黏粒含量和土体初始状态对液化可能性的影响。

砂土在循环荷载下的不排水响应是研究其动力特性的重要内容，以图 4-5(吴杨等，2023)所示级配的钙质砂为例来说明砂土在循环荷载下的动力特性。

图 4-6 为松散钙质砂在不排水循环荷载下的动力响应，从图中可以看出，钙质砂表现出循环活动性的破坏模式，即在循环荷载作用下，随着循环振次 N 增加，孔压逐渐增加，有效应力趋于零。当有效应力达到零的一瞬间，试样便发生了初始液化(孔压比 $r_u=1$)。随着加载的继续，试样由于剪胀使其有效应力和剪切刚度得到恢复，如此重复进行，直到试样发生破坏。图 4-6(a)为钙质砂试样的应力应变关系，可以看出试样呈现出明显的非对称变形特征，说明钙质砂试样在拉伸侧发生了较大的应变，而在压缩侧轴向应变没有明显的发展。此外，钙质砂试样在 $CSR=0.185$ 循环剪切应力加载的初始阶段，轴向应变以较慢的速度逐渐累积，此时应力-应变曲线构成的滞回圈的面积很小，试样几乎没有发生变

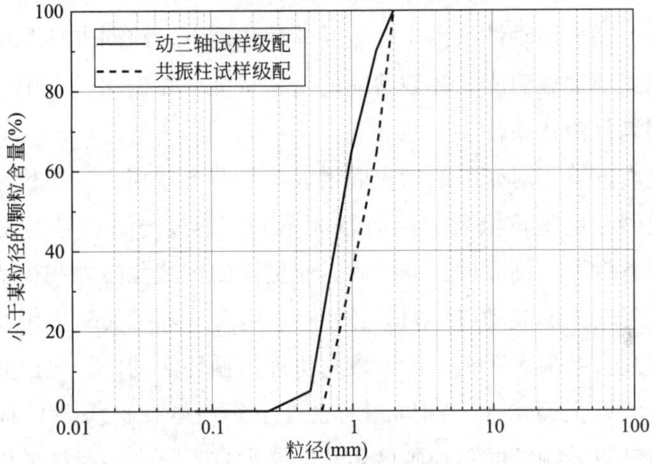

图 4-5　钙质砂试样级配(吴杨等，2023)

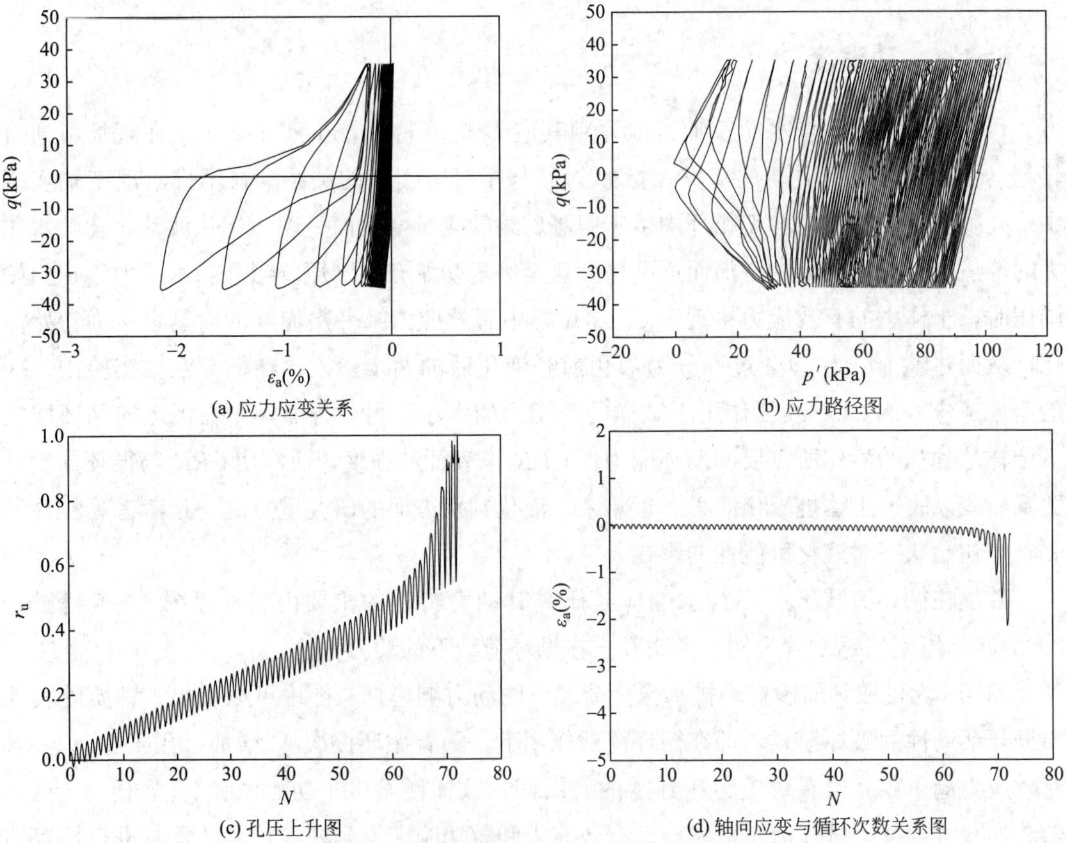

图 4-6　钙质砂在低循环应力比下的不排水循环响应

(σ_c'=100 kPa，D_r=40%，CSR=0.185)(吴杨等，2023)

形。然而，当循环荷载加载到一定次数后，轴向应变突然增大，并可观察到试样在循环荷载下发生明显的变形。剪切时，钙质砂的有效应力从有效固结压力值开始下降，反映为应力路径从右往左移动。当达到初始液化后，平均有效应力值为零，此时还可观察到“蝴蝶状”滞回圈的出现(图 4-6b)。钙质砂在循环荷载下的孔隙水压力呈现出整体单调震荡上升的现象，这与试样在受拉压过程中发生剪胀有关。在加载前期，孔压上升较为稳定，而在后期孔压出现明显骤增的现象，在对应的应力应变图中，试样的轴向应变在相同循环振次下开始突然增大。

钙质砂在高应力比下($CSR=0.29$)的不排水循环响应如图 4-7 所示，在较高的循环荷载下钙质砂产生的变形更大(图 4-7a)，应力路径更快达到有效应力零点(图 4-7b)，达到初始液化所需要的循环振次更少(图 4-7c)。总体而言，钙质砂表现出循环活动性的破坏模式。

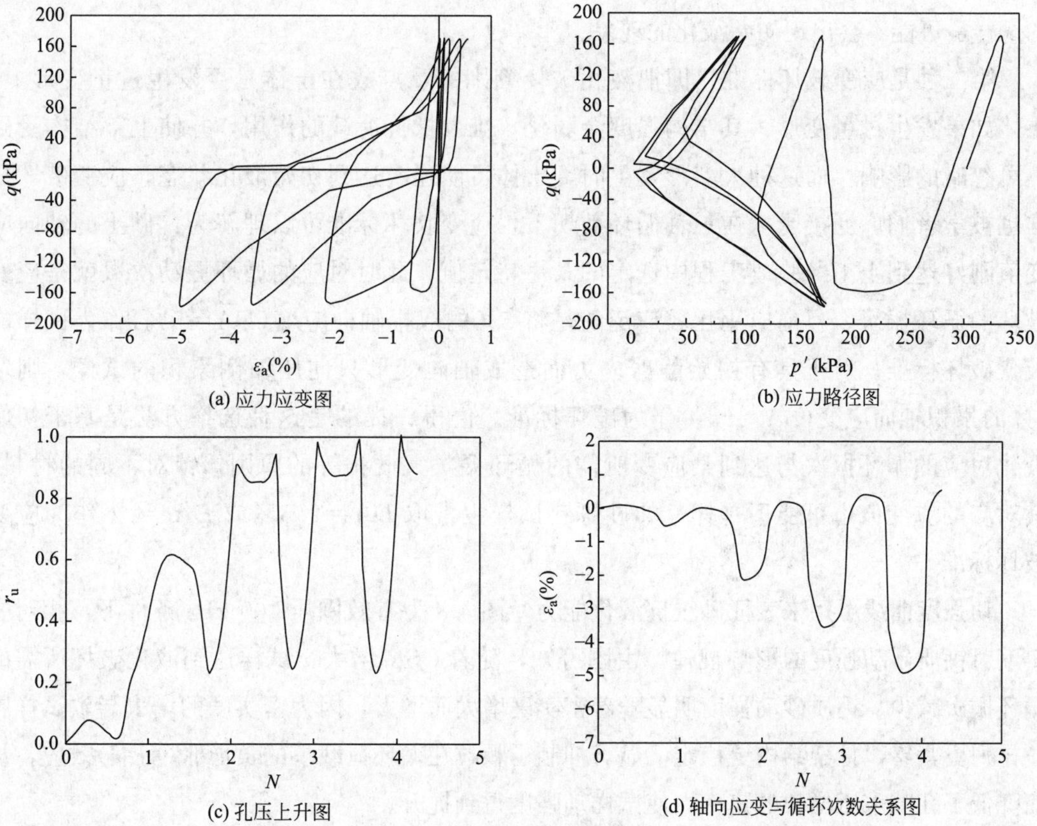

(a) 应力应变图　(b) 应力路径图

(c) 孔压上升图　(d) 轴向应变与循环次数关系图

图 4-7　钙质砂在高循环应力比下的不排水循环响应

($\sigma_c'=300$ kPa，$D_r=40\%$，$CSR=0.29$)(吴杨等，2023)

自太沙基提出有效应力原理以来，人们认识到土体的强度和变形特性受有效应力的控制。在动荷载作用下，通过有效应力原理进行土体动力反应分析的关键是如何测定不同条件下土体孔隙水压力的发生、发展和消散规律。土体孔隙水压力的发展及其液化特性受多种因素共同影响，如土体条件(包括土体种类、粒度组成、形状、密度、饱和度、应力历史等)、固结压力条件、动荷载条件和排水条件等，因此孔隙水压力变化具有复杂性。在不排水条件下，砂土孔隙水压力的发展表现出单调增长性、速率相关性和起伏波动性，且在实际应用时还需考虑土层排渗条件带来的影响。

由地震触发砂土液化时，陆地表面可表现为地表沉降、流动破坏、侧向扩展、吹砂等。在动三轴实验中，一般采用两种标准判断试样是否液化破坏，第一种是应力破坏标准。在循环荷载作用下，砂土中的孔隙水压力等于有效围压时称为初始液化状态。砂土的孔隙水压力能否达到有效围压还取决于砂土试样的土体条件、施加荷载条件和排水条件等。对于松散砂和中密砂，其孔隙水压力容易达到有效围压，使得砂样失去抗剪强度，从而出现液化破坏。但对于密实度较高的饱和砂土，在剪切时比松散砂土具有更显著的剪胀性，孔隙水压力会出现难以达到有效围压的现象，虽然此时土体还没完全丧失强度，但是应变会累积增大，最终发生大变形而破坏。因此，对于密实度相当大而循环应力比又较小的试样，可能不会出现初始液化的现象。

第二种是应变破坏标准，即把液化破坏判别的重点放在土体是否发生过量变形上。土体如果发生过量变形，其结构强度会弱化，难以抵抗荷载的作用，并使上部结构受到不可忽略的影响。而这种大变形发生时，土体可能还没达到初始液化状态，应变破坏标准也被学者们广泛接受。在三轴循环剪切下，应变破坏标准可以理解为：砂土的轴向应变值刚好达到土工经验或工程中选定的某一特定值，此时对应的循环振动次数就是应变破坏的循环振次。目前应用比较广泛的是将 5%的双幅轴向应变（$DA=5\%$）作为试样的液化破坏标准，对于具有初始静剪应力而造成轴向变形只向压缩侧累积的试样，则取 5%的累积轴向应变（$SA=5\%$）作为破坏标准。值得一提的是这种选择方法是基于初始液化对应的循环振次与达到某应变所需的循环振次大概相等的原则，针对不同的材料，其对应的应变值也可能不一样，如砂砾料试样也常取 $DA=2.5\%$ 或 $DA=2\%$ 作为应变破坏标准。

动强度曲线可用来表征砂土抗液化能力，图 4-8 为有效围压 100 kPa 条件下，相对密实度对钙质砂动强度的影响规律。由图可知，随着 CSR 增大，试样达到液化破坏所需的循环振次减少。钙质砂动强度明显随着密实度增大而增大，因为密实度的增大导致试样颗粒排列更紧凑，骨架结构更稳定，显著抑制了颗粒在循环荷载下的负剪胀（剪缩）效应，从而降低了孔隙水压增长的速率，使试样动强度得到提升。

此外，钙质砂地基存在细钙质砂颗粒与粗珊瑚礁颗粒共存的状态，这种粗颗粒（5～20 mm）的存在会使钙质砂的骨架结构受到不可忽略的影响。图 4-9 展示了 100 kPa 围压下随着试样粗珊瑚礁颗粒含量（G_c）从 0%增加到 30%，同一循环振次下试样的破坏所需的循环应力比也随之增加，表明在粗颗粒掺入量较低的情形下，珊瑚礁的存在会使混合料试样的动强度得到提高。

不同围压对钙质砂动力特性的影响如图 4-10 所示，可以看出对于松散的钙质砂，100 kPa 到 300 kPa 围压范围内动强度曲线没有显著的变化。

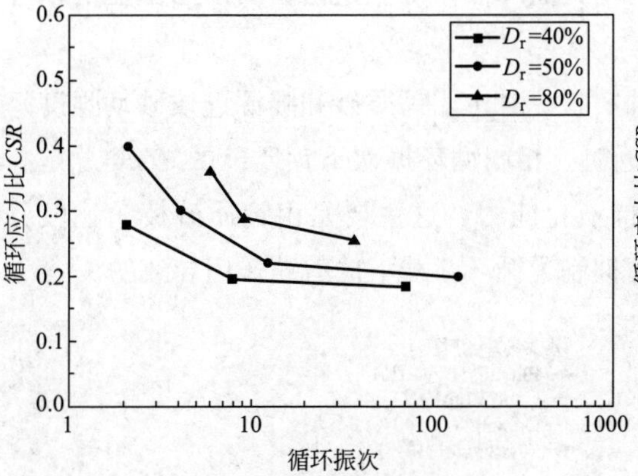

图 4-8 密实度对钙质砂动强度的影响(吴杨等, 2023)

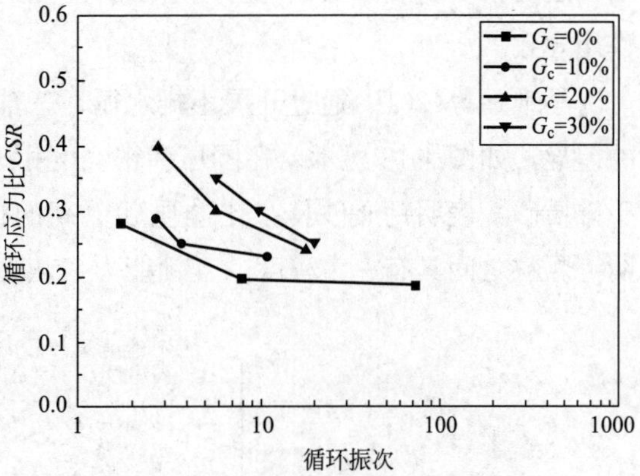

图 4-9 珊瑚礁含量对钙质砂动强度的影响(吴杨等, 2023)

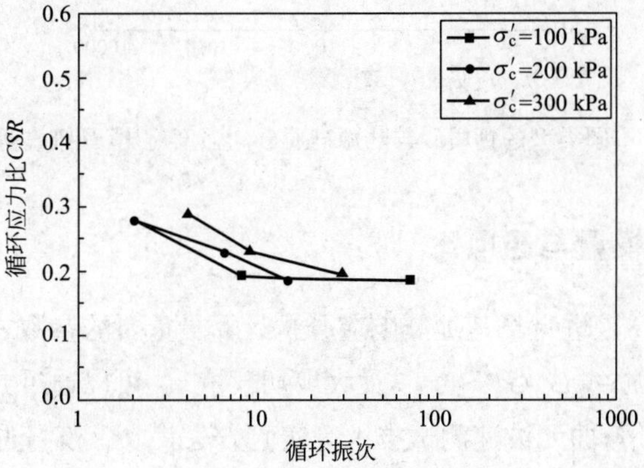

图 4-10 围压对钙质砂动强度的影响(吴杨等, 2023)

Dogs Bay 钙质砂的三轴不排水循环剪切实验也有相似的结果，如图 4-11 所示。可以看出，Dogs Bay 钙质砂动强度在松散状态下随围压先增大后降低，没有表现出明显的规律。而在中密状态下，Dogs Bay 钙质砂动强度曲线随着有效围压上升而明显发生往下移

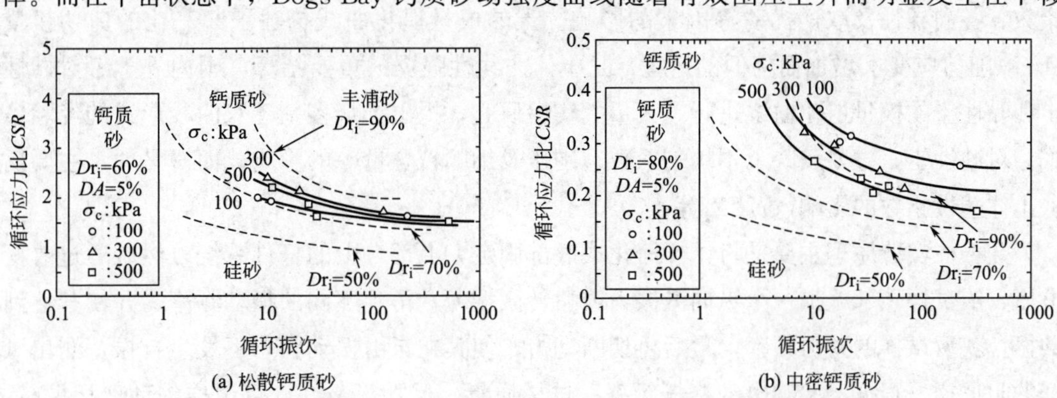

图 4-11 不同密实度下围压对 Dogs Bay 钙质砂动强度的影响(Hyodo 等, 1998)

动，表明密实钙质砂试样动强度会随着围压的增大而降低，可能是由密实度与围压的耦合作用导致。

马维嘉等(2019)通过开展不排水循环三轴实验，对比了钙质砂和陆源硅质砂动强度间的差异，如图 4-12 所示。在围压和密实度相近时，相同循环振次下钙质砂的 CSR 总是高于硅质砂，表明钙质砂具有比硅质砂更高的抗液化能力，这主要是由钙质砂棱角比较分明，颗粒之间具有一定程度的互锁能力，从而抑制了循环荷载下的剪缩作用导致的。

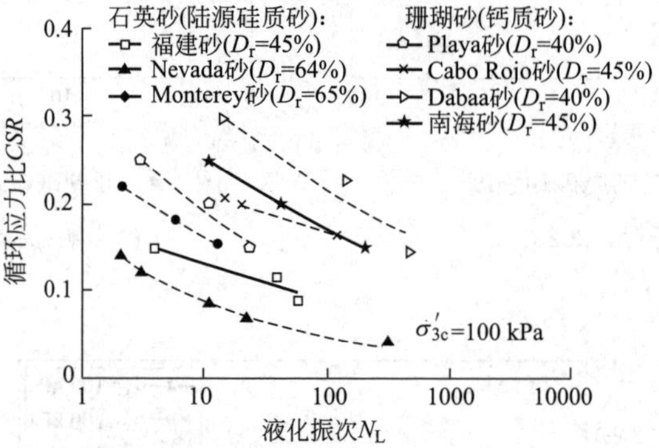

图 4-12　不同类型的钙质砂与陆源硅质砂动强度对比(马维嘉等，2019)

4.3.2　动剪切模量与阻尼比

土的动剪切模量 G 是进行场地地震响应分析计算最重要的参数之一，主要包括最大剪切模量 G_0 和模量退化曲线 $G/G_0 \sim \gamma$。最大剪切模量 G_0 可以通过共振柱实验、现场剪切波速实验以及压电陶瓷弯曲元波速测试技术等实验方法获取。模量退化曲线 $G/G_0 \sim \gamma$ 主要通过室内共振柱实验、循环三轴以及扭剪实验进行测定。土的最大剪切模量 G_0(或 G_{max})是描述土体当前状态的一个重要指标，也是土体应力、密实度和结构等状态的一个综合反映，在场地分类及砂土地震液化判别等方面有重要的应用。大量研究表明，G_0 主要受孔隙比、有效围压、超固结比、时间效应、颗粒形状、不均匀系数、细颗粒含量、塑性指数、各向异性及取样扰动等因素的影响。土的模量退化曲线描述了归一化的剪切模量 G/G_0 随剪应变 γ 增加而降低的过程，是土体非线性强弱的重要指标。国内外学者对砂性土和黏性土的模量退化曲线进行了大量的实验研究，提出了众多基于双曲线形式的经验公式。对砂性土，主要反映了不均匀系数、围压及细颗粒含量等的影响，而对黏性土主要反映土体塑性指数的影响(黄茂松等，2020)。

共振柱实验原理主要是将试样简化成底部固定，上部自由的杆件系统，然后通过改变电压，给试样顶部施加一个纵向激振力或扭转激振力，得到不同的振动频率，并使其达到共振，获取试样的共振频率，最后再切断动力，使其在自由振动状态下发生自振，测出试样的阻尼比。根据实验测出的共振频率、试样质量、尺寸等条件计算试样的动剪切模量。与一般石英砂相比，钙质砂具有较高的剪切模量与较低的阻尼比，这与钙质砂特殊的矿物成分、颗粒形貌和组构有关(Rui 等，2020)。图 4-13 为钙质砂试样在不同密实度和固结压力条件下的动剪切模量 G 与剪切应变 γ 间的关系曲线。由图可知，当固结压力和孔隙比一定时，钙质砂试样的动剪切模量随剪切应变增长呈现出衰减趋势，并表现出显著的非线性。当剪切应变较小时，钙质砂试样的动剪切模量衰减程度较弱。在相同的孔隙比下，同一剪切应变水平的动剪切模量 G 随固结压力的提高而增大，在等向固结阶段，较高的固结压力使颗粒之间的孔隙空间减小，使得颗粒接触更为紧密，所以钙质砂试样抵抗动剪切变形的能力也显著增加。通过对比可知，G-γ 曲线随着孔隙比的减小而上移。

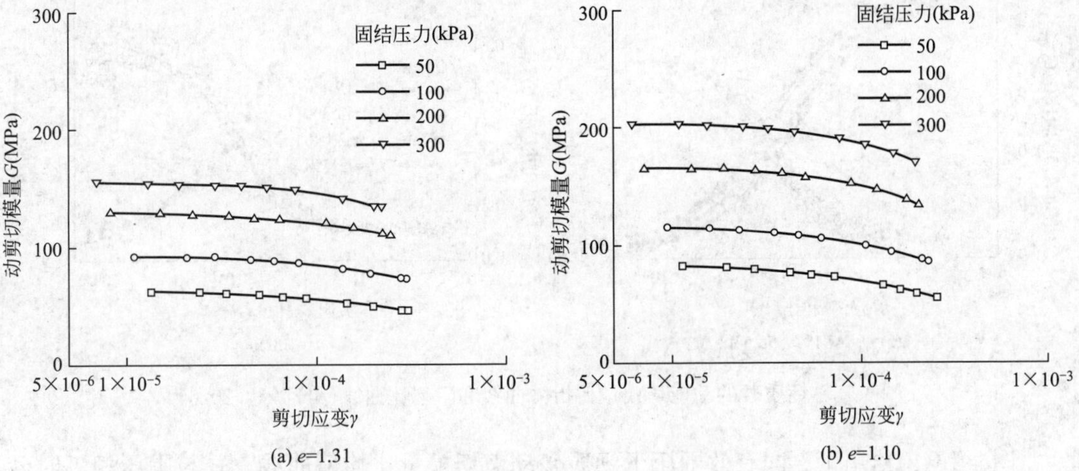

图 4-13 不同密实度和固结压力下钙质砂 G-γ 关系曲线(吴杨等，2021)

图 4-14 为钙质砂试样在孔隙比 $e=1.31$ 和 $e=1.10$ 时，在不同固结压力下阻尼比 D 与剪切应变 γ 的关系曲线。结果表明，试样的阻尼比 D 随剪切应变增加而增大。剪切应变较小时，阻尼比增加较为平缓，随着剪切应变增大，阻尼比的增大趋势更为显著。相同实验条件下，固结压力越大，钙质砂试样的阻尼比越小。

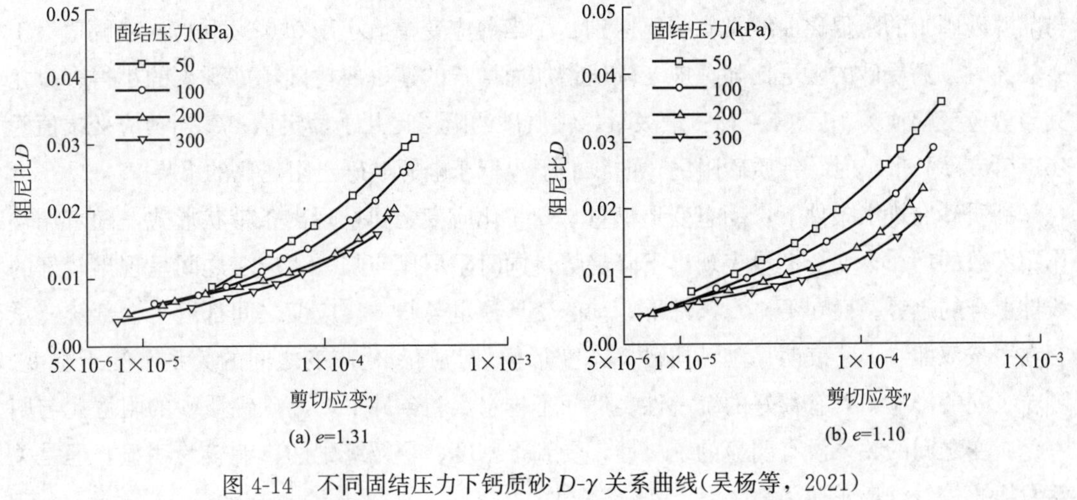

图 4-14 不同固结压力下钙质砂 D-γ 关系曲线(吴杨等，2021)

南京工业大学陈国兴课题组(梁珂等，2020)进行了不排水应变控制分级循环加载动三轴实验，研究有效围压 p_0' 和相对密实度 D_r 对饱和钙质砂动剪切模量和阻尼比特性的影响。钙质砂动剪切模量比随应变的衰退关系如图 4-15 所示，发现钙质砂的动剪切模量比折减曲线随有效围压增大而向上移动，而阻尼比曲线随着有效围压增大而向下移动。在相同有效围压下，密实度对钙质砂动剪切模量比折减曲线的影响并不显著。

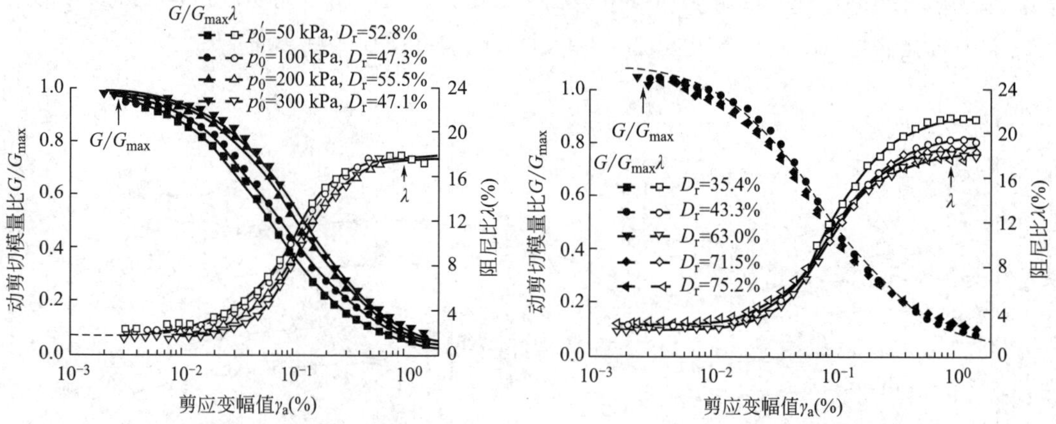

(a) D_r=47.1%～55.5%　　(b) p_0'=100 kPa

图 4-15　钙质砂的动剪切模量比折减曲线和阻尼比曲线(梁珂等，2020)

图 4-16(a)给出了不同有效围压下钙质砂动剪切模量比均值曲线，并与围压相近时砂砾土的动剪切模量比折减曲线上、下限相对比(Oztoprak 等，2013；Rollins 等，1998；Kokusho 等，1980)。可以发现，钙质砂与陆源砂砾土的折减曲线明显不同，主要表现在：①围压相近时，钙质砂折减曲线的上下限较陆源砂砾土的窄；②钙质砂折减曲线随剪应变幅值的衰退速率较陆源砂砾土的慢。图 4-16(b)比较了钙质砂和陆源砂砾土的阻尼比曲线(Rollins 等，1998；Kokusho 等，1980)。可以发现，钙质砂的阻尼比小于陆源 Toyoura 砂的阻尼比，且钙质砂阻尼比曲线的上、下界明显比相近围压下陆源砂砾土的窄。钙质砂与陆源砂砾土的阻尼比曲线具有明显区别：①当剪应变幅值小于 0.02％和剪应变幅值大于 0.30％时，钙质砂的阻尼比随剪应变幅值增加而增长的速率要比陆源砂砾土的小得多，尤其当剪应变幅值为 10^{-5}(10^{-3}％)量级时，钙质砂的阻尼比几乎为定值；②当剪应变幅值为 10^{-4}(10^{-2}％)量级时，钙质砂阻尼比曲线的下界低于陆源砂砾土阻尼比的下界。

钙质砂在排水条件下，动态变形模量与归一化应变之间呈现出条带状形式，随着循环作用次数的增加，变形模量表现出下降趋势。同时阻尼比与归一化应变之间呈现出较好的线性上升的趋势。而在不排水条件下，动态变形模量与归一化应变之间都近乎全部统一重合在一条双曲线上，表明岛礁钙质砂动态变形模量与归一化应变之间的关系不受干密度、颗粒级配的影响，具有很好的统一性。然而不排水实验条件下，岛礁钙质砂的阻尼比与归一化应变之间的关系没有明显的统一性，受到干密度、颗粒级配的影响较为明显，但是关系曲线比较符合反正切函数关系。

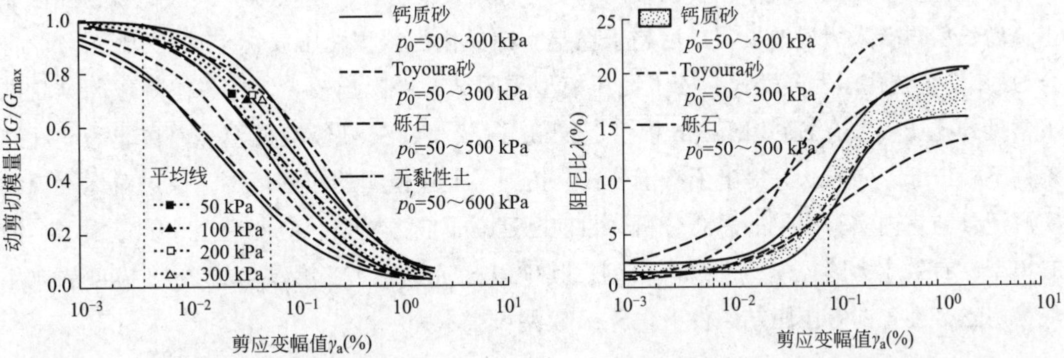

(a) 动剪切模量比折减曲线　　(b) 阻尼比曲线

图 4-16　不同土的动剪切模量比折减曲线和阻尼比曲线(梁珂等，2020)

4.4　钙质砂的孔压增长模型

往年的震害调查表明，在地震作用下砂性土地基会产生喷砂冒水及不均匀沉降等地面破坏现象。地震时，饱和土层的孔隙水压力发生了显著变化，而动荷载作用下孔隙水压力发展规律是进行土体动力特性有效应力法分析的重要指标。研究发现，因为钙质砂特殊的物理性质，饱和钙质砂的孔压发展规律与石英砂有所区别(图 4-17)，然而，目前关于钙质砂的孔压模型研究较少，即使基于石英砂得到的孔压模型并不完全适用于钙质砂，但现阶段只能以现有的石英类砂土的孔压模型为基础，来探讨建立适用于钙质砂的孔压模型。

α_d (°)	*CSR*				
	细粒含量=0%	细粒含量=6.41%	细粒含量=10%	细粒含量=20%	细粒含量=30%
0	×0.35	□0.25×0.30○0.35	□0.25	□0.25	□0.25
22.5	△0.25	△0.25	△0.25	▲0.25	△0.25
45.0	★0.25◇0.32	★0.25	★0.25 ▽0.28	★0.25	★0.25

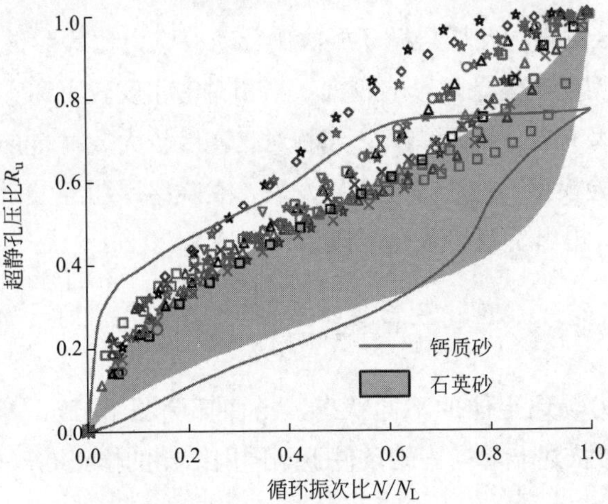

图 4-17　钙质砂孔隙水压的发展(刘抗等，2021)

饱和钙质砂在动荷载作用下的轴向应变与孔压发展存在一定关联。一般而言，孔压先迅速增长后再转入缓慢增长，最后趋于稳定。归一化的累积孔压 μ/σ_3 与振次比 N/N_f 符合 Seed 反正弦孔压发展模式。砂土孔压模型受固结条件影响较大，在各向等压固结状态下常见的孔压模型有 Seed-Martin 模型、Ishihara 模型、Seed 经验模型等。在非等向固结条件下，Finn、Chang 等提出了修正公式，拓展了上述模型的应用范围。通过对地震现场实测记录与室内实验成果的总结分析，目前已建立了应力模型、应变模型、能量模型、内时模型、有效应力路径模型及瞬态模型。其中以 Seed 于 1971 年建立的 Seed 模型的应用最为广泛，在各向等压固结条件下，Seed 模型可表示为：

$$\frac{u_d}{\sigma_3}=\frac{1}{2}+\frac{1}{\pi}\arcsin\left[2\left(\frac{N}{N_L}\right)^{\frac{1}{\alpha}}-1\right] \tag{4-11}$$

式中，u_d 为动孔压；σ_3 为有效围压；N 为振动次数；N_L 为达到初始液化条件的振动次数；α 为经验系数，与砂土的密实度相关，一般取 0.7。将 Seed 模型在形式上进行简化，在不改变拟合效果的前提下消去原模型中的常数项，得到简化的 Seed 孔压增长模型，在各向等压固结条件下，可表示为：

$$\frac{u_d}{\sigma_3}=\frac{2}{\pi}\arcsin\left(\frac{N}{N_L}\right)^{\frac{1}{2\theta}} \tag{4-12}$$

式中，θ 为实验参数，适用于描述反"S"形归一化振动孔压比发展模式。钙质砂受循环荷载作用，在排水不通畅的条件下可以达到部分液化状态，在排水通畅的条件下不发生液化。在不排水条件下，钙质砂归一化的累积孔压与振次比符合 Seed 提出的反正弦孔压发展模式，钙质砂动态变形模量与归一化应变之间的关系全部重合在一条双曲线上，表明不排水条件下钙质砂的孔压发展不受干密度和颗粒级配的影响，具有很好的统一性。

4.4.1　钙质砂的全量孔压模型

土体全量孔压模型直接给出了孔压与循环振次比、动剪应力比等参数之间的关系，如 Seed 经验模型，然而该模型受土体条件影响较大：当相对密实度较小和实验材料为常规陆源硅砂时，Seed 等经验模型有较好的适用性；当相对密实度较大或材料具有不同于陆源砂的动力特性时，Seed 等经验模型不适合描述孔压发展。袁晓铭课题组（王鸾，2020）基于大粒径珊瑚砂的动三轴实验，提出了双参数孔压模型，表达为：

$$\frac{u}{\sigma_c'}=\frac{a}{\pi}\arcsin\left(\frac{N}{N_f}\right)^{\frac{1}{b}} \tag{4-13}$$

考虑到具有初始剪应力场地土体的不同状态，杨仲轩课题组（Pan 等，2018）对 Seed 模型进行了完善，提出了可描述非等向固结条件下不同固结比的修正孔压模型：

$$R_u=\frac{2}{\pi}\arcsin N_n^{aN_n^{2b}+b} \tag{4-14}$$

其中，R_u 为残余孔压比。考虑到钙质砂与常规石英砂力学性质上的差异，陈国兴课题组(马维嘉等，2019)提出了修正的 Seed 模型，可较好地描述钙质砂的孔压发展：

$$R_u = a \times \frac{2}{\pi}\arcsin(N/N_L)^{1/2\theta} + b \times \arctan(N/N_L) \tag{4-15}$$

式中，a，b，θ 为拟合系数。

4.4.2 钙质砂的增量孔压模型

虽然全量孔压模型可反映孔压发展的整体趋势，但在地震反应分析中需要预先设定地震震级以及循环次数，无法得到在剪应力下饱和土体的孔压增长过程，同时也不能采用有效应力法进行动力时程分析。增量孔压模型反映了每次循环加载后孔压增量或孔压比增量与动应力、初始应力状态以及土体性质之间的关系。达到初始液化的循环次数由孔压增量实际累积结果确定，因而在工程实践中孔压增量模型的实用性更高。Ishibashi 等(1997)根据等压固结等幅荷载扭剪实验得到了孔压增量与加载次数的关系，并提出半经验孔压增量模型。第 N 次作用后的孔隙水压力增量比 $\Delta\alpha'_{u,N}$ 定义为第 N 次往返剪应力作用下产生的孔隙水压力增量 $\Delta u_{g,d,N}$ 与第 N 次作用之前的有效围压 $\sigma_3 - u_{g,d,N-1}$ 之比，即：

$$\Delta\alpha'_{u,N} = \frac{\Delta u_{g,d,N}}{\sigma_3 - u_{g,d,N-1}} \tag{4-16}$$

式中，$u_{g,d,N-1}$ 为第 N 次作用之前的孔隙水压力。第 N 次作用的往返剪应力之比 $\alpha'_{\tau,N}$ 定义为往返剪应力幅值 $\bar{\tau}_{hv,d}$ 与第 N 次作用之前的有效围压 $\sigma_3 - u_{g,d,N-1}$ 之比，即：

$$\alpha'_{\tau,N} = \frac{\bar{\tau}_{hv,d}}{\sigma_3 - u_{g,d,N-1}} \tag{4-17}$$

根据实验资料可确定出 $\Delta\alpha'_{u,N}$ 与 $\alpha'_{\tau,N}$ 两者在双对数坐标中存在线性关系，即：

$$\Delta\alpha'_{u,N} = b(N)\,(\alpha'_{\tau,N})^{a} \tag{4-18}$$

式中，a、$b(N)$ 分别为双对数坐标中 $\Delta\alpha'_{u,N} - \alpha'_{\tau,N}$ 关系线的斜率以及与 $\alpha'_{\tau,N}=1$ 竖向直线交点的纵坐标值。

研究发现参数 a 与作用次数无关，而 $b(N)$ 随作用次数的增大而减小。当参数 a 确定后，对某一给定作用次数 N，$b(N)$ 可由下式确定：

$$b(N) = \frac{\Delta\alpha'_{u,N}}{(\alpha'_{\tau,N})^{a}} \tag{4-19}$$

将按上述公式计算出来的 $b(N)$ 与指定作用次数 N 绘制在双对数坐标中，通过拟合可得到：

$$b(N) = \frac{c_1 N}{N^{c_2} - c_3} \tag{4-20}$$

式中，c_1、c_2、c_3 为与密度相关的三个参数。联立上述几个公式，可得到：

$$\Delta u_{g,d,N} = (\sigma_3 - u_{g,d,N-1}) \frac{c_1 N}{N^{c_2} - c_3} \left(\frac{\overline{\tau}_{hv,d}}{\sigma_3 - u_{g,d,N-1}} \right)^a \tag{4-21}$$

令

$$\Delta\alpha_{u,N} = \frac{\Delta u_{g,d,N}}{\sigma_3} \tag{4-22}$$

$$\alpha_{u,N-1} = \frac{u_{g,d,N-1}}{\sigma_3} \tag{4-23}$$

得到：

$$\Delta\alpha_{u,N} = (1 - \alpha_{u,N-1}) \frac{c_1 N}{N^{c_2} - c_3} \left(\frac{\overline{\tau}_{hv,d}}{\sigma_3 - u_{g,d,N-1}} \right)^a \tag{4-24}$$

$$\alpha_{u,N} = \alpha_{u,N-1} + \Delta\alpha_{u,N} \tag{4-25}$$

$$u_{g,d,N} = \alpha_{u,N}\sigma_3 \tag{4-26}$$

4.4.3 钙质砂的应变孔压模型

虽然钙质砂的全量孔压模型和增量孔压模型可将外部荷载与孔压增长规律联系起来，但无法解释孔压发展后期发生偏应力卸荷时引起的孔压增长现象，即反向剪缩特性。此外，孔压的应力模型是通过对实验现象描述和对实验数据拟合得到的，是经验或半经验的孔压模型，无法描述孔压的演化机理。基于动荷载作用下饱和砂土孔隙水压力增长机制以及体积变形的连续性条件，将饱和砂土在不排水条件下的孔隙水压力增量与其在排水条件下的体积应变增量之间建立联系，可较好地描述饱和砂土的孔压增长机理，称之为孔压应变模型。孔压应变模型的特点是将孔压与轴向动应变联系起来。在一个振动周期内，孔压的变化趋势与轴向动应变的变化趋势基本一致，在循环荷载下饱和砂土的孔压增长与轴向应变有很好的相关性。然而，由于钙质砂颗粒具有的多棱角、多内孔隙和易破碎等特征，在求解钙质砂的体积回弹模量 E_r 和体积应变增量 $\Delta\varepsilon_{v,d}$ 时存在很大的困难。土体在等压固结时，不同动应力作用下的动孔压比 R_u 被定义为振动次数为 N 的循环峰值振动孔压 u_d 与固结平均有效应力 σ'_0 之比，即：

$$R_u = \frac{u_d}{\sigma'_0} \tag{4-27}$$

在等压固结条件下，σ'_0 等于有效围压 σ_3。动应变比 α_ε 定义为振动次数为 N 的双幅轴向应变 ε_{DA} 与试样破坏时的最大双幅轴向应变 $\varepsilon_{DA(max)}$ 之比，即：

$$\alpha_\varepsilon = \frac{\varepsilon_{DA}}{\varepsilon_{DA(max)}} \tag{4-28}$$

因此，可根据动孔压比 R_u 与动应变比 α_ε 之间的关系曲线得到孔压发展模型。赵胜华等(2021)根据钙质砂室内循环剪切实验得到上述两者之间的拟合关系，即：

$$R_u = \frac{\alpha_\varepsilon}{a + b \times \alpha_\varepsilon} - \frac{1}{e^{c \times \alpha_\varepsilon}} \tag{4-29}$$

式中，a、b、c 为拟合系数，其中 a 为 R_u-α_ε 关系曲线上初始切线斜率的倒数，b 是 R_u-α_ε 关系曲线上 R_u 渐近线的倒数，c 为计算参数，其大小决定曲线的形态。

4.5 钙质砂的动本构模型

大量的现场调查表明位于结构体下部的地基土体大多处于动荷载作用之下，比如公路地基土体承受交通荷载作用，始终处于循环应力状态；而铁路路基同样处于更大的移动荷载作用下；土石坝内部回填夯实土在水库蓄水、放水过程中受到循环加卸载的作用。上述荷载作用方式、大小以及作用时间各异，但都具备一个共同点，即始终是循环、动态的荷载。通常在岩土工程中人们所关心的两个问题，一个是强度问题，诸如地基承载力、岩石或土质边坡稳定性等，是关于岩土材料如何破坏的问题，与变形无关，仅仅与岩土体内部的应力状态相关。另一个就是变形问题，如基坑开挖坑底隆起位移、坑壁向坑内侧位移，公路、铁路路基沉降等，而在循环荷载或者复杂应力路径下，其变形不仅取决于应力路径，在动力循环荷载下，岩土材料的工程性状受加载速率的影响也很大，比如，饱和黏土材料受加载速率影响最大，由于黏土的透水性一般较差，孔隙水压力通常在很长的时间内难以完全消散，因此，即使外荷载已经处于稳定状态，但有效应力可能仍然处于增大过程中，进而导致了黏土材料的蠕变效应。但对于砂土而言，由于孔隙水可沿粒间通道瞬间排出，孔隙水压力可在瞬间完全消散，不存在蠕变现象，因此动力荷载下加载速率钙质砂孔压特性的影响较小。

土体受到动荷载作用时，其应力-应变关系一般表现为非线性、滞后性和应变累积性。动荷载作用在土体上时，加载初期的剪应力较小，应力-应变关系为一封闭的、以原点为中心对称的曲线，称为滞回曲线。滞回曲线体现了土体应力-应变关系的滞后性。随着加卸载过程的反复进行，应力-应变关系将产生大小及形状不同的滞回圈，将所有滞回圈的最大点连成一条直线，可得到骨干曲线，如图 4-18 所示。骨干曲线体现了土体在动荷载作用下的应力应变关系的非线性。随着剪应变的增大，土体开始产生不可恢复的塑性变形，同时滞回圈的形状也发生变化，即由对称变为非对称，由闭口变为开口，滞回圈的中心随着剪应变的增大向右移动，表现出应变累积的特征。

基于动剪切模量以及阻尼比来描述土体的非线性和滞后性，常见的经典土体黏弹性动本构模型有 Hardin-Drnevich 模型(双曲线模型，简称 H-D 模型)、Martin-Davidenkov 模型(简称 M-D 模型)等。H-D 模型的动剪切模量表达式为：

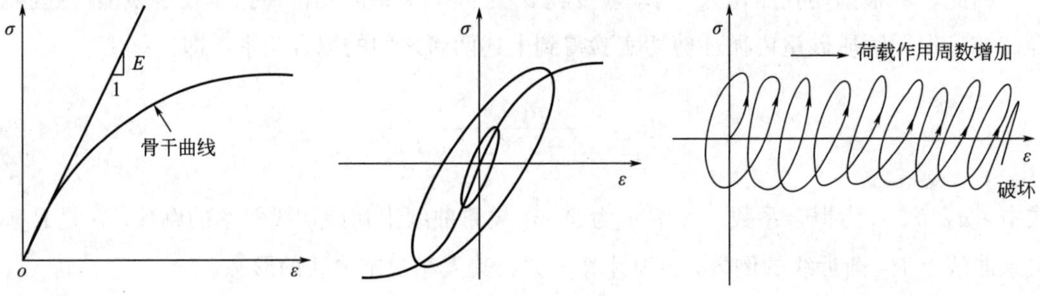

(a) 非线性　　(b) 滞后性　　(c) 应变累积性

图 4-18　土体动应力-动应变关系

$$\frac{G}{G_{\max}}=\frac{1}{1+(\gamma/\gamma_r)} \tag{4-30}$$

式中，γ_r 为参考剪应变，与土体性质有关。阻尼比可表示为：

$$\frac{\lambda}{\lambda_{\max}}=1-\frac{1}{1+(\gamma/\gamma_r)} \tag{4-31}$$

式中，$\lambda_{\max}$ 为最大阻尼比。

此外，M-D 模型的动剪切模量可表示为：

$$\frac{G}{G_{\max}}=1-\left[\frac{\left(\frac{\gamma}{\gamma_0}\right)^{2B}}{1+\left(\frac{\gamma}{\gamma_0}\right)^{2B}}\right]^{A} \tag{4-32}$$

式中，γ_0 为初始剪应变，A、B 为土的实验参数。阻尼比可表示为：

$$\frac{\lambda}{\lambda_{\max}}=\left[\frac{\left(\frac{\gamma}{\gamma_0}\right)^{2B}}{1+\left(\frac{\gamma}{\gamma_0}\right)^{2B}}\right]^{An} \tag{4-33}$$

式中，n 为实验参数。当 $A=1$，$B=0.5$ 时，M-D 模型可变为 H-D 双曲线模型。用 H-D 双曲线模型或 M-D 模型描述钙质砂在动荷载作用下的应力-应变关系的效果较差。陈国兴等将阻尼比公式改进为：

$$\lambda=\lambda_{\min}+\lambda_0\left(1-\frac{G}{G_{\max}}\right)^{n} \tag{4-34}$$

为了描述循环荷载作用下饱和砂土的应力应变响应，前人已经建立了许多本构模型。大量饱和砂土不排水循环加载实验结果均表明，在初始液化后的砂土再次达到液化状态时都将会产生有限的大剪应变，而该剪应变将是砂土液化后大变形的主要贡献来源。

早期建立的饱和砂土循环本构模型主要解决了针对不排水循环加载条件下砂土有效应

力降低的模拟，但大多无法完整反映初始液化后砂土的力学特性。随着对砂土初始液化后变形重要性的进一步认识和对砂土力学行为机理理解的深入，对砂土液化后大剪应变产生和积累的合理描述成为砂土液化本构模型研究的重点内容之一。

姚仰平等针对超固结土建立了超固结土 UH(统一硬化)模型，模型建立在修正剑桥模型的框架下，采用了边界面模型中当前应力状态的塑性模量，其确定方法是通过当前应力点与像点的距离函数来修正边界面塑性模量(万征，2011)。另外针对循环加载，构造当前屈服面与参考屈服面，通过当前屈服面与参考屈服面的几何相似比 R 来反映当前屈服面与参考屈服面之间的演化关系。利用 R 来建立当前屈服面的潜在强度表达式，同时调节硬化参数的大小，该模型通过硬化参数可以反映超固结土在剪切条件下体积剪缩、剪胀、应变硬化、软化等一些基本力学特性，能够反映单调加载下不同密度黏土的应力应变关系特性，同时也能较为有效地模拟一些复杂应力路径下或者简单循环加载下的黏土本构关系。

相对于黏土比较稳定的小变形情形，围压大小与密度状态对于饱和砂土的应力应变关系影响很大。松砂在不排水的简单加载或者循环加载条件下很容易产生大变形直到液化发生，而密砂则在循环加载作用下，变形逐渐增大，有效应力随加载周期而逐渐减小，最后达到一个稳定状态，变形不再增大，同时应力状态也达到一个稳定值。姚仰平等(2012)又将 UH 模型进行改进，将其扩展为可反映饱和砂土在动力荷载作用下的动本构模型。改进的地方主要包括：(1)通过改变椭圆屈服面长短轴之比值来调节椭圆屈服面形状，该比值定义为应力诱导各向异性转轴的函数；(2)引入旋转硬化规则，以反映应力诱导各向异性；(3)建立能反映应力诱导各向异性与等向硬化的统一硬化参数；(4)在旋转硬化参数取值为零时，模型可自动回退到超固结土 UH 模型；(5)采用基于 SMP 准则的变换应力方法，可使动力 UH 模型简单、合理地实现三维化。

自然界中粒状材料，如钙质砂、陆源粗粒土、堆石料等，在高围压或者循环加载条件下均存在不同程度的颗粒破碎现象。密实砂土材料在较低围压的排水剪切作用下会产生剪胀作用，而在高围压下，不仅不会产生剪胀作用，反而会产生更大程度上的体积剪缩。这是因为高围压下颗粒破碎产生的体积收缩量显著大于颗粒排列调整产生的体积剪胀量，使得剪胀作用不会产生。钙质砂在常应力水平下就发生颗粒破碎，因此岛礁钙质砂地基在长期的交通、波浪等动力荷载作用下，由颗粒破碎引起的力学性质改变和颗粒重排列导致的地基沉降不可忽视。姚仰平等(2011)提出了能考虑破碎效应的动力统一硬化模型(DUH 模型)，可用于描述易破碎颗粒在动力加载条件下的应力应变关系，模型介绍如下：

在真实应力空间的静力破碎 UH 模型中，采用相关联流动法则，屈服面与塑性势面可统一写成一个表达式，其简化表达式可写为：

$$f=(2n+1)\frac{p_{\mathrm{c}}^{2n}}{M^{2}}\frac{q^{2}}{p}+p^{2n+1}-p_{\mathrm{x}}^{2n+1}=0 \tag{4-35}$$

式中，p_{c} 是参考应力，在 p-q 空间中表示特征状态线与峰值强度线交点所对应的球应力；

M 表示临界状态应力比；n 是表示特征状态应力比曲线的幂次参数。选用能反映剪切体缩、体胀的统一硬化参数，则其表达式可写为：

$$\frac{c_t - c_e}{p_a^m}\left\{\left[\frac{(2n+1)p_c^{2n}}{M^2}\frac{q^2}{p} + p^{2n+1}\right]^{\frac{m}{2n+1}} - p_0^m\right\} - \int \frac{M_c^4}{M_f^4}\frac{M_f^4 - \eta^4}{M_c^4 - \eta^4}\mathrm{d}\varepsilon_v^p = 0 \tag{4-36}$$

式中，p_a 为一个标准大气压，取 100 kPa；c_t、c_e 分别表示在 e-$(p/p_a)^m$ 坐标中的压缩线斜率与回弹线斜率，m 则表示幂次；p_0 表示初始球应力。特征状态应力比可表示为球应力的幂函数形式：

$$M_c = M\left(\frac{p}{p_c}\right)^n \tag{4-37}$$

峰值应力比假定为：

$$M_f = M\left(\frac{p}{p_c}\right)^{-n} \tag{4-38}$$

由于真实应力空间中破碎 UH 模型屈服面形状随球应力而变化，因此可对原模型进行三维化处理。考虑采用变换应力方法进行三维化处理，由于通常以修正剑桥模型为代表的屈服面都是固定形状的屈服面，即屈服面形状不随球应力变化，因此，变换应力方法可仅对剪应力 q 和罗德角 θ 进行变换即可，可不涉及球应力的变换。但对于破碎 UH 模型，若仍然沿用不考虑 p 变换的变换应力方法，则无法改变屈服面形状随球应力变化的现状。若考虑采用含有 p 变换的变换应力方法，将 p-q 空间中特征状态线变换为变换应力空间中的临界状态线，则变换应力空间中的屈服面即为形状固定的椭圆面。

基于剪应力相等原则，假定满足关系：

$$M_c p = M\tilde{p} \tag{4-39}$$

将式(4-37)代入到式(4-39)中，得到变换应力空间中的球应力：

$$\breve{p} = p_c\left(\frac{p}{p_c}\right)^{n+1} \tag{4-40}$$

则在 p 变换应力空间，一般应力张量可表示为：

$$\breve{\sigma}_{ij} = \sigma_{ij} + \left[p_c\left(\frac{p}{p_c}\right)^{n+1} - p\right]\delta_{ij} \tag{4-41}$$

则三轴压缩时在 p 变换应力空间中 $\tilde{p}$ 所对应的剪应力为：

$$\breve{p}^* = \frac{2\breve{I}_1}{3\sqrt{(\breve{I}_1\breve{I}_2 - \breve{I}_3)/(\breve{I}_1\breve{I}_2 - 9\breve{I}_3)} - 1} \tag{4-42}$$

式中，$\breve{I}_1$，$\breve{I}_2$，$\breve{I}_3$ 分别为 p 变换应力空间中整理得到的第一、二、三应力张量不变量。

$$\tilde{\sigma}_i = \breve{p} + \frac{\breve{q}^*}{\breve{q}}(\breve{\sigma}_i - \breve{p}) \tag{4-43}$$

式中，$\tilde{\sigma}_i$ 为主应力。写成一般应力张量形式：

$$\tilde{\sigma}_{ij} = \breve{p}\delta_{ij} + \frac{\breve{q}^*}{\breve{q}}(\breve{\sigma}_{ij} - \breve{p}\delta_{ij}) \tag{4-44}$$

则在变换应力空间中，式(4-36)可写为：

$$(c_t - c_e)\left(\frac{p_c}{p_a}\right)^{\frac{mn}{n+1}}\left\{\left[\frac{\tilde{p}}{p_a}\left(1+\frac{\tilde{\eta}^2}{M^2}\right)\right]^{\frac{m}{n+1}} - \left(\frac{\tilde{p}_0}{p_a}\right)^{\frac{m}{n+1}}\right\} - \int \frac{M^4}{\widetilde{M}_f^4}\frac{\widetilde{M}_f^4 - \tilde{\eta}^4}{M^4 - \tilde{\eta}^4}\mathrm{d}\varepsilon_v^p = 0 \tag{4-45}$$

其中，峰值应力比为：

$$M_f p = \widetilde{M}_f \tilde{p} \tag{4-46}$$

整理得到：

$$\widetilde{M}_f = M\left(\frac{p}{p_c}\right)^{-2n} \tag{4-47}$$

令

$$\overline{H} = \int \frac{M^4}{\widetilde{M}_f^4}\frac{\widetilde{M}_f^4 - \tilde{\eta}^4}{M^4 - \tilde{\eta}^4}\mathrm{d}\varepsilon_v^p \tag{4-48}$$

如图 4-19 所示，由于特征状态应力比曲线随球应力增大而变为向上翘的曲线，因而屈服面形状也随球应力的增大而变化。变换应力空间所得到的屈服面如图 4-19(b)所示。由于特征状态应力比在变换应力空间为固定常数，因此屈服面为一组相似椭圆。

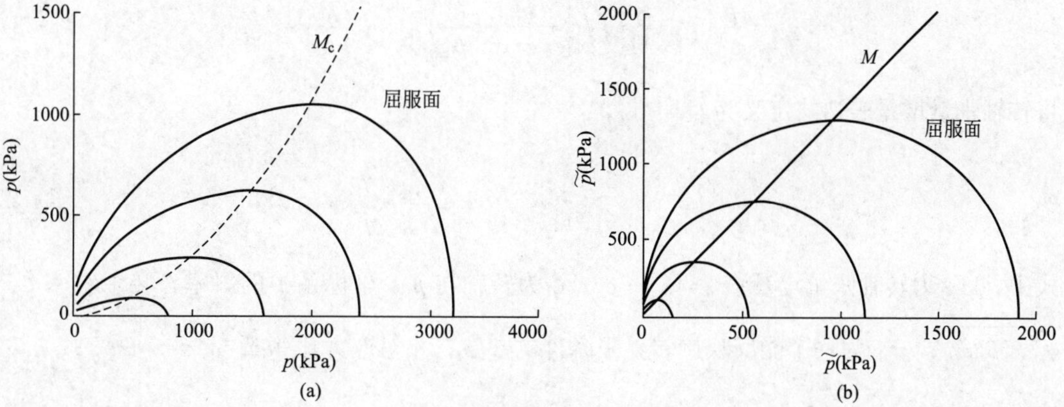

图 4-19 真实应力空间中屈服面与变换应力空间中屈服面

以超固结土 UH 模型为例，外屈服面为参考屈服面，以塑性体应变为硬化参量，内屈服面以统一硬化参数为硬化参量，可有效描述应力路径以及应力历史对当前塑性模量的影响。由于其所采用的屈服面是相似比为 R 的固定形状椭圆面，而破碎 UH 模型屈服面在变换应力空间中是形状固定的椭圆面，因此，可借鉴超固结土 UH 模型中当前屈服面的建模思路，以变换应力空间中破碎 UH 模型屈服面为参考屈服面，建立新的硬化参数来描述当前屈服面。以式(4-45)所表达的屈服面为参考屈服面，则式(4-48)所表达的 $\overline{H}$ 为参考硬化参量。为了区分当前屈服面与参考屈服面中的应力量，仍沿用以往做法，将参考屈服面中的应力量加上划线以示区别。则参考屈服面写为：

$$(c_{\mathrm{t}}-c_{\mathrm{e}})\left(\frac{p_{\mathrm{c}}}{p_{\mathrm{a}}}\right)^{\frac{mn}{n+1}}\left\{\left[\frac{\overline{\tilde{p}}}{p_{\mathrm{a}}}\left(1+\frac{\tilde{\eta}^{2}}{M^{2}}\right)\right]^{\frac{m}{n+1}}-\left(\frac{\overline{\tilde{p}}_{0}}{p_{\mathrm{a}}}\right)^{\frac{m}{n+1}}\right\}-\int\frac{M^{4}}{\widetilde{M}_{\mathrm{f}}^{4}}\frac{\widetilde{M}_{\mathrm{f}}^{4}-\tilde{\eta}^{4}}{M^{4}-\tilde{\eta}^{4}}\mathrm{d}\varepsilon_{\mathrm{v}}^{\mathrm{p}}=0 \tag{4-49}$$

当前屈服面可表示为：

$$(c_{\mathrm{t}}-c_{\mathrm{e}})\left(\frac{p_{\mathrm{c}}}{p_{\mathrm{a}}}\right)^{\frac{mn}{n+1}}\left\{\left[\frac{\tilde{p}}{p_{\mathrm{a}}}\left(1+\frac{\tilde{\eta}^{2}}{M^{2}}\right)\right]^{\frac{m}{n+1}}-\left(\frac{\tilde{p}_{0}}{p_{\mathrm{a}}}\right)^{\frac{m}{n+1}}\right\}-\int(\rho(R)\mathrm{d}\overline{H})=0 \tag{4-50}$$

式中，硬化参量中 $\mathrm{d}\overline{H}$ 前的系数 $\rho(R)$ 表达为 R 的函数，用来调节硬化参数的大小。考虑采用如下幂函数来表示：

$$\rho(R)=\left[6\left(\sqrt{k(1+kM^{2})}-kM\right)\right]^{\alpha} \tag{4-51}$$

其中，

$$k=\frac{1}{12(3-M)R} \tag{4-52}$$

式中，α 为反映不同材料在循环加载下体积压缩特性的参数，称之为体变衰减系数。仿效超固结土 UH 模型中当前屈服面与参考屈服面之间的关系，用超固结应力比参数 R 来表示两屈服面的几何相似比，则应力比参数为：

$$R=\frac{\tilde{p}}{\overline{\tilde{p}}}=\frac{\tilde{p}}{p_{\mathrm{a}}}\left(1+\frac{\tilde{\eta}^{2}}{M^{2}}\right)\Big/\left[\frac{\overline{H}}{c_{\mathrm{t}}-c_{\mathrm{e}}}\left(\frac{p_{\mathrm{c}}}{p_{\mathrm{a}}}\right)^{-\frac{mn}{n+1}}+\left(\frac{\tilde{p}_{0}}{p_{\mathrm{a}}}\right)^{\frac{m}{n+1}}\right]^{\frac{n+1}{m}} \tag{4-53}$$

将转轴张量增量表达式定义为：

$$\mathrm{d}\tilde{\beta}_{ij}=\sqrt{\frac{3}{2}}\frac{M}{c_{\mathrm{p}}}(m_{\mathrm{b}}M-\tilde{\zeta})\,\mathrm{d}\varepsilon_{\mathrm{d}}^{\mathrm{p}}\frac{\hat{\tilde{\eta}}_{ij}}{\tilde{\eta}^{*}} \tag{4-54}$$

式中，$\mathrm{d}\tilde{\beta}_{ij}$ 为转轴张量增量；$c_{\mathrm{p}}=c_{\mathrm{t}}-c_{\mathrm{e}}$；$\tilde{\zeta}$ 为转轴在 p-q 坐标系中的斜率，转轴斜率 $\tilde{\zeta}=\sqrt{1.5\tilde{\beta}_{ij}\tilde{\beta}_{ij}}$；$m_{\mathrm{b}}$ 为一个能反映旋转界限条件的参数；相对应力比张量 $\hat{\tilde{\eta}}_{ij}=\tilde{\eta}_{ij}-\tilde{\beta}_{ij}$；相对应力比 $\tilde{\eta}^{*}=\sqrt{1.5\hat{\tilde{n}}_{ij}\hat{\tilde{n}}_{ij}}$。

考虑到应力诱导各向异性的影响，将椭圆屈服面改写为可调节椭圆面“胖瘦”的动态屈服面，与真实应力空间中破碎 UH 模型屈服面形状受球应力影响不同，如图 4-20 所示，在变换应力空间中，参考屈服面与当前屈服面的形状始终为椭圆，所变化的仅是椭圆的扁平程度，扁平度由各向异性参量 $\tilde{\zeta}$，即转轴斜率，所控制。

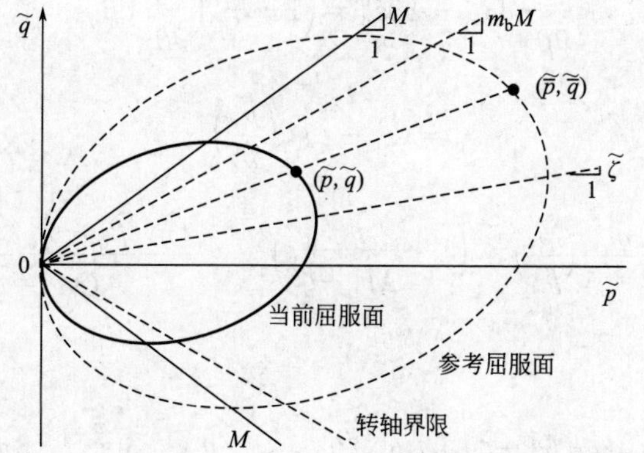

图 4-20 变换应力空间中参考屈服面与当前屈服面

则参考屈服面可表示为：

$$(c_t - c_e)\left(\frac{p_c}{p_a}\right)^{\frac{mn}{n+1}}\left\{\left[\frac{\tilde{\bar{p}}}{p_a}\left(1+\frac{\tilde{\eta}^{*2}}{M^2-\tilde{\zeta}^2}\right)\right]^{\frac{m}{n+1}}-\left(\frac{\tilde{\bar{p}}_0}{p_a}\right)^{\frac{m}{n+1}}\right\}-\int\frac{M^4}{\widetilde{M}_f^4}\frac{\widetilde{M}_f^4-\tilde{\eta}^4}{M^4-\tilde{\eta}^4}\mathrm{d}\varepsilon_v^p=0 \quad (4\text{-}55)$$

当前屈服面也相应地表示为：

$$(c_t - c_e)\left(\frac{p_c}{p_a}\right)^{\frac{mn}{n+1}}\left\{\left[\frac{\tilde{p}}{p_a}\left(1+\frac{\tilde{\eta}^{*2}}{M^2-\tilde{\zeta}^2}\right)\right]^{\frac{m}{n+1}}-\left(\frac{\tilde{p}_0}{p_a}\right)^{\frac{m}{n+1}}\right\}-\int(\rho(R)\mathrm{d}\overline{H}+\widetilde{A}\mathrm{d}\varepsilon_d^p)=0$$

(4-56)

超固结应力比参数 R 表示为当前屈服面与参考屈服面的相似比：

$$R=\frac{\tilde{p}}{\tilde{\bar{p}}}=\frac{\tilde{p}}{p_a}\left(1+\frac{\tilde{\eta}^{*2}}{M^2-\tilde{\zeta}^2}\right)\Big/\left[\frac{\overline{H}}{c_t-c_e}\left(\frac{p_c}{p_a}\right)^{-\frac{mn}{n+1}}+\left(\frac{\tilde{\bar{p}}_0}{p_a}\right)^{\frac{m}{n+1}}\right]^{\frac{n+1}{m}} \quad (4\text{-}57)$$

硬化参数表达式中的 $\rho(R)$ 仍沿用式(4-51)、式(4-52)。为了能够反映等向硬化以及剪切硬化相并存的机理，假定塑性体应变部分可构成等向硬化的硬化参量，而塑性剪应变可构成剪切硬化的硬化参量。由此，可建立与应力诱导各向异性相适应的 DUH 参量：

$$H=\int[\rho(R)\,\mathrm{d}\overline{H}+\widetilde{A}\mathrm{d}\varepsilon_d^p] \quad (4\text{-}58)$$

对式(4-58)进行全微分，并由一致性条件得：

$$\mathrm{d}f=\frac{\partial f}{\partial\tilde{\sigma}_{ij}}\mathrm{d}\tilde{\sigma}_{ij}+\frac{\partial f}{\partial\tilde{\beta}_{ij}}\mathrm{d}\tilde{\beta}_{ij}-[\rho(R)\mathrm{d}\overline{H}+\widetilde{A}\mathrm{d}\varepsilon_d^p]=0 \quad (4\text{-}59)$$

在变换应力空间，当球应力达到参考应力，即 $\tilde{p}=\tilde{p}_c$，$\tilde{\eta}=M$，$\widetilde{M}_f=M$，$\varepsilon_v^p=0$，由上述关

系，能得到 $\mathrm{d}\overline{H}=0$。应力增量为零，即 $\mathrm{d}\tilde{\sigma}_{ij}=0$，且假设满足：

$$\frac{\partial f}{\partial \tilde{\beta}_{ij}}\mathrm{d}\tilde{\beta}_{ij}-\tilde{A}\mathrm{d}\varepsilon_{\mathrm{d}}^{\mathrm{p}}=\left(1-\frac{\tilde{\eta}}{M}\right)\frac{\partial f}{\partial \tilde{\beta}_{ij}}\mathrm{d}\tilde{\beta}_{ij} \tag{4-60}$$

$$c_{\mathrm{p}}=(c_{\mathrm{t}}-c_{\mathrm{e}})\left(\frac{p_{\mathrm{c}}}{p_{\mathrm{a}}}\right)^{\frac{mn}{n+1}} \tag{4-61}$$

$$\frac{\partial f}{\partial \tilde{\beta}_{ij}}=3c_{\mathrm{p}}\frac{m}{n+1}\left(\frac{\tilde{p}}{p_{\mathrm{a}}}\right)^{\frac{m}{n+1}}\left(1+\frac{\tilde{\eta}^{*2}}{M^2-\tilde{\zeta}^2}\right)^{\frac{m}{n+1}-1}\frac{[\tilde{\eta}^{*2}\tilde{\beta}_{ij}-\tilde{\eta}_{ij}(M^2-\tilde{\zeta}^2)]}{(M^2-\tilde{\zeta}^2)^2} \tag{4-62}$$

又由式(4-59)得：

$$\tilde{A}=\frac{\sqrt{6}}{2}\left[\frac{m\tilde{\eta}\tilde{\eta}^{*}(m_{\mathrm{b}}M-\tilde{\zeta})}{n+1}\right]\left(\frac{\tilde{p}}{p_{\mathrm{a}}}\right)^{\frac{m}{n+1}}\left(1+\frac{\tilde{\eta}^{*2}}{M^2-\tilde{\zeta}^2}\right)^{\frac{m}{n+1}-1}\frac{(3\tilde{\eta}_{ij}\tilde{\beta}_{ij}-2M^2)}{(M^2-\tilde{\zeta}^2)^2} \tag{4-63}$$

由幂函数关系曲线描述等向压缩曲线，则相应的弹性模量可表示为：

$$E=\frac{3(1-2\upsilon)p_{\mathrm{a}}^{m}}{mc_{\mathrm{e}}p^{m-1}} \tag{4-64}$$

$$G=\frac{E}{2(1+\upsilon)} \tag{4-65}$$

拉梅常数：

$$L=\frac{E}{3(1-2\upsilon)}-\frac{2}{3}G \tag{4-66}$$

应力增量可表示为：

$$\mathrm{d}\sigma_{ij}=D_{ijkl}^{\mathrm{e}}(\mathrm{d}\varepsilon_{kl}-\mathrm{d}\varepsilon_{kl}^{\mathrm{p}}) \tag{4-67}$$

对当前屈服面进行微分得：

$$\frac{\partial f}{\partial \tilde{\sigma}_{kl}}\frac{\partial \tilde{\sigma}_{kl}}{\partial \sigma_{ij}}\mathrm{d}\sigma_{ij}+\frac{\partial f}{\partial \tilde{\beta}_{ij}}\mathrm{d}\tilde{\beta}_{ij}-\rho(R)\frac{M^4}{\tilde{M}_{\mathrm{f}}^4}\frac{\tilde{M}_{\mathrm{f}}^4-\tilde{\eta}^4}{M^4-\tilde{\eta}^4}\mathrm{d}\varepsilon_{\mathrm{v}}^{\mathrm{p}}-\tilde{A}\mathrm{d}\varepsilon_{\mathrm{d}}^{\mathrm{p}}=0 \tag{4-68}$$

将式(4-67)代入式(4-68)，整理得到塑性因子：

$$\lambda=\frac{\dfrac{\partial f}{\partial \tilde{\sigma}_{kl}}\dfrac{\partial \tilde{\sigma}_{kl}}{\partial \sigma_{ij}}D_{ijkl}^{\mathrm{e}}\mathrm{d}\varepsilon_{kl}}{\dfrac{\partial f}{\partial \tilde{\sigma}_{kl}}\dfrac{\partial \tilde{\sigma}_{kl}}{\partial \sigma_{ij}}D_{ijkl}^{\mathrm{e}}\dfrac{\partial f}{\partial \tilde{\sigma}_{kl}}-\dfrac{\partial f}{\partial \tilde{\beta}_{ij}}\mathrm{d}\tilde{\beta}_{ij}\Big/\lambda+\rho(R)\dfrac{M^4}{\tilde{M}_{\mathrm{f}}^4}\dfrac{\tilde{M}_{\mathrm{f}}^4-\tilde{\eta}^4}{M^4-\tilde{\eta}^4}\dfrac{\partial f}{\partial \tilde{\sigma}_{ij}}\delta_{ij}+\sqrt{\dfrac{2}{3}}\tilde{A}\sqrt{\dfrac{\partial f}{\partial \tilde{s}_{ij}}\dfrac{\partial f}{\partial \tilde{s}_{ij}}}} \tag{4-69}$$

令其分母为 X，则：

$$X=\frac{\partial f}{\partial \tilde{\sigma}_{kl}}\frac{\partial \tilde{\sigma}_{kl}}{\partial \sigma_{ij}}D^{e}_{ijkl}\frac{\partial f}{\partial \tilde{\sigma}_{kl}}+\left(\frac{m}{n+1}\right)c_{p}\left(\frac{\tilde{p}}{p_{a}}\right)^{\frac{m}{n+1}-1}TT_{1}(M^{2}-\tilde{\eta}^{2})\cdot$$

$$\left\{\frac{\rho(R)}{p_{a}}\frac{M^{4}}{\widetilde{M}_{f}^{4}}\frac{\widetilde{M}_{f}^{4}-\tilde{\eta}^{4}}{M^{4}-\tilde{\eta}^{4}}-\sqrt{6}\left(\frac{m}{n+1}\right)(m_{b}M-\tilde{\zeta})\left(\frac{\tilde{p}}{p_{a}}\right)^{\frac{m}{n+1}+1}\frac{TT_{1}\tilde{\eta}^{*2}\left[3\tilde{\eta}_{ij}\tilde{\beta}_{ij}-2M^{2}\right]}{\tilde{p}(M^{2}-\tilde{\zeta}^{2})(M+\tilde{\eta})}\right\} \tag{4-70}$$

其中，

$$TT_{1}=\frac{\left(1+\dfrac{\tilde{\eta}^{*2}}{M^{2}-\tilde{\zeta}^{2}}\right)^{\frac{m}{n+1}}}{M^{2}-\tilde{\zeta}^{2}+\tilde{\eta}^{*2}} \tag{4-71}$$

弹塑性刚度矩阵张量表示为：

$$D_{ijkl}=L\delta_{ij}\delta_{kl}+G(\delta_{ik}\delta_{jl}+\delta_{il}\delta_{jk})-\left(L\frac{\partial f}{\partial \tilde{\sigma}_{mm}}\delta_{ij}+2G\frac{\partial f}{\partial \tilde{\sigma}_{ij}}\right)\left(L\frac{\partial f}{\partial \sigma_{nn}}\delta_{kl}+2G\frac{\partial f}{\partial \sigma_{kl}}\right)\Big/X \tag{4-72}$$

$$d\sigma_{ij}=D_{ijkl}d\varepsilon_{kl} \tag{4-73}$$

以塑性因子的正负性作为加卸载的判断标志，由于塑性因子的分母 X 始终大于零，因此，可直接由其分子的正负性作为判断标准。

$$\left.\begin{aligned}&\frac{\partial f}{\partial \sigma_{ij}}D^{e}_{ijkl}d\varepsilon_{kl}>0\quad(\text{加载})\\&\frac{\partial f}{\partial \sigma_{ij}}D^{e}_{ijkl}d\varepsilon_{kl}\leqslant 0\quad(\text{卸载})\end{aligned}\right\} \tag{4-74}$$

思考题

1. 岛礁钙质砂地基承受的动荷载有哪些？
2. 钙质砂室内岩土实验和原位实验各自的优缺点是什么？
3. 钙质砂在不排水循环三轴剪切下的孔隙水压发展呈现出什么特征？
4. 钙质砂的抗液化强度受到哪些因素影响？如何影响？
5. 钙质砂与硅砂的动强度哪个比较高？是什么因素导致的？

参考文献

Hyodo M, et al., 1998. Liquefaction of crushable soils[J]. Géotechnique, 48(4): 527-543.

Ishibashi I, et al., 1977. Pore-pressure rise mechanism and soil liquefaction[J]. Soils and Foundations, 17(2):

17-27.

Kokusho T，1980. Cyclic triaxial test of dynamic soil properties for wide strain range[J]. Soils & Foundations，20(2)：45-60.

Oztoprak S，Bolton M D，2013. Stiffness of sands through a laboratory test database[J]. Geotechnique，63(1)：54-70.

Pan K，Yang Z X，2018. Effects of initial static shear on cyclic resistance and pore pressure generation of saturated sand[J]. Acta Geotechnica，13(2)：473-487.

Rollins K M，et al.，1998. Shear modulus and damping relationships for gravels[J]. Journal of Geotechnical & Geoenvironmental Engineering，124(5)：396-405.

Rui S，et al.，2020. Effect of particle shape on the liquefaction resistance of calcareous sands[J]. Soil Dynamics and Earthquake Engineering，137：106302.

Towhata I，2008. Geotechnical Earthquake Engineering[M]. Berlin：Springer.

黄茂松，等，2020. 土动力学与岩土地震工程[J]. 土木工程学报，53(08)：64-86.

梁珂，等，2020. 南沙珊瑚砂的动剪切模量和阻尼比特性试验研究[J]. 岩土力学，41(01)：23-31+38.

刘抗，等，2021. 循环加载方向对饱和珊瑚砂液化特性的影响[J]. 岩土力学，42(07)：1951-1960.

马维嘉，等，2019. 循环荷载下饱和南沙珊瑚砂的液化特性试验研究[J]. 岩土工程学报，41(05)：981-988.

申春妮，等，2021. 波浪荷载作用下饱和珊瑚砂动强度特性研究[J]. 水利与建筑工程学报，19(01)：22-27.

万征，2011. 土的动力UH模型[D]. 北京：北京航空航天大学.

王刚，等，2021. 钙质砂与硅质砂液化特性对比试验研究[J]. 工程地质学报，29(01)：69-76.

王鸾，2021. 珊瑚土液化特性研究[D]. 哈尔滨：中国地震局工程力学研究所.

吴杨，等，2022. 细粒含量对岛礁吹填珊瑚砂最大动剪切模量影响的试验研究[J]. 岩石力学与工程学报，41(01)：205-216.

吴杨，等，2023. 南海岛礁珊瑚砂砾混合料动力特性试验研究[J]. 岩土工程学报.DOI：10.11779/CJGE 20221161.

姚仰平，等，2011. 考虑颗粒破碎的动力UH模型[J]. 岩土工程学报，33(07)：1036-1044.

姚仰平，等，2012. 动力UH模型及其有限元应用[J]. 力学学报，44(01)：132-139.

虞海珍，等，2006. 波浪荷载下钙质砂孔压增长特性的试验研究[J]. 武汉理工大学学报，(11)：86-89.

赵胜华，等，2021. 颗粒级配对南沙珊瑚砂液化特性的影响[J]. 中国科技论文，16(04)：402-407.

第 5 章　钙质砂的冲击特性

土体是典型的率敏性材料，不同工程背景对应的土体应变率不同。例如，地震下土体液化大变形时应变率可达 10^{-1}/s 量级(图 5-1)，桩基贯入时土体应变率约为 10^{-2}/s～10^{2}/s 量级，飞机降落时土体应变率约为 10^{0}/s～10^{3}/s 量级，采用强夯或爆炸固结方法加固地基时土体应变率约为 10^{1}/s～10^{6}/s 量级，爆炸侵彻和武器打击时近区土体应变率约为 10^{4}/s～10^{8}/s 量级。而钙质砂又不同于常规的陆源土，这意味着在钙质砂区域遇到如地震、打桩、强夯、飞机起落和爆炸冲击等自然灾害或人为活动时，传统准静态研究成果可能不再适用。因此，系统认识钙质砂的冲击特性十分必要。

(a) 钙质砂场地裂缝和大变形

(b) 起重机倒塌

图 5-1　中高应变率下钙质砂地基破坏(Green 等，2011)

5.1　单颗粒的冲击特性及颗粒破碎

5.1.1　钙质砂单颗粒冲击实验

由图 5-2 可知，不同的工程背景对应不同的土体应变率，实际上也对应不同的研究方法。传统的液压或伺服加载能实现的应变率一般小于 0.1/s，而落锤实验可以实现 0.1～500/s。因此，可以通过传统的静载实验机研究颗粒的准静态特性，通过落锤实验研究颗粒的中高应变率特性。

(1)准静态实验

颗粒的准静态实验一般采用力学测试系统开展，图 5-3 所示为 Instron3367 力学实验机，可通过底盘升降速度改变加载速率，图示实验设备底盘运动速率范围约为 0.005～5 mm/min。颗粒实验时，设备选择的一个关键原则是荷载传感器的量程和精度，以尺寸

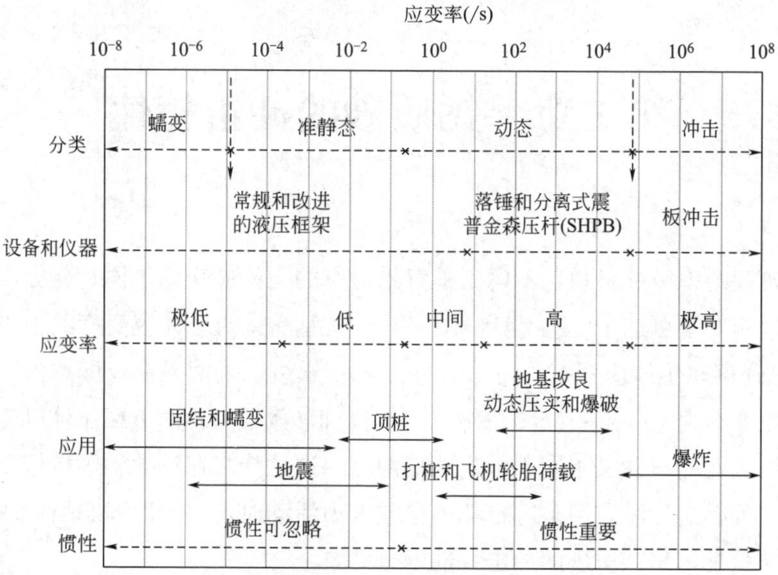

图 5-2　土体不同应变率对应的工程背景(Field 等，2004)

约为 2 mm 的颗粒为例，破碎力约为几十到几百牛顿，若采用量程为 10 kN、精度为 0.5%的传感器，力测量结果的最大误差在 50 N 左右，相对颗粒破碎强度较小的颗粒误差过大。第二要考虑数据的采集频率，颗粒破碎持时较短，若要获得破碎瞬间的力-位移结果，采样频率要足够高。为了分析颗粒破碎形态，颗粒实验往往还借助高速摄像技术捕捉颗粒破碎形态演化过程，图 5-3 实验设备右侧为装载微距镜头的高速摄像机，前侧为拍摄时所需的光源。

图 5-3　钙质砂准静态实验设备

准静态实验得到的 3.35～4.75 mm 钙质砂典型结果是力-位移曲线，如图 5-4 所示。颗粒在加载初始阶段都具有一历时很短的上升段，一般将其定义为颗粒的弹性变形阶段，取弹性段的结束点为屈服点，之后曲线斜率相对减小，颗粒进入屈服阶段，再经过一段加载后，曲线斜率大幅上升，颗粒进入强化阶段直至最终破碎。颗粒破碎点位置的确定主要分为两种，Mcdowell 等(2000)取力-位移曲线中第一个峰值点作为颗粒破碎荷载，Ma 等(2019)认为加载前段的峰值点为颗粒尖角破碎所致，因而取最终全段曲线的最大值为整体破碎荷载。然而，大量实验表明颗粒在第一峰值点时大部分已经整体破坏或出现明显裂缝，因此建议取第一峰值点为整体破碎荷载。

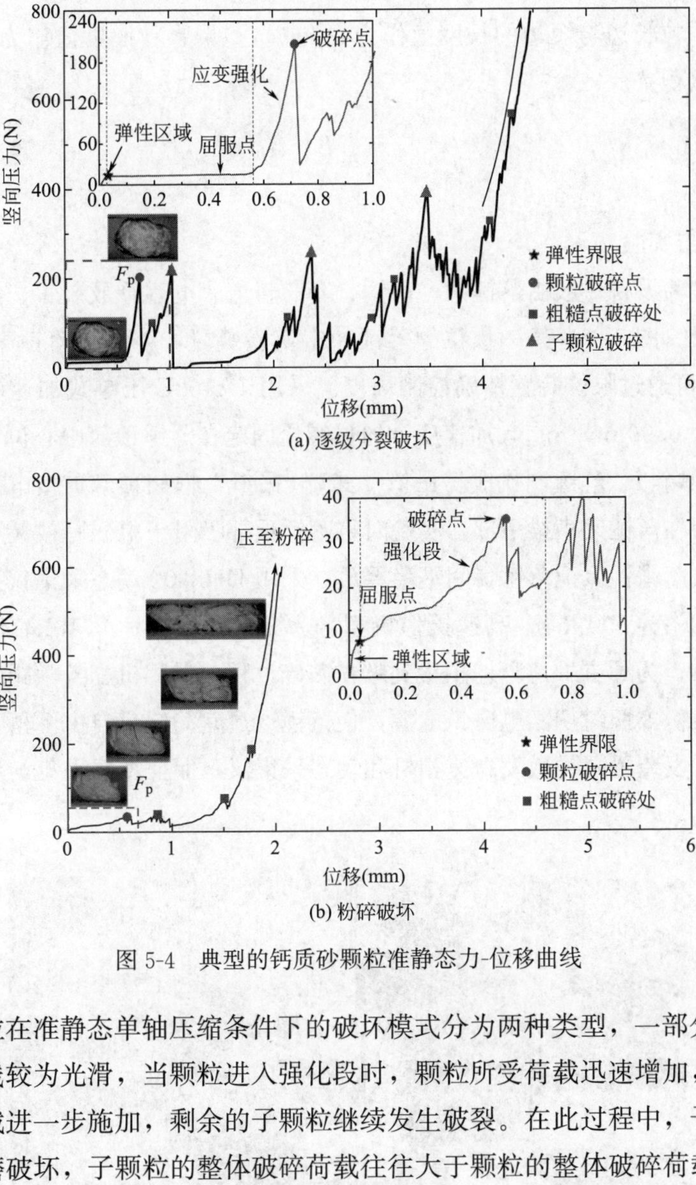

(a) 逐级分裂破坏

(b) 粉碎破坏

图 5-4 典型的钙质砂颗粒准静态力-位移曲线

钙质砂颗粒在准静态单轴压缩条件下的破坏模式分为两种类型，一部分颗粒在整体破碎前各阶段曲线较为光滑，当颗粒进入强化段时，颗粒所受荷载迅速增加，当颗粒整体破碎后，随着荷载进一步施加，剩余的子颗粒继续发生破裂。在此过程中，子颗粒表面的粗糙点会发生研磨破坏，子颗粒的整体破碎荷载往往大于颗粒的整体破碎荷载。而另一部分颗粒在整体破碎前各阶段曲线较为粗糙，其原因可能为该类型颗粒与上下压板的接触面较大，导致颗粒发生了一系列轻微的研磨破坏，当颗粒整体破坏后，不生成能单独承担荷载的子颗粒，所有残余部分在随后的加载中只发生较少的研磨破坏。

学者们在表征准静态加载条件下钙质砂颗粒的破碎强度时多采用破碎荷载(F)与颗粒受力面积(A)的比值来表征(式 5-1)，对于类球形颗粒，Todisco 等(2017)取最小外接长方体的短边长乘中间边长作为颗粒面积，Cil 等(2020)取两压板的间距的平方为颗粒面积。在处理球状、粒状与枝状颗粒时先量取颗粒表面的最大尺寸 a 与最小尺寸 c，之后基于 a 与 c 所在方向建立空间坐标系，取垂直于 ac 平面的轴线长度为颗粒中间尺寸 b，对于球状与粒状颗粒，取三个方向的几何均值的平方作为受力面积 A，枝状颗粒取 bc 的均值为直径作圆面，以圆面的面积为受力面积，根据 Kwag(1999)之前的研究，将片状颗粒简化为长方体，量取颗粒长边与短边的长度值作为 a 与 b，量取颗粒厚度值作为 c，将 a 与 c 的乘积作为受力面积 A。

$$\sigma=\frac{F}{A} \tag{5-1}$$

(2)落锤冲击实验

落锤冲击实验设备一般由落锤架、落锤、套筒轨道、电磁释放装置、加速度计与动态采集系统等组成。图 5-5 为某一颗粒的落锤冲击实验装置，该装置落锤架高 150 cm、宽 50 cm，落锤架可通过限位装置精确控制高度。采用 1A102E 压电式加速度计采集落锤加速度，灵敏度为 0.96 mv/ms^2，加速度计通过螺栓固定在落锤顶部中心位置，为了保证落锤平稳下落(不倾斜)，落锤制作成“吊篮”式，“吊篮”框架顶部连接电磁释放装置。电磁释放装置安装在落锤架横梁下部，实验时将落锤顶部吸附于电磁释放装置下方，实验时切断电源，释放落锤，保证落锤瞬间平稳释放。采用 DH8302 动态采集仪采集加速度计数据，最大采样频率为 500 k/s。高速摄像机型号为 Phantom VEO 710L，该相机拍摄频率最大为 1000 k/s，为了更加清晰地拍摄到颗粒破碎过程，对相机配备微距镜头，实验采样频率选为 50 k/s。实验时切断电磁铁电源，使落锤通过套筒轨道自由下落，冲击钙质砂颗粒。采用外部触发装置同时激发高速相机和动态采集仪，保证图像采集与数据采集尽可能同步进行。

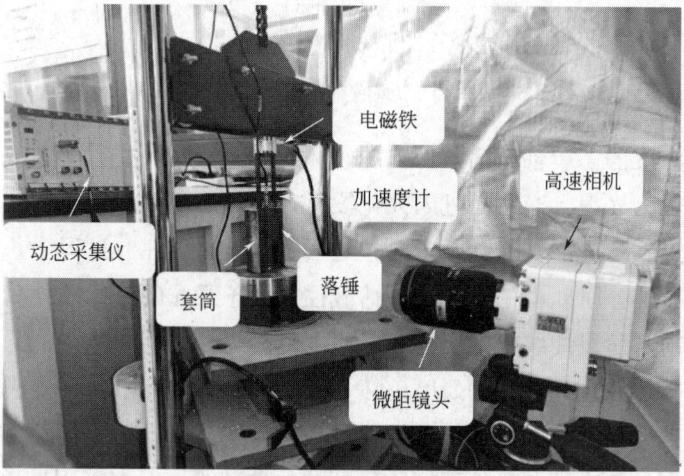

图 5-5 落锤冲击实验装置

对于落锤冲击实验而言，获取的原始数据为加速度时程曲线(如图 5-6a 所示，采样频率为 200 kHz)，如何换算成应力-应变曲线是关键之一。落锤冲击实验加载时程仅为毫秒级，采样频率要远远高于准静态实验。为去除原始数据中干扰信号的影响，需对采样频率进行限定。首先，对原始加速度时程曲线进行快速傅里叶变换分析，分析结果如图 5-6(b)所示，获取有效信号峰值所处频率。例如，图中数据在 20 kHz～30 kHz 之间出现平缓段，将整段频域图分为 20 kHz 前的有效信号段与 30 kHz 之后的干扰信号段，故取 20 kHz 为有效信号频率，根据奎斯特采样定律，采样频率须达到有效频率的 2.56 倍以上才能保证实时信号不失真，因此采用 50 kHz 对实验结果进行重采样。

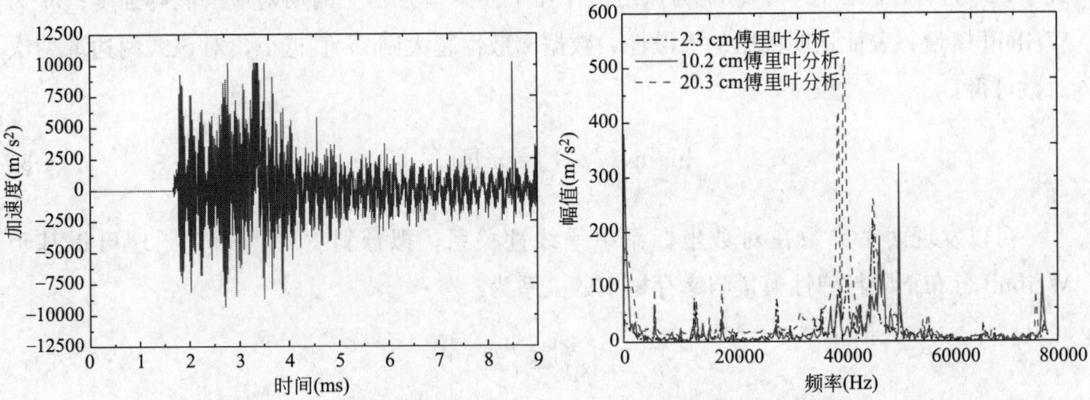

(a) 加速度信号原始时域图 (b) 粒状颗粒落锤冲击信号傅里叶变换分析频谱图

图 5-6 数据采集与频谱分析

重采样后的加速度时程曲线如图 5-7 所示。重采样后干扰信号明显减少，可以明确判断出加载段、颗粒破碎点和卸载段。统计 360 组实验结果发现，加速度时程曲线主要呈现出两种特征：(1)加速度随时间迅速增加，而后保持一个近似平台，该过程可能伴随着颗粒的逐级破碎；(2)加速度随时间缓慢增加，在峰值之后达到一个峰值，该过程伴随颗粒的瞬时破坏。因此，加速度时程特征与颗粒破碎形态密切相关。

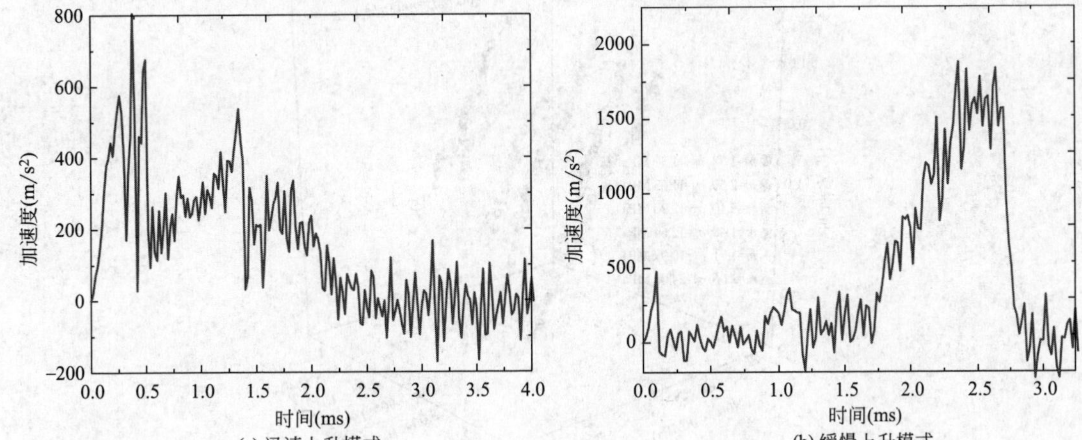

(a) 迅速上升模式 (b) 缓慢上升模式

图 5-7 去噪后的落锤冲击加速度时程曲线

5.1.2　加载速率对钙质砂单颗粒强度的影响

由于钙质砂颗粒具有内部多孔隙、外表形状不规则、颗粒尺寸不均匀等特征，一般采用 Weibull 分析从数理统计角度来研究各组试样的破碎强度分布，基于 Weibull 最弱环理论，颗粒抗拉强度与颗粒幸存概率之间的关系可表示为：

$$p_{\mathrm{s}}=\exp\left[-\left(\frac{\sigma_0}{\sigma_{\mathrm{f0}}}\right)\right]^m \tag{5-2}$$

式中，p_{s} 为颗粒的幸存概率；σ_{f0} 为该组试样在幸存概率为 37％时所对应的破碎强度；m 为 Weibull 模量，表征强度数据的离散性，数据离散性越大则 m 值越小，对该式两边取两次对数可得：

$$\ln[\ln(1/p_{\mathrm{s}})]=m\ln\left(\frac{\sigma_{\mathrm{f}}}{\sigma_{\mathrm{f0}}}\right) \tag{5-3}$$

可以发现两个参数在对数坐标系中呈线性关系，拟合斜率可得 m，同理可得基于 Weibull 分布下颗粒弹性模量与幸存概率的关系为：

$$p_{\mathrm{s}}=\exp\left[-\left(\frac{\sigma_0}{\sigma_{\mathrm{f0}}}\right)\right]^m \tag{5-4}$$

基于以上定义可得各颗粒试样破碎应力和屈服应力等力学参数，并可进行 Weibull 分析，作出幸存概率 37％下颗粒屈服/破碎强度分布图，如图 5-8 所示。发现钙质砂的加载速率对颗粒的强度与弹性模量等力学特性具有一定程度的影响，以上各组拟合所得的 Weibull 模量为 1.78～2.06，符合岩土颗粒的分布规律。现实条件下，颗粒的强度与破碎特性是其本身形状、孔隙结构及荷载条件等多个因素耦合的结果，而破坏实验具有不可重复性，因此可通过数值模拟分析各因素单独作用下对颗粒力学特征的影响与耦合后对力学特征的影响。

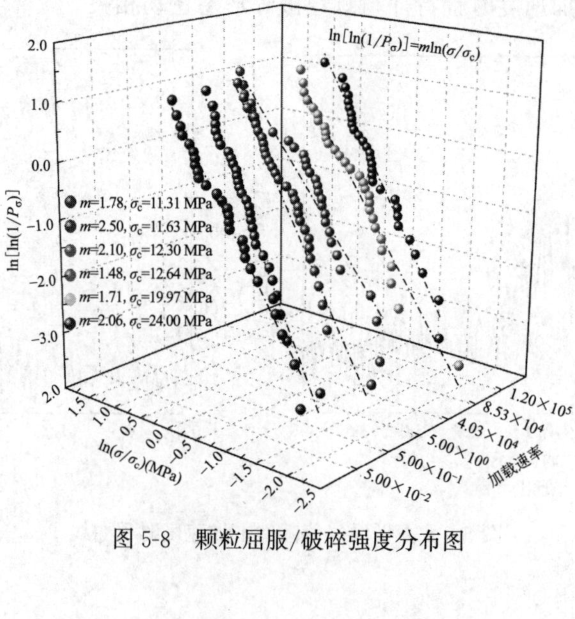

图 5-8　颗粒屈服/破碎强度分布图

5.2　单元体的冲击特性及波的衰减

5.2.1　研究方法

1. SHPB冲击实验

早在1949年，Casagrande等就关注土体的动力特性，1954年Seed等研究了交通荷载对土体强度和变形的影响，Schimming等(1966)研究了惯性效应及对土体强度的影响，这些早期研究主要关注荷载施加速率对土体力学特性的影响，所能达到的应变率仍处于中低水平。Fletcher等(1968)首次用分离式霍普金森压杆(SHPB)冲击实验研究黏土的冲击特性，开启了中高应变率下土体力学特性研究的大门。

中高应变率下土体力学特性常用实验方法有单轴应变加载实验、霍普金森杆冲击实验、三轴压缩实验、直剪实验、激波管实验和平板冲击实验。中高应变率实验的首要挑战是瞬时加载，已有的加载方法有液压加载器、落锤系统、气动加载、冲击加载和爆炸驱动系统等，理想的加载状态可实现试样应力平衡和应变率恒定。Suescun-Florez等在其综述"Review of high strain rate testing of granular soils"中详细阐述了各种实验方法的优缺点和使用范围，图5-9为土体高速加载系统。传统液压加载系统限于流体流速影响，通常只能实现1～10/s的应变率加载；落锤加载时落锤速度可以达到2～6 m/s，可以实现一般三轴样品10～70/s应变率加载，主要误差有落锤-导轨摩擦耗能和振动噪声等；SHPB冲击实验可以实现10^2～10^4/s应变率的加载；平板冲击是目前能达到的土体最高应变率的加载方式，由于压力之大，往往不需关注偏应力，只需关注球应力和体积应变。目前能够实现的高应变率加载实验方法只有两种，一种是侧限一维压缩实验，另一种为固定围压的三轴剪切实验。后者由于加载速率之快，尚不能控制加载过程中围压变化。加之土体离散性和惯性效应的影响，开展高应变率实验十分困难。以揭示土体应变率效应为目的时，常采用SHPB冲击实验得到土体的中高应变率特性。

SHPB装置由加载驱动系统(高压气罐，压力表，子弹)、压杆系统(入射杆和透射杆)、能量吸收系统(吸收杆和阻尼器)和信号采集系统(波形存储器、超动态应变仪)组成，如图5-10所示。子弹、压杆(入射杆、透射杆)及吸收杆一般采用高强度合金钢制成，其中入射杆和透射杆置于同一水平轨道上，保持两端接触平整，不留缝隙，支座在杆撞击过程中不影响杆的受力，确保应力波能够在杆中沿一维方向传递。子弹撞击压杆的速度一般采用激光测速仪测得。压杆上的信号通过入射杆与透射杆上的应变片记录，应变片通过桥盒连接于超动态应变仪，放大并储存应变信号，最终处理数据得到材料力学性质。

SHPB冲击实验结果分析建立在以下三个假定(段祝平等，1980)之上：

(1)一维应力波假定。应力波在杆中传播时，因横向惯性效应而发生弥散。已有学者针对波在杆内的弥散效应开展了研究，认为当杆径/波长比较小，杆的横向惯性效应不明

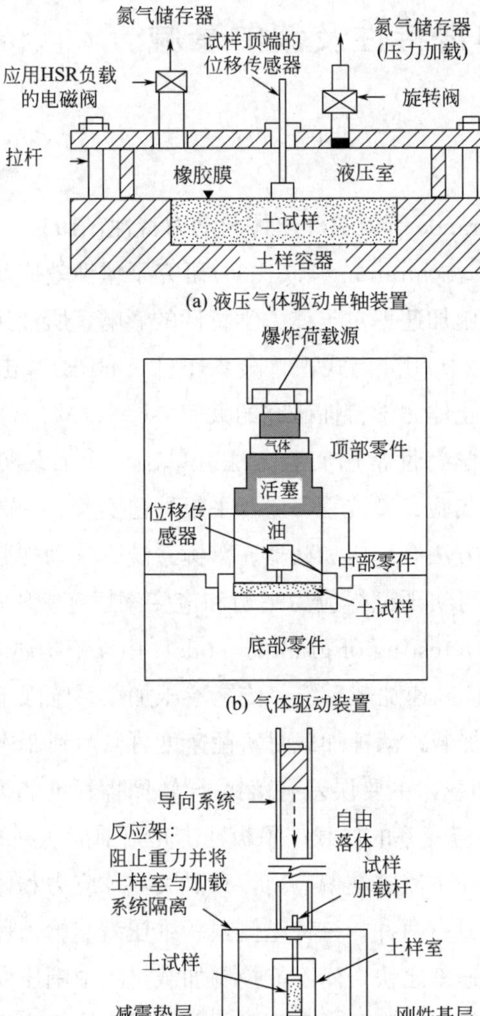

图 5-9　土体高速加载系统(Florez 等，2015)

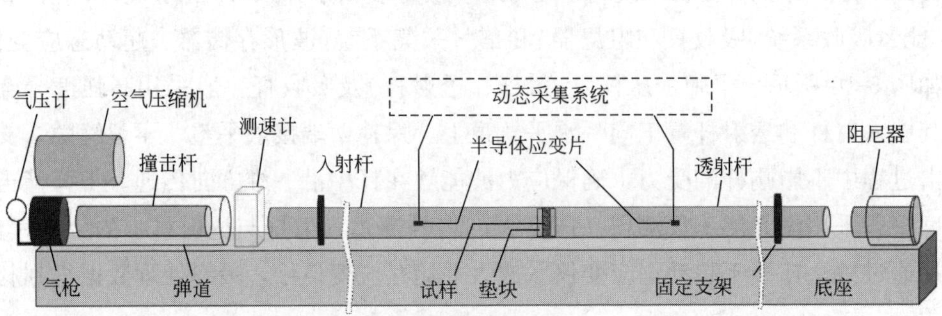

图 5-10　SHPB 一维冲击实验装置图(Lv 等，2019)

显。虽然实际实验中会尽量减少弥散效应，但弥散效应仍或大或小地存在。实际上，在 SHPB 冲击实验结果分析中，一般会忽略弥散效应的影响，采用一维应力波理论进行计算。

(2)均匀化假定。即保证试样在加载过程中变形均匀。通常通过对比试样两端应力时程来判断是否达到应力平衡和变形均匀，若试样前后端面应力相等，即认为试样达到均匀变形，实际上忽略了波在试样内部的传播过程。为了满足这一假设，实际实验中使加载脉冲上升沿时间大于脉冲在试样中的持续时间，保证加载波能在试样内部多次反射，从而实现试样的均匀变形。

(3)忽略杆与试样端部的摩擦效应。杆及试样在加工过程中其表面很难达到绝对光滑，应力波作用下杆的横向变形不能完全均匀，接触时入射杆与试样的接触面也会发生相对摩擦，且难以精确计算，摩擦力的存在会改变一维应力状态。然而，实际实验过程中，可以通过提高加工精度和涂抹凡士林等手段减小影响，数据处理时忽略端部摩擦效应。

因此，根据一维应力波理论，假设试件两个截面的相对应速度分别为 v_1、v_2，应力分别为 σ_1、σ_2，入射波、反射波和透射波的应变值分别为 ε_i、ε_r 和 ε_t，可建立如下方程：

$$\begin{aligned} v_1 &= -c_0(\varepsilon_i - \varepsilon_r) \\ v_2 &= -c_0\varepsilon_t \end{aligned} \tag{5-5}$$

其中，c_0 为杆的弹性波波速。由上式积分可计算出试件前后端面的位移，也即 SHPB 压杆两个端面位移：

$$\begin{aligned} u_1 &= \int_0^t v_1 \mathrm{d}t = -c_0\int_0^t (\varepsilon_i - \varepsilon_r)\,\mathrm{d}t \\ u_2 &= \int_0^t v_2 \mathrm{d}t = -c_0\int_0^t \varepsilon_t \mathrm{d}t \end{aligned} \tag{5-6}$$

则试件的轴向应变(下标 z)可以表示为：

$$\varepsilon_z = \frac{u_2 - u_1}{L_s} = \frac{c_0}{L_s}\int_0^t (\varepsilon_i - \varepsilon_r - \varepsilon_t)\,\mathrm{d}t \tag{5-7}$$

由此可得试件的应变率为：

$$\dot{\varepsilon}_z = \frac{c_0}{L_s}[\varepsilon_i(t) - \varepsilon_r(t) - \varepsilon_t(t)] \tag{5-8}$$

同理试样前、后端面的应力可分别表示为：

$$\begin{aligned} \sigma_\lambda &= \sigma_i + \sigma_r = E(\varepsilon_i + \varepsilon_r) \\ \sigma_\mu &= \sigma_t = E\varepsilon_t \end{aligned} \tag{5-9}$$

平均轴向应力为：

$$\sigma_z = \frac{A_0}{A_s} \times \frac{\sigma_\lambda + \sigma_\mu}{2} = \frac{EA_0}{2A_s}(\varepsilon_i + \varepsilon_r + \varepsilon_t) \tag{5-10}$$

由以上公式可得 SHPB 冲击实验数据处理三波法公式：

$$\dot{\varepsilon}_z=\frac{c_0}{L_s}\left[\varepsilon_i(t)-\varepsilon_r(t)-\varepsilon_t(t)\right] \tag{5-11}$$

$$\varepsilon_z=\frac{c_0}{L_s}\int_0^t\left[\varepsilon_i(t)-\varepsilon_r(t)-\varepsilon_t(t)\right]\mathrm{d}t \tag{5-12}$$

$$\sigma_z=\frac{A_0}{2A_s}E\left[\varepsilon_i(t)+\varepsilon_r(t)+\varepsilon_t(t)\right] \tag{5-13}$$

式中，$\varepsilon_i(t)$，$\varepsilon_r(t)$，$\varepsilon_t(t)$分别为杆中入射、反射和透射的应变时程；A_0 为杆的横截面积；E 和 c_0 为杆材料的杨氏模量和弹性波波速；A_s 和 L_s 分别为试件的原始横截面积和长度。当试件中应力达到平衡时，由 $\varepsilon_i(t)+\varepsilon_r(t)=\varepsilon_t(t)$ 则可得 SHPB 冲击实验数据处理二波法公式：

$$\dot{\varepsilon}_z=-2\frac{c_0}{L_s}\varepsilon_r(t) \tag{5-14}$$

$$\varepsilon_z=-2\frac{c_0}{L_s}\int_0^t\varepsilon_r(t)\,\mathrm{d}t \tag{5-15}$$

$$\sigma_z=\frac{A_0}{A_s}E\varepsilon_t(t) \tag{5-16}$$

基于上述理论可以得到材料的动态应力-应变关系。

钙质砂 SHPB 冲击实验需要关注以下几个关键环节：

首先，试样尺寸的选择。在充分考虑惯性效应、弥散效应、摩擦效应等的作用下，实验长径比宜取 0.5，可以适当减小试件加载过程中惯性效应对真实应力的影响。

其次，试样制备过程中，为减小杆与套筒间的摩擦，实验装样前应在套筒内壁涂抹一层高压油。为制备指定相对密度的试样，试样制备前需标定每层试样所需的锤击高度和锤击数。具体装样步骤如图 5-11 所示：首先，通过螺栓将一个垫块固定于套筒内，固定位置与试样厚度相匹配。其次，根据试样密度和装样厚度计算装样质量，称取所需质量的试样，将试样按 10%递减的方法分为三份备用，之后将第一份缓慢倒入套筒内，平整试样表面后放入与杆直径完全相同的垫块，采用小锤自由落体锤击垫块使第一层砂样达到所需高度。依次倒入第二层和第三层试样，采用预先标定好的锤击高度和锤击数锤击试样，使其达到相应高度，即完成装样，对于制备其他密实度较低或较高的试样，可通过控制锤击高度和次数来实现。然后，放入第二个垫块并固定。最后，在入射杆和透射杆靠近试样的部分涂一层凡士林，并将试样缓慢安装在杆上，压紧杆和垫块使二者间的凡士林被充分挤压。待实验准备完成后，去掉套筒上的固定螺栓。

再者，为满足应力平衡和均匀变形条件，需选用合适的整形器改变入射波上升沿时间。根据紫铜、铝片、橡胶、卡纸等的整形效果，最终选择橡胶作为整形器。图 5-12 为实验前对 SHPB 设备和砂样固定装置的标定结果，其中图 5-12(a)为空杆上加整形器的实验结果，从图中可以看出入射杆和透射杆信号基本重合，入射杆和透射杆接触面处基本没有反射信号产生，说明杆调平较好。图 5-12(b)相比图 5-12(a)为在空杆上增加了固定砂样

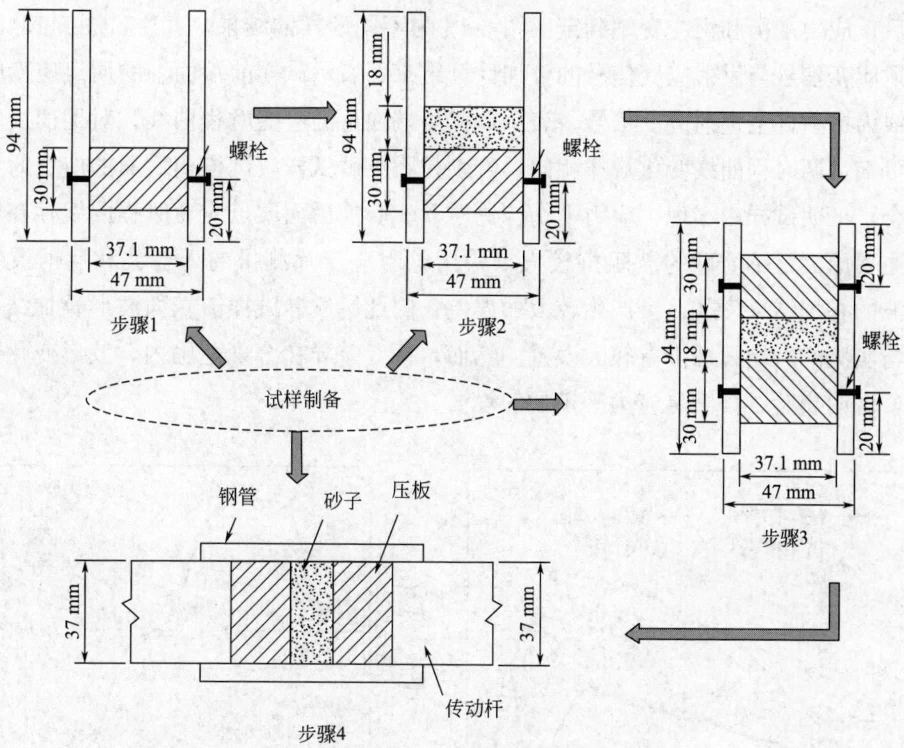

图 5-11 SHPB 冲击实验装样步骤

的钢套筒，该实验的目的是对套筒与杆间相互摩擦对实验结果的影响进行标定。从图中可以看出，入射波在平台段和下降沿明显大于透射波，且在套筒上测得一定的应变，说明套筒对实验结果存在影响。由于标定套筒时未对套筒内壁进行润滑处理，因此认为造成图 5-12(b)现象的原因可能来源于内部摩擦，图 5-12(c)为进行垫块标定并进行套筒内壁润滑后的结果，可以看出，套筒和垫块对实验结果的影响十分有限，套筒上应变片采集到的应变很小。因此可以认为固定砂样的套筒和垫块对实验结果的影响可忽略不计。

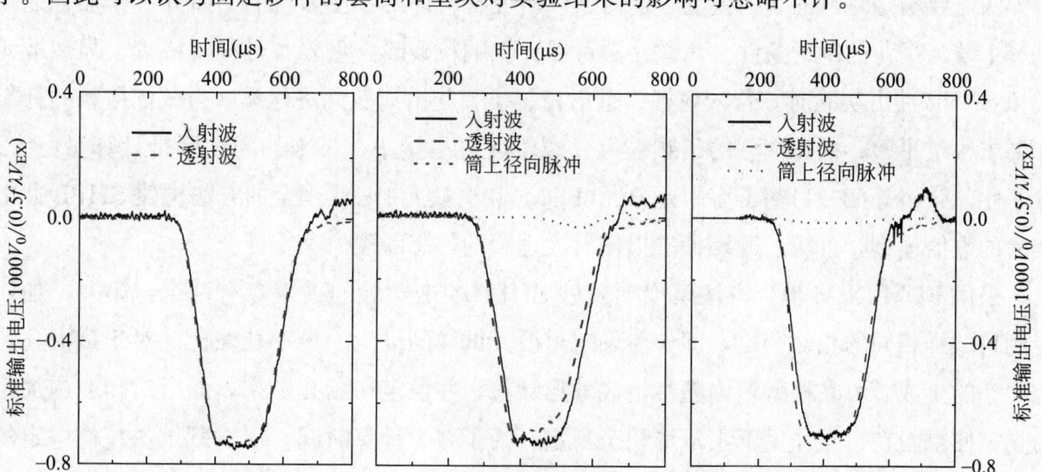

图 5-12 标定结果

最后，应力平衡和恒应变率判定。图 5-13 为不同砂样的结果，其中，图 5-13(a)中实线为入射应变信号与反射应变信号的叠加计算结果，表示试样前端面上的质点应变时程曲线，虚线为透射杆上透射应变信号，表示试样后端面上的应变时程曲线。对比前后端面应变信号可知，两时程曲线变化规律相同，特别是石英砂试样，试样前后面的应变时程曲线基本重合，证明试样内实现了应力平衡。钙质砂实验前后面质点应变时程曲线存在明显差异，其主要原因是钙质砂的波阻抗较大，采用电阻应变片测得的入射波和反射波基本重合，两波的叠加结果(差值)会产生较大的误差，因此钙质砂试样前端面波形叠加结果规律性差，与实测的后端面结果有较大误差。然而，两者差异在合理范围内，波形变化规律基本吻合，说明实验试样满足应力平衡的假设。

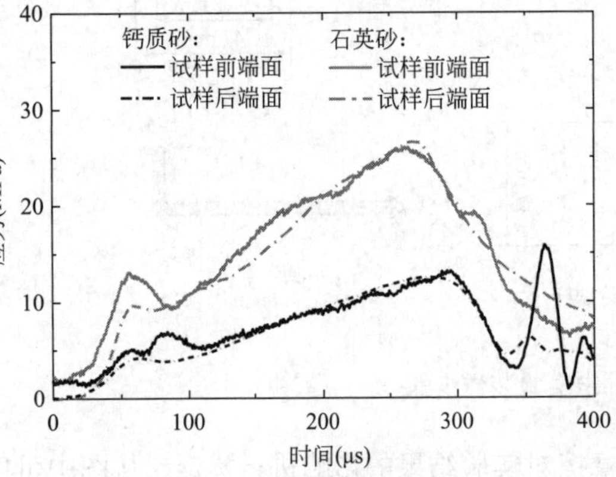

(a) 应力平衡

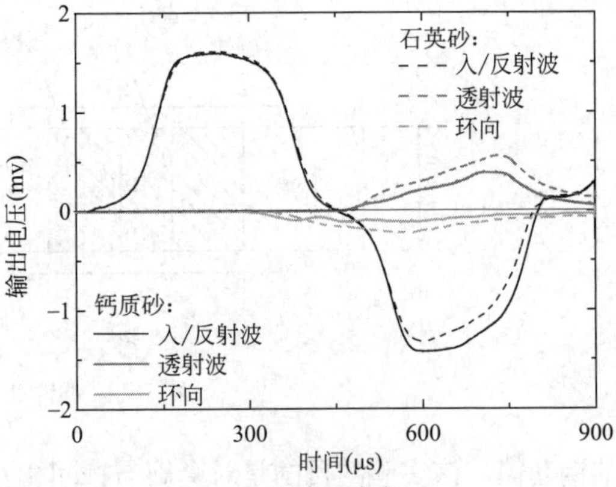

(b) 恒应变率

图 5-13　SHPB 冲击实验

2. 耦合数值模拟

研究材料冲击特性常用的数值分析方法包括有限单元法、离散元法和耦合法等。有限单元法需要给定材料的本构模型，这对于以研究材料冲击特性为目的的研究工作而言显然是一个较为严苛的制约条件。离散元法可以反映颗粒破碎、重分布等细观机理，但离散元模拟 SHPB 冲击实验时，若入射杆、透射杆、子弹均由离散元法建模，与试样接触的杆端面要求尽量平整，构建模型的子颗粒尺寸离散元应尽量小，带来的问题则是计算量巨大。鉴于此，张涛等(2021)基于有限差分元(FDM)和离散元 DEM 耦合的方法构建 SHPB 冲击实验的数值模型，分析了循环冲击损伤后大理岩的静态断裂力学特征。

采用 FDM-DEM 耦合方法模拟钙质砂 SHPB 冲击实验的关键点有两个：第一，如何得到与试样相同的相对密度，即如何确定离散元试样的最大、最小孔隙比。对于最大孔隙比状态的生成，可在模型箱内随机生成球形颗粒，并设定初始孔隙率，而后对颗粒施加重力场，使颗粒在自重作用下下落堆积至稳定，为了减少计算时间，可以赋予颗粒群一定的初始下落速度，待颗粒稳定，此时即为试样的最松散状态。最小孔隙比状态的生成，拟通过减小颗粒间的摩擦系数来模拟最大干密度物理实验中的振动压实作用，将颗粒下落时的摩擦系数设置为 0，其余步骤与最大孔隙比状态的生成过程相同，如此可得到颗粒的最密实状态。模拟过程中，在模型箱长度方向设置数个测量球监测颗粒的孔隙率，最终取其平均值作为试样的孔隙率和孔隙比。笔者通过该方法模拟了玻璃球试样的最大、最小孔隙率，与实验结果之间的误差小于 9%，其中 K_n 和 K_s 分别为法向刚度和切向刚度，η_n 和 η_s 分别为法向阻尼和切向阻尼(表 5-1)。其也验证了该散体材料数值标定方法的有效性。掌握了颗粒最大、最小孔隙比的数值实现方法后，即可建立试样相对密度与孔隙率的关系。

模型特性参数　**表 5-1**

颗粒间	$K_n(N\cdot m^{-1})$	1.0×10^6
	$K_s(N\cdot m^{-1})$	4.0×10^5
	μ_{fric}	0.8
颗粒与墙体间	$K_n(N\cdot m^{-1})$	1.0×10^7
	$K_s(N\cdot m^{-1})$	4.0×10^6
	μ_{fric}	0.8
接触阻尼	η_n	0.5
	η_s	0.5

振动压实过程中，颗粒间的摩擦系数会直接影响稳定后颗粒堆积体的孔隙率，如何确定摩擦系数成为另一关键问题。因此，可通过改变摩擦系数确定试样孔隙率。图 5-14 给出了不同颗粒间摩擦系数下堆积体孔隙率的变化关系，可以看出，颗粒堆积体的孔隙率随摩擦系数的减小而指数减小，其关系可通过下式表示：

$$n = a - b \cdot e^{c\mu_{fric}} \tag{5-17}$$

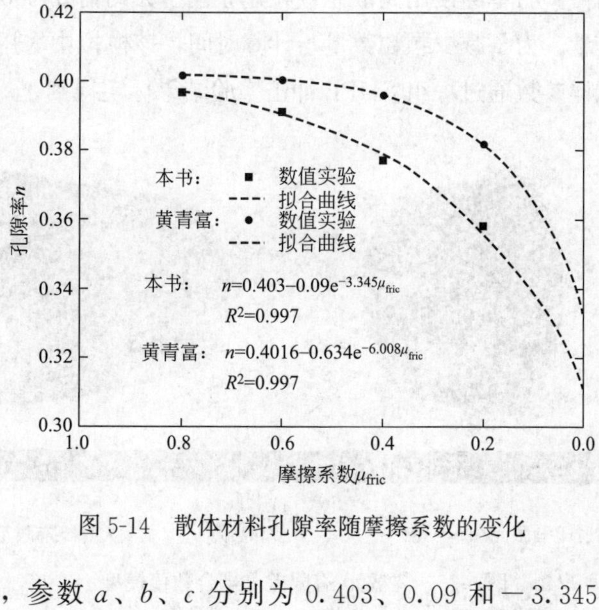

图 5-14　散体材料孔隙率随摩擦系数的变化

对玻璃球试样而言，参数 a、b、c 分别为 0.403、0.09 和 −3.345，拟合相关系数为 0.997。黄青富等(2014)采用同样的方法研究离散元的密实度数值实现方法，得到试样孔隙率与摩擦系数的关系也符合式(5-17)，其试样参数 a、b、c 分别为 0.4016、0.634 和 −6.008，相关系数为 0.997，从而验证了该方法的普适性。根据上式即可得到某一相对密度散体试样所需的摩擦系数，从而生成目标密度试样。仍以玻璃球为例，相对密度为 30%、60%及 90%的玻璃球试样所要设定的摩擦系数分别为 0.4、0.16 和 0.03。所得试样的孔隙率和理论计算的孔隙率归纳于表 5-2，数值生成试样的孔隙率稍大于理论值，最大误差小于 2%，再一次印证了离散元试样生成的合理性。

不同相对密度试样对应的孔隙率和摩擦系数　　表 5-2

相对密度	30%	60%	90%
试样所需理论孔隙率	0.374	0.349	0.322
设定摩擦系数	0.4	0.16	0.03
实际生成试样孔隙率	0.376	0.356	0.328

试样生成后，根据 SHPB 冲击实验所要模拟的试样尺寸，删除上部多余颗粒和墙体，保留所需试样范围内的颗粒作为 SHPB 冲击实验模拟的试样，并在试样外部生成新的墙体作为套筒。

耦合模拟的关键问题之三是耦合模型的建立。由于离散元模拟中所有实体只能由颗粒组成，SHPB 冲击实验中压杆部分的计算占据大量计算量，为了解决这一问题，可采用有限差分软件(例如 FLAC6.0)模拟入射杆、透射杆。离散元-有限差分耦合数值模型如图 5-15 所示，各部分尺寸与实验完全相同。模拟中忽略子弹发射过程，直接将实验冲击波形导入模型，作用在入射杆前端面。离散元与有限元之间设置耦合接触面(Wall-Zone)，将有限元与离散元耦合起来。压杆部分由 Zone 单元建模，采用弹性模型，每根压杆沿长度方向和环向划分网格。与单纯使用离散元颗粒建立模型大约需要 300 万颗粒相比，该方法可以大大降低计算量。为了减少颗粒数量与计算时间，该模拟中采用不可破碎的基本单元球模拟土颗粒。试样参数通过一组 SHPB 冲击实验结果标定得到。

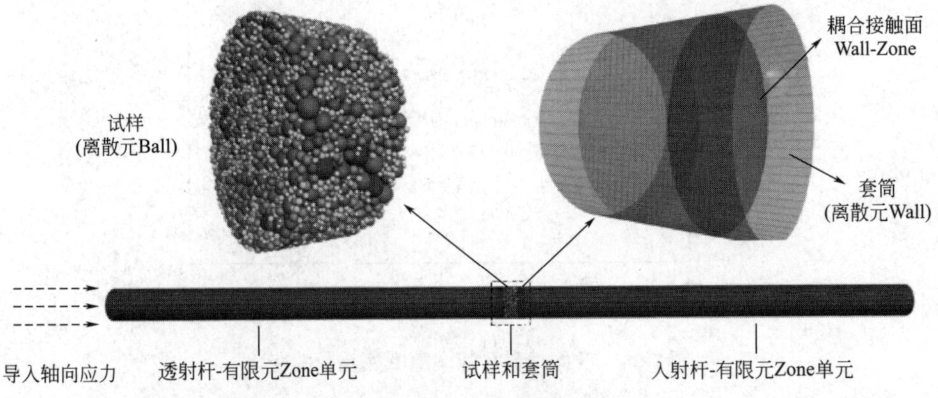

图 5-15　离散元-有限差分耦合数值模型

5.2.2 钙质砂冲击特性

1. 相对密度对钙质砂冲击特性的影响

图 5-16 展示了相对密度分别为 30%、60%和 90%钙质砂和石英砂(级配和颗粒尺寸均相同)一维冲击实验的应力应变关系，发现钙质砂轴向应力-应变曲线可以分为四个阶段：第一阶段为颗粒的弹性变形，此时轴向应力没有克服颗粒间动摩擦。第二阶段为颗粒材料的骨架被压塌且相互发生滑移和旋转，此时轴向应力使得颗粒间的静态摩擦力增大。第三阶段为硬化阶段，由于颗粒运动重分布，颗粒间重新互锁，阻止颗粒的进一步滑移和旋转。第四阶段颗粒发生明显的破碎，此时新的骨架形成，颗粒重新分布及互锁使得砂样更加密实。

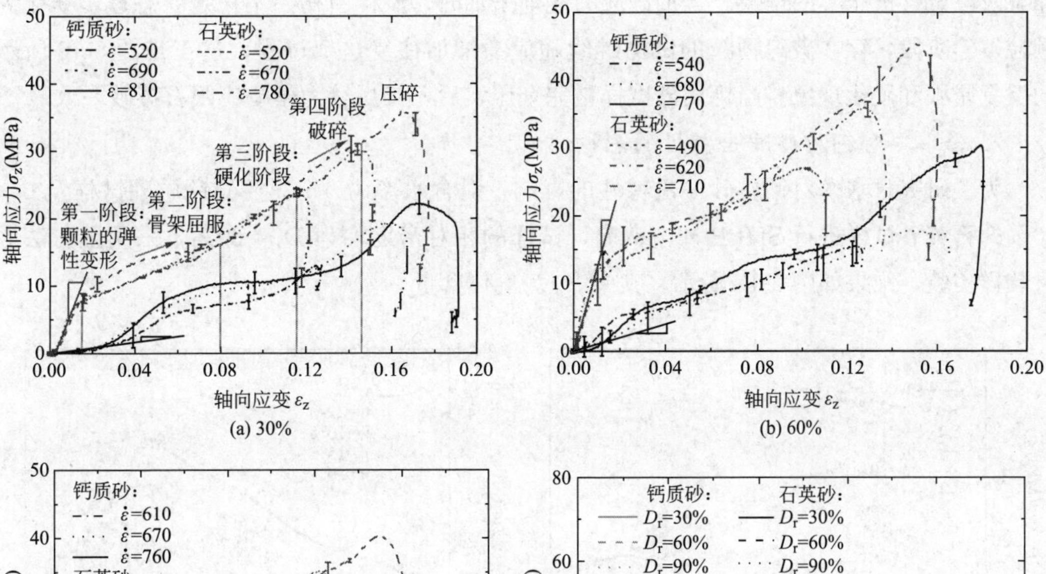

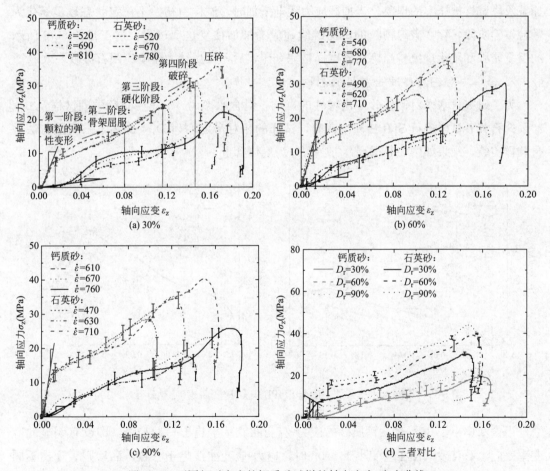

图 5-16 不同相对密度的钙质砂试样的轴向应力-应变曲线

砂土的动态压缩响应受颗粒本身性质影响，如颗粒粒径、形状、级配及矿物成分。实验中两种砂的颗粒级配和颗粒粒径均一致，石英砂主要成分是 SiO_2，颗粒形状以近似球形和球形为主，而钙质砂的主要成分是 $CaCO_3$，颗粒形状以棱角状为主。通过应力应变曲线可以发现，钙质砂的轴向应力应变特性相比于石英砂具有很大的不同，主要体现在以下三个方面：(1)在初始加载阶段，钙质砂表现出明显的压缩效应，钙质砂接近弹性压缩阶段所用时间随着相对密度增大而减少，相对密度为 30%、60%和 90%的试样所对应的弹性模量分别为 0.05 GPa、0.10 GPa 和 0.14 GPa；相同相对密度石英砂试样的弹性模量分别约为 0.52 GPa、1.21 GPa 和 1.63 GPa，可以看出钙质砂弹性模量在相同加载条件下的数值大概为石英砂的 1/10。(2)钙质砂冲击特性对应变率较敏感。在相同的相对密度下，石英砂应力应变特性随应变率几乎没有变化；钙质砂则不同，其应变率随相对密度增加而减小，因此钙质砂应变率效应不能忽视。(3)在弹性和塑性变形阶段，钙质砂都比石英砂更易被压缩。由于钙质砂颗粒具有多孔隙、易破碎特性，其集合体体积的变化依赖于加载过程中孔隙变化，而且钙质砂颗粒中连通的孔隙会被更小颗粒填充继而自锁形成新的稳定状态。剪切变形和压缩变形阶段均会发生颗粒破碎，因而对钙质砂而言，首先观察到初始加载阶段试样被压实的现象。当加载应力逐渐增加时，试样由初始不稳定状态逐步演化为颗粒破碎阶段，存在破碎颗粒的试样继续随应力增加往复这个过程，这正是图 5-16 所示的反复屈服和硬化现象。当钙质砂试样被完全压实后，其后续力学响应跟石英砂一致。

2. 含水率对钙质砂冲击特性的影响

为了研究含水率对钙质砂冲击特性的影响，对含水率为 0～35%的钙质砂试样及 0～20%的石英砂试样进行 SHPB 冲击实验，试样的相对密度均为 $D_r=60\%$，采用湿击法进行装样实验，结果如图 5-17 所示，其中 S_a 为气体含量。

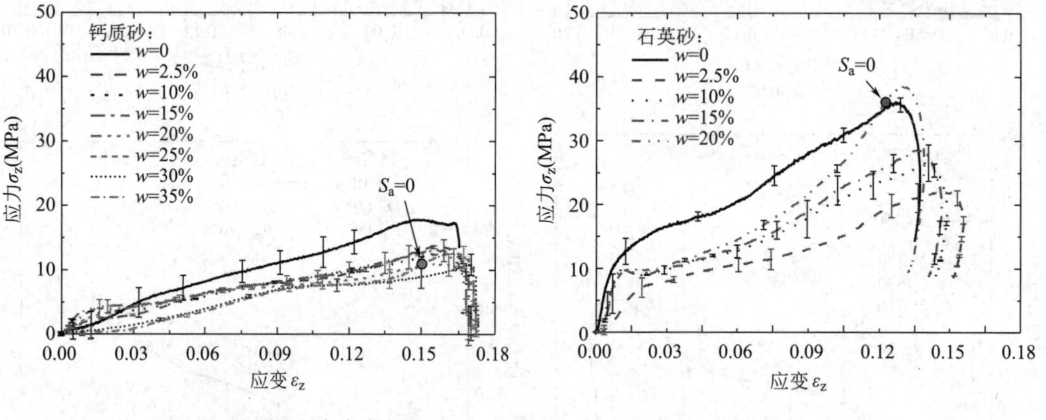

图 5-17　不同含水率条件下砂土 SHPB 应力-应变曲线(吕亚茹等，2019)

当含水率小于 35%时，钙质砂的应力-应变曲线基本趋于一种趋势，即没有明显的应变率效应。石英砂试样在应变小于 0.05 时，应力-应变曲线趋于一致，而后则表现出不同的趋势，因此对应变率比较敏感。如含水率为 25%时，其应力-应变曲线变化非常大，这是由此时的试样已经完全饱和，实验过程中部分水渗出造成的，压缩产生的力包括超静孔隙水压力和砂样压缩产生的力。

将不同含水率砂样与干燥状态下砂样的应力-应变曲线进行对比，发现较低含水率的条件下，两种砂样的峰值应力均明显低于干燥的砂样。说明钙质砂及石英砂在含水情况下更容易被压缩，其原因是水的润滑作用减小了颗粒间的摩擦力，同时减小了套筒、垫块与砂颗粒间的接触阻力，促进了钙质砂试样的压缩密实。在高含水率的情况下，随着试样体积的不断压缩，钙质砂和石英砂内部形成了连通的孔隙水，甚至孔隙全部被孔隙水所占据，因孔隙水难以压缩，此时应力迅速增长，且其峰值应力可远高于干燥状态的钙质砂和石英砂。此次实验证明了含水率会对钙质砂的冲击压缩特性产生重要影响，然而该高应力状态实验没能实现完全不排水边界，因此，含水率的影响有待进一步探究。

采用吸能效率 E_n 和能量吸收比 I 来评价材料的吸能特性，吸能效率 E_n 和能量吸收比 I 定义如下：

$$E_n=\frac{1}{\sigma_z}\int_0^{\varepsilon_z}\sigma(\varepsilon)\mathrm{d}\varepsilon \tag{5-18}$$

$$I=\frac{\int_0^{\varepsilon_z}\sigma_z\mathrm{d}\varepsilon}{\sigma_z\varepsilon_z} \tag{5-19}$$

E_n 描述了材料压缩变形过程中不同应力对应的吸能效率，反映了材料本身的吸能特性，E_n 越大说明材料的吸能效果越好，而 σ_z 为最高吸能效率所对应的冲击应力。I 为材料耗能与理想材料耗能的比值，用于判断材料的耗能能力，能量吸收比的峰值代表材料所能达到的最优耗能状态。

图 5-18 为应变率控制在 750 s^{-1} 左右时，钙质砂和石英砂吸能效率和能量吸收比与轴向应力的关系曲线。试样达到饱和后，最高吸能效率高于石英砂，而最高吸能效率对应的冲击荷载水平低于石英砂。含水率为 10%、20%和 30%的钙质砂的能量吸收比峰值分别为 0.84、0.81 和 0.55，所对应的轴向应力分别为 3.4 MPa、4.1 MPa 和 8.4 MPa。同时，含水率为 10% 和 20% 的石英砂的能量吸收比峰值分别为 0.80 和 0.75，对应的轴向应力分别为 9.7 MPa 和 10.2 MPa。两种砂样的最大能量吸收比随着含水量的增加而降低，但传递的冲击荷载随着含水量的增加而增加。当钙质砂作为机场跑道的垫层时，能量吸收比峰值表示垫层吸收最大能量的范围，同时将恒定的力(由飞机轮荷载产生)传递到地基深

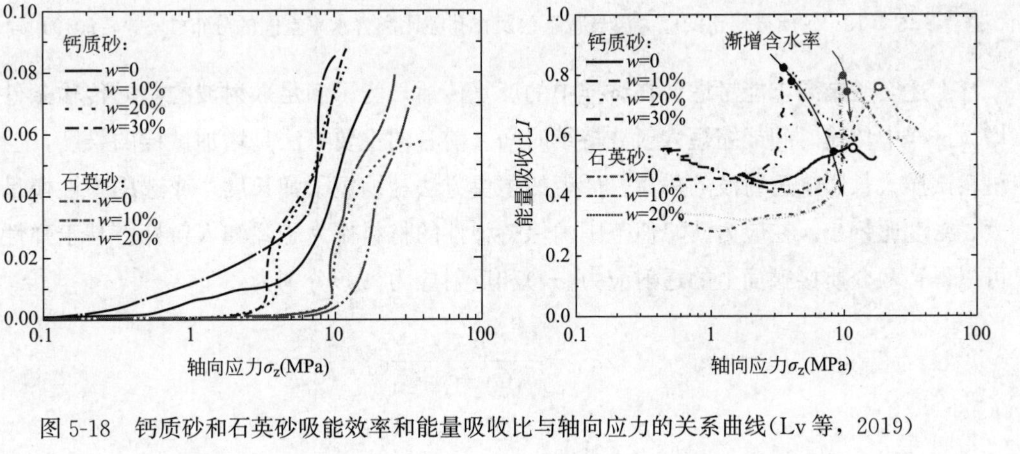

图 5-18　钙质砂和石英砂吸能效率和能量吸收比与轴向应力的关系曲线(Lv 等，2019)

部。干燥的钙质砂与含水率为 30%的不饱和试样具有相似的能量吸收比，但传递荷载更大(约 11 MPa)。同样，干燥的石英砂与含水率为 20%的不饱和试样具有相似的能量吸收比，但传递的荷载更大(约 19 MPa)。

5.2.3　钙质砂波传播衰减规律

基于宏观透射系数(透射波峰值与入射波峰值之比)与试样尺寸的关系，本小节建立钙质砂中应力波传播衰减的无量纲表达(式 5-20)，分析波衰减与初始孔隙比和含水率之间的关系(图 5-19)，发现干砂的波衰减修正系数随初始孔隙比的增大线性增加，因为颗粒与空气的界面对冲击波有显著的反射作用，孔隙的增大加剧了波耗散。非饱和砂土的波衰减修正系数随着饱和度的增加先增大后减小，峰值对应于最大耗散能力或最小加载面积。据此得到波衰减修正系数 k 的半经验估算方法：

$$k=-\frac{D}{L_{\mathrm{s}}}\ln(T) \tag{5-20}$$

其中 L_{s}/D 为试样长径比，T 为传播系数。

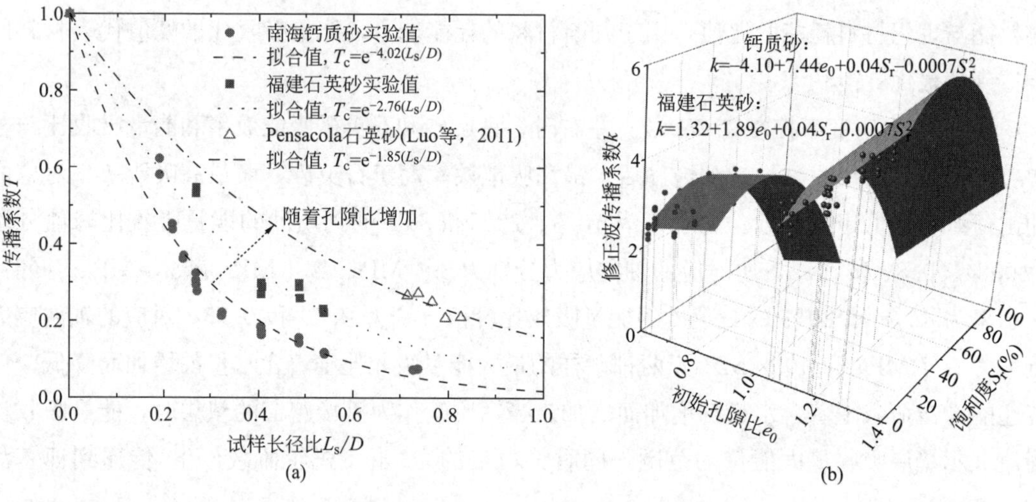

图 5-19　钙质砂修正的应力波衰减系数及在孔隙比和含水率空间的分布(Lv 等，2019)

上述实验结果未能考虑波在试样中的反复传播，为了满足入射波的单向传输条件，需增大试样中传输时间或缩短入射波持续时间。前者的主要方法是增加试样的长度，但散体材料试样太长影响透射波的采集。后者的主要方法是缩短子弹长度，或选用弹性模量比钢大、密度比钢小、在应力波峰值范围内保持弹性的材料作为子弹和入射杆。基于弹性理论可以得到两介质接触面上的透射应力(σ_{T})和反射应力(σ_{R})分别为：

$$\sigma_{\mathrm{T}}=\frac{2\rho_2C_2}{\rho_1C_1+\rho_2C_2}\sigma_{\mathrm{I}} \tag{5-21}$$

$$\sigma_R = \frac{\rho_2 C_2 - \rho_1 C_1}{\rho_1 C_1 + \rho_2 C_2}\sigma_I \tag{5-22}$$

其中，C_1 和 C_2 分别为土体和杆的波速；ρ_1 和 ρ_2 分别为土体和杆的密度，对于钙质砂，杆刚度远远大于土体刚度（$\rho_2 C_2 \gg \rho_1 C_1$），介面上透射应力约为入射应力的 2 倍。基于上述理论，建立钙质砂冲击实验的数值模型，通过改变冲击波形状（峰值大小、脉冲宽度等）得到单次脉冲通过时钙质砂的衰减特性（图 5-20），发现透射系数仍随长径比的增大呈对数减小。随着入射波峰值的增大，透射系数降低，说明现有的透射系数并不是反映材料消波作用的固有属性，有待提出新的无量纲参数。

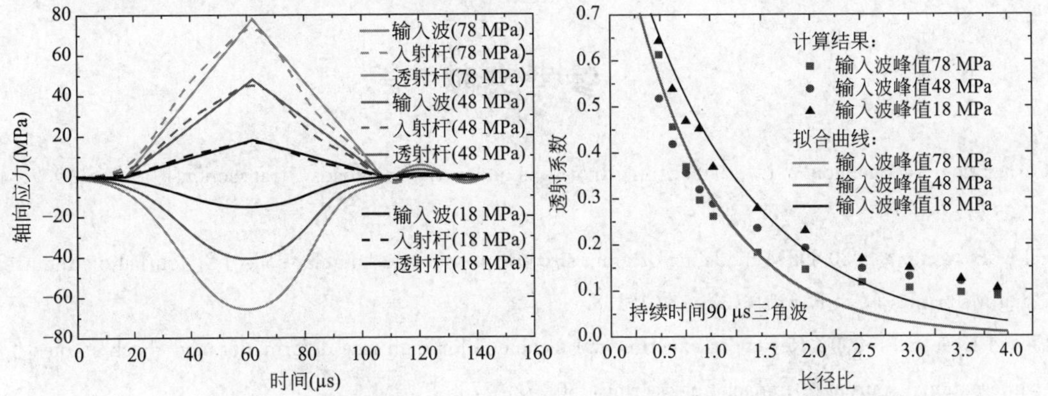

(a) 不同加载条件　　(b) 波衰减规律

图 5-20　钙质砂透射系数

对比相同密实度下钙质砂与石英砂的波传播衰减规律，发现石英砂的透射系数大于钙质砂，其原因是石英砂的刚度明显大于钙质砂（图 5-21a）。不同围压状态（3 MPa、5 MPa、侧限）下钙质砂波衰减系数规律如图 5-21（b）所示，发现围压水平对波传播衰减具有重要影响，随着围压的增大，透射系数增大。在围压作用下试样被压缩，透射系数整体大于侧限

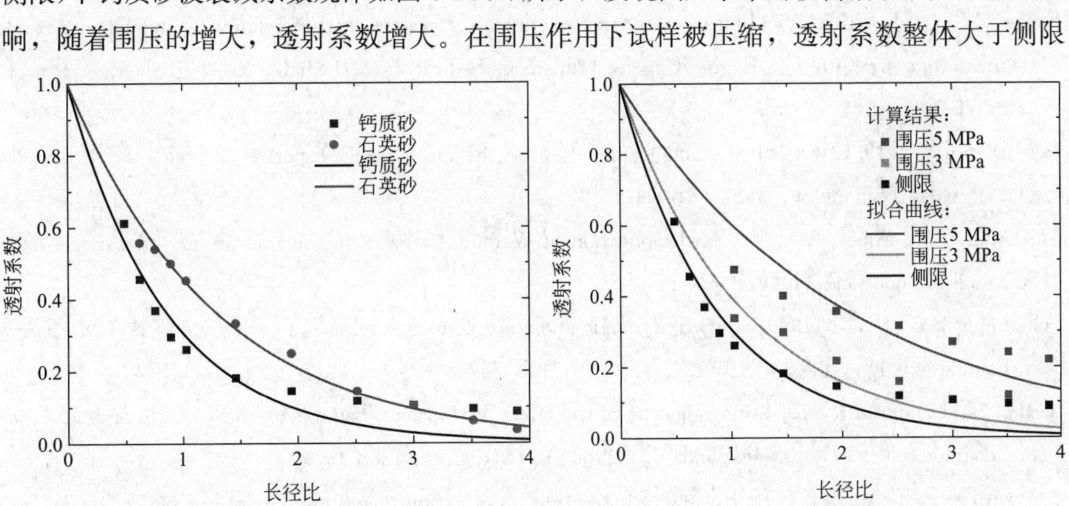

(a) 钙质砂与石英砂对比　　(b) 不同围压状态

图 5-21　透射系数

条件。基于该研究结果，若要判断某一土体的应力波衰减能力，只需开展4～5组SHPB冲击实验(包括2组不同初始孔隙比试样和3组不同含水率试样)即可，为实际工程提供了便于应用的半经验计算方法。

思考题

1. 不同的密实度、含水率、围压如何影响钙质砂的冲击特性?
2. 钙质砂和石英砂冲击特性有什么区别?
3. 简述加载速率对钙质砂单颗粒强度的影响。

参考文献

Casagrande A, Shannon W L, 1949. Strength of soils under dynamic loads, transactions[J]. ASCE, 114: 755-772.

Cil M B, et al., 2020. DEM modeling of grain size effect in brittle granular soils[J]. Journal of Engineering Mechanics (ASCE), 146(3): 04019138.

Field J E, et al., 2004. Review of experimental technique for high rate deformation and shock studies[J]. International Journal of Impact Engineering, 30: 725-775.

Fletcher E, Poorooshasb H, 1968. Response of a clay sample to low magnitude loads applied at high rate [C]. Proceedings of the International Symposium on Wave Propagation and Dynamic Properties of Earth Materials, University of New Mexico Press, 8: 781-786.

Green R A, et al., 2011. Geotechnical aspects of failures at Port-au-Prince seaport during the 12 January 2010 Haiti earthquake[J]. Earthquake Spectra, 27(s1): 43-65.

Kwag J M, et al., 1999. Yielding stress characteristics of carbonate sand in relation to individual particle fragmentation strength[J]. Engineering for Calcareous Sediments, AI-Shafei (ed.), Balkema, Rotterdam: 79-86.

Ma L, et al., 2019. Effects of size and loading rate on the mechanical properties of single coral particles [J]. Powder Technology, 342: 961-971.

McDowell G R, Amon A, 2000. The application of Weibull statistics to the fracture of soil particles[J]. Soils and Foundations, 40(5): 133-141.

Schimming B B, et al., 1996. Study of dynamic and static failure envelopes[J]. Journal of Soil Mechanics & Foundations Div, 92(2): 105-124.

Seed H B, Lundgren R, 1954. Investigation of the effect of transient loadings on the strength and deformation characteristics of saturated sands[J]. Proc. ASTM, (54): 1288-1306.

Suescun-Florez E, et al., 2015. Review of high strain rate testing of granular soils[J]. Geotechnical Testing Journal, 38(4): 511-535.

Todisco M C, et al., 2017. Multiple contact compression tests on sand particles[J]. Soils and Foundations，57：126-140.

Lv Y，et al.，2019. Moisture effects on the undrained dynamic behaviour of calcareous sand at high strain rates[J]. Geotechnical Testing Journal，42(3)：725-746.

段祝平，等，1980. 高应变率下金属动力学性能的试验与理论研究[J]. 力学进展，(1)：1-12.

黄青富，等，2015. 基于颗粒离散单元法的获取任意相对密实度下级配颗粒堆积体的数值方法[J]. 岩土工程学报，37(03)：537-543.

吕亚茹，等，2019. 高应力状态下钙质砂的一维压缩特性及试验影响因素分析[J]. 岩石力学与工程学报，38(s1)，3142-3150.

张涛，等，2022. 基于FDM-DEM耦合的冲击损伤大理岩静态断裂力学特征研究[J]. 爆炸与冲击，42(01)：42-52.

第6章　钙质砂的改良及珊瑚骨料混凝土

钙质砂改良的目的是使其具备满足工程需要的力学特性。为了提高钙质砂地基的承载能力，常用的是采用机械致密方法等措施来增加砂土的密实程度，从而降低其可压缩性并提高其抗破坏性。在钙质砂的改良方面，本章着重介绍两种改良手段，即水泥改良钙质砂方法和微生物诱导碳酸钙沉淀(Microbial induced calcite precipitation，简称MICP技术)改良钙质砂方法。水泥改良钙质砂方法可以有效地改善地基承载力和不均匀沉降等问题，该方法加固技术成熟，成本低廉，环境适应性较强，具有良好的工程实用性。近十年来，微生物加固岩土技术作为一项环境友好、生态低碳的实用技术受到越来越多的关注和推广。目前，荷兰、美国和奥地利等国已经有了不少成功实施的案例(图6-1)。

图6-1　荷兰某松散砂砾土场地MICP技术加固现场施工图(Dejong等，2013)

6.1　MICP技术改良钙质砂

6.1.1　微生物加固技术

微生物可以通过其自身的生物过程改变土壤的工程特性，这种程度取决于生物体的尺度。多细胞生物，如植物根、昆虫和无脊椎动物等，可以通过力学和生物过程来改变土壤。例如，蚂蚁懂得通过土壤分级和创造优先爬行路径(大孔隙)来制造蚁窝。蠕虫的黏液排泄物可以加固隧道沿线的土壤，并可明显地提高土壤的CPT强度值。而单细胞微生物则通过沉积、水力流动或在孔隙空间的自运动迁移而存在于土壤中，其在土壤孔隙空间的自运动行为将由其尺度特性来决定(Dejong等，2013)。土壤中单细胞微生物有机体细菌的直径大小介于0.5到3 μm之间，形态通常为球形(球菌)或圆柱形，或者为直的(棒状)、弯曲的(弧菌)或开瓶器状的(螺旋藻)。

微生物加固技术是一种利用自然界中广泛存在的微生物，通过其自身的新陈代谢作用与环境中其他物质发生一系列生物化学反应，吸收、转化、清除或降解环境中的某些物质，通过生物过程诱导形成碳酸盐、硫酸盐等矿物沉淀，实现环境净化、土壤修复、地基处理等目的的生物矿化技术。这种技术可以改善土体的物理力学及工程性质，其作用方式主要涉及氧化还原作用、基团转移作用、水解作用以及酯化、缩合、氨化、乙酰化等(刘汉龙等，2022)。生物介质在岩土工程中的化学过程可改变土体各项物理特性(密度、级配、孔隙率、饱和度)、传导特性(水力、电、热)、力学特性(刚度、体积、可压缩性、剪胀、内聚力、胶结、摩擦角、临界状态特性和土壤-水特征曲线)和土壤的化学成分(反应性、阳离子交换能力)等。

微生物加固技术已经涉及多种生物反应过程，其中很大一部分研究工作聚焦在通过方解石沉淀进行的生物诱导胶结作用上。MICP 技术是一种成功且具有发展潜力的案例，它可以使土体孔隙空间减少，颗粒接触处产生脆性胶结，在孔隙空间中填充细粒成分，明显增加土体的刚度。该领域是目前微生物加固技术研究的焦点。

6.1.2 MICP 技术加固原理

微生物诱导碳酸钙沉淀作为自然界中广泛存在的生物矿化过程之一，与一般矿化作用不同的是，这种过程中无机相的结晶程度严格受生物分泌的有机质的控制。基本原理是尿素在微生物(如芽孢杆菌等)新陈代谢产物脲酶的催化下，快速发生水解生成碳酸根离子和铵根离子，碳酸根离子与体系中游离的钙离子发生反应生成具有胶凝作用的碳酸钙沉淀。这类细菌无毒无害，具有很强的环境适应性，在酸碱及高盐等恶劣土壤环境中也具有较强的生物活性。

在岩土工程应用中，MICP 主要应用于松散砂土，由于微生物分泌的胞外聚合物及其双电层结构的存在，微生物趋向吸附于颗粒表面，如图 6-2 所示。此外，由于微生物细胞壁表面一般带有大量负电官能基团(如羟基、胺基、酰胺基、羧基等)，使其能吸附溶液中的钙离子，微生物作为成核位点结合碳酸根离子形成碳酸钙沉淀，胶凝沉淀填充孔隙，同时将散体砂粒黏结，从而改善土的工程性质。生物化学反应式如下(刘汉龙等，2022)：

$$CO(NH_2)_2 + H_2O \longrightarrow H_2CO_3 + 2NH_3 \tag{6-1}$$

$$NH_3 + H_2O \longleftrightarrow NH_4^+ + OH^- \tag{6-2}$$

$$H_2CO_3 \longleftrightarrow HCO_3^- + H^+ \tag{6-3}$$

$$Ca^{2+} + CO_3^{2-} \longleftrightarrow CaCO_3 \downarrow \tag{6-4}$$

此外，尿素水解后会使土壤中的 pH 升高，碱性环境下，钙离子和碳酸氢根离子也可以发生式(6-5)和式(6-6)所示化学反应，生成碳酸钙沉淀。

$$Ca^{2+} + HCO_3^- + OH^- \longrightarrow CaCO_3 \downarrow + H_2O \tag{6-5}$$

$$Ca^{2+} + 2HCO_3^- \longrightarrow CaCO_3 \downarrow + CO_2 + H_2O \tag{6-6}$$

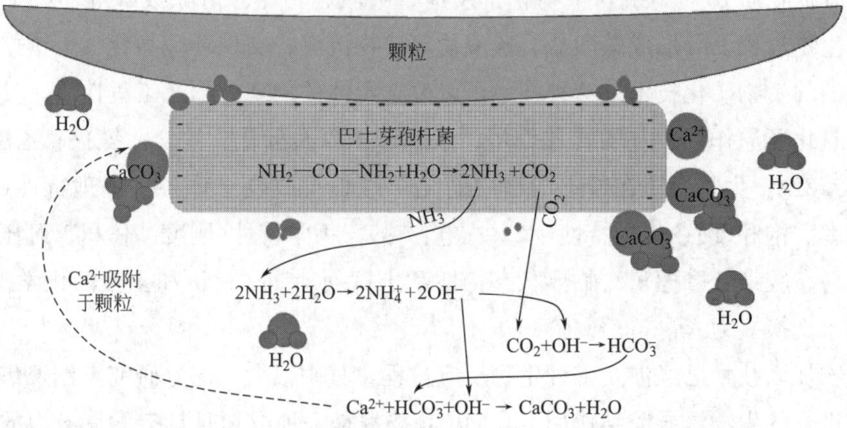

图 6-2　MICP 示意图(Dejong 等，2010)

6.1.3　MICP 技术应用研究现状

MICP 技术为岩土工程领域土体改良提供了新的思路。近年来，科学界广泛研究了 MICP 在液化土体改良、控制土体流失以及固定土体中重金属离子等方面的应用。此外，利用人工提取的类似植物酶进行对比实验，也成功沉积出结晶较好的菱面体形态方解石。针对钙质砂的力学性能改善，可以利用 MICP 协同纤维加筋来进行改性。在宏观及现场尺度方面，可以开展微生物注浆改性桩基础模型实验以及现场地基处理实验；在微观尺度方面，可以利用微流控技术从微细观尺度探究微生物加固土的加固机制，改变加固工艺、环境反应条件如 pH 值、温度、钙离子浓度、钙源等，通过观察碳酸钙结晶形态和颗粒形貌，研究加固体物理力学性质，以及采用不同加固工艺、加固环境对加固效果的影响。另外，南海岛礁淡水资源匮乏，利用天然海水作为 MICP 加固钙质砂的水源可以控制成本。不同尺度 MICP 加固钙质砂的实验研究方案如图 6-3 所示。

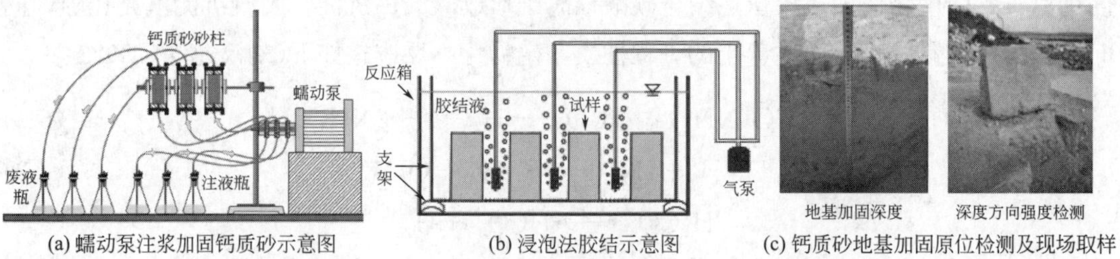

图 6-3　不同尺度 MICP 加固钙质砂实验研究(图 a：肖鹏，2021；图 b：李艺隆等，2022；图 c：刘汉龙等，2019)

6.1.4　影响因素

生物矿化可产生不同相的碳酸钙，如方解石、文石、球霰石和不定形碳酸钙等。其中，方解石和球霰石是最常见的晶型，且方解石是碳酸钙在热力学上最稳定的晶型。影响沉淀的碳酸钙晶型的外部因素包括环境 pH 值、温度、压力、反应物浓度、溶液过饱和度、反应物类等。图 6-4 为不同环境条件下生成的碳酸钙沉淀的 SEM(扫描电镜)图像，从图中可以看出，矿化反应的产物主要为方解石，其晶型和形貌包括球形、花瓣形、方形、无定形等。此外，颗粒表面出现了很多 1～3 μm 长的细印痕，此为菌体被冲洗后留下的痕迹。实验结果表明，在碳酸钙的沉积过程中，菌株不仅通过其酶化作用促使方解石的结晶形成，而且还起到了晶核的作用。外部环境对碳酸钙的沉积过程、生成的碳酸钙晶型和形貌都有直接影响。

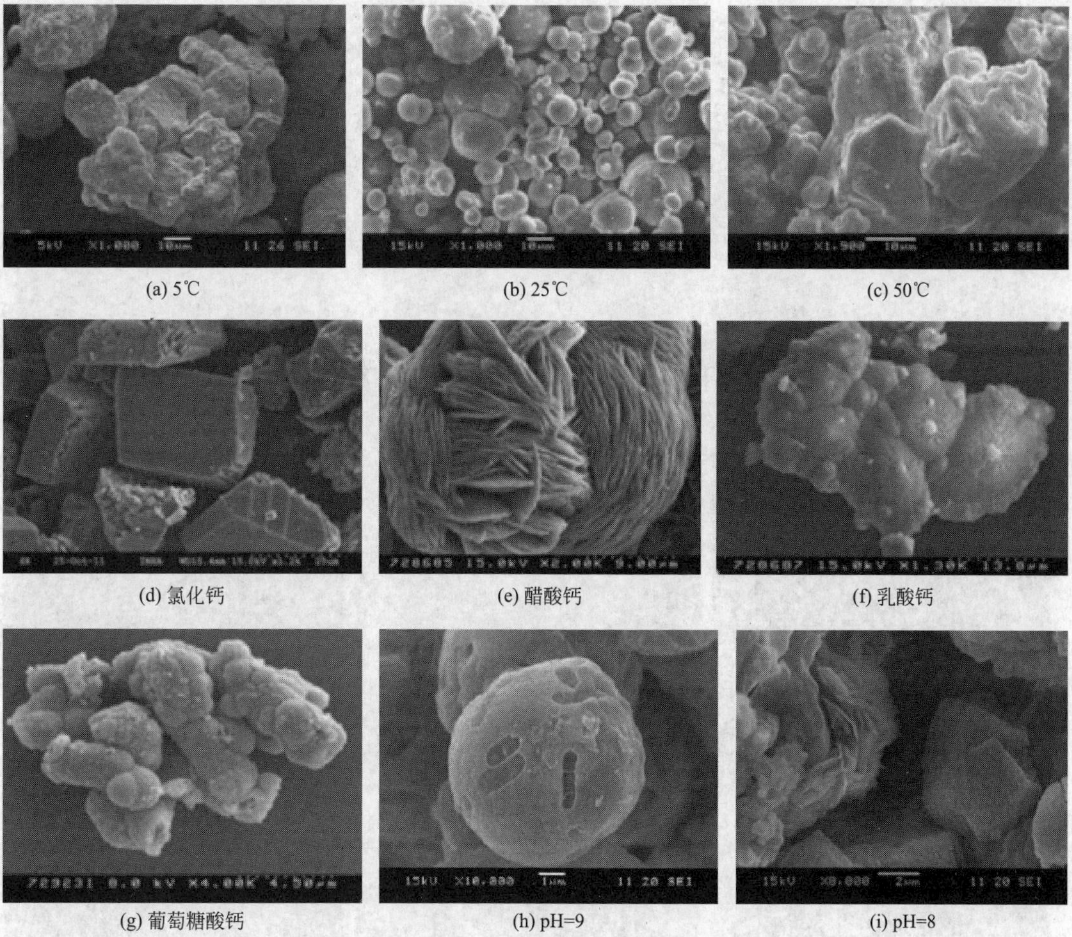

(a) 5℃ (b) 25℃ (c) 50℃

(d) 氯化钙 (e) 醋酸钙 (f) 乳酸钙

(g) 葡萄糖酸钙 (h) pH=9 (i) pH=8

图 6-4 不同环境条件下碳酸钙沉淀 SEM 图(王瑞兴，2005)

考虑到岛礁所处的高盐、弱碱环境，海水 pH 值较高，同时海水中含有多种离子成分，这些离子成分对于细菌的活性与沉淀物矿物成分有直接影响。有学者采用天然海水和模型海水进行 MICP 加固钙质砂，探究使用海水进行 MICP 固化钙质砂的可行性，结果表明天然海水环境加固钙质砂具有更好的胶结效果(李艺隆等，2022)。在不同干湿循环次数下，各组试样的无侧限抗压强度如图 6-5 所示，图中 U 为无侧限抗压强度，n 为干湿循环次数。可以看出，随着干湿循环次数的增加，试样的无侧限抗压强度逐渐下降。相同干湿循环次数下，海水环境下的抗压强度始终大于淡水环境的强度。图 6-6 为 MICP 固化钙质砂的 SEM 图像，从 SEM 图中可以看出钙质砂颗粒表面尺寸较小的内孔隙被碳酸钙晶体封堵，而在尺寸较大的内孔隙中生成了碳酸钙晶体。

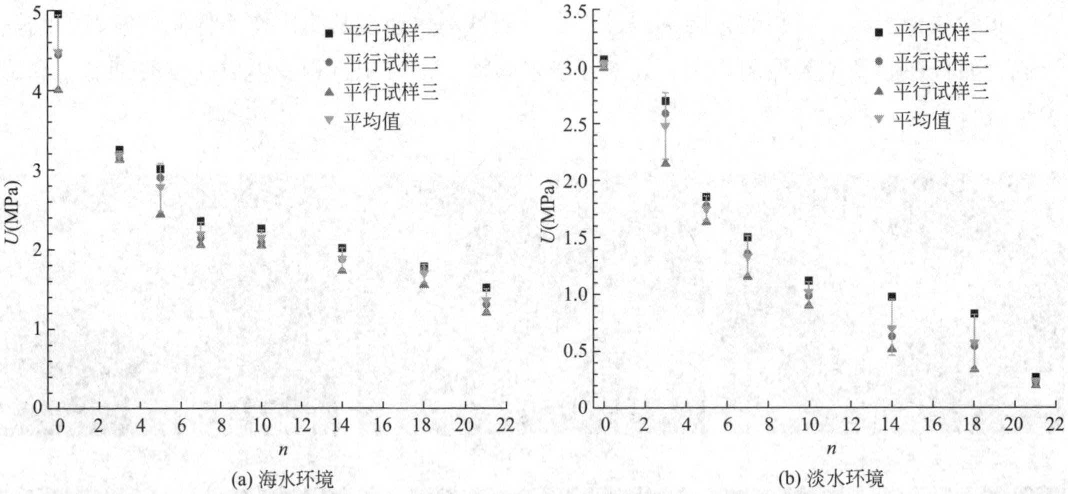

图 6-5　不同干湿循环次数下海水和淡水环境试样的无侧限抗压强度(李艺隆等，2022)

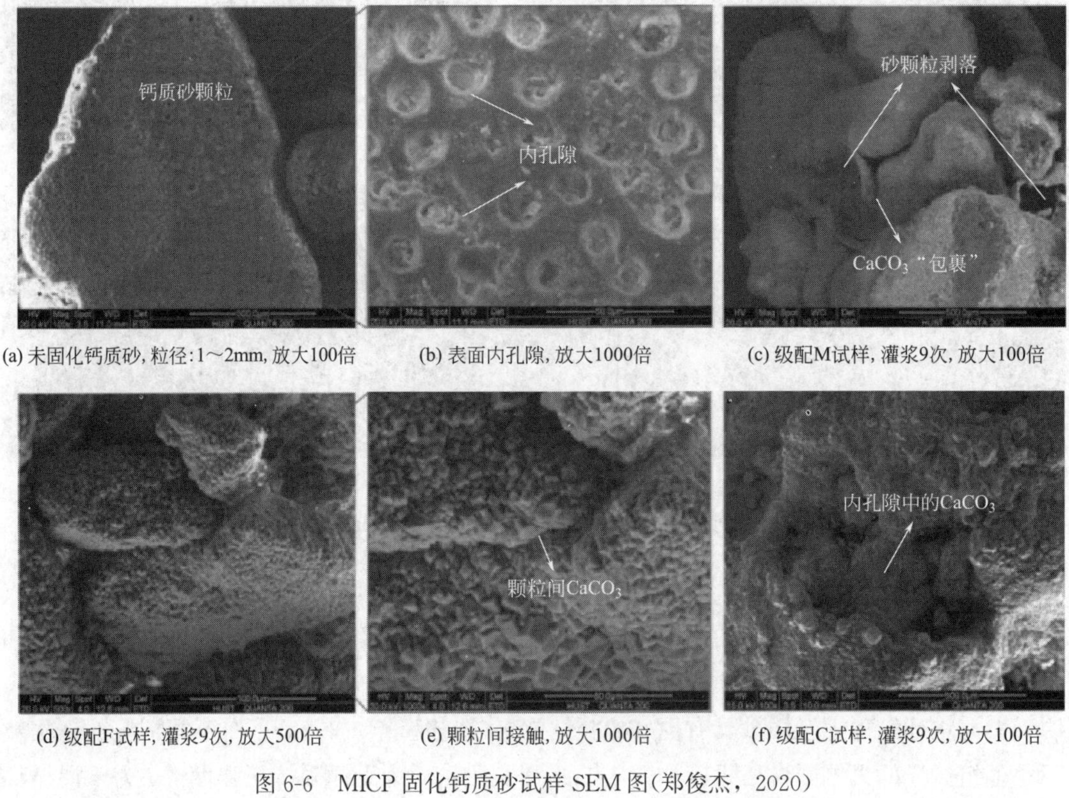

图 6-6　MICP 固化钙质砂试样 SEM 图(郑俊杰，2020)

6.2 水泥改良钙质砂

由于钙质砂的高孔隙比、易破碎和颗粒硬度低等特点，其很难满足上覆基础设施的强度要求。为此，水泥作为目前最为经济、省时、环保的钙质砂固化材料，已被广泛应用于实际工程中。经过水泥固化后的钙质砂具有良好的胶结强度，可在经过水化作用后迅速达到目标强度，而且在室内研究中，胶结钙质砂试样的养护龄期和强度可控。此外，采用水泥胶结钙质砂还能有效提高其抗液化和抗侵蚀能力。然而，在处理过程中，水泥的添加量和养护时间会对胶结钙质砂的强度产生影响。

6.2.1 水泥掺量和养护期的影响

经过研究发现，水泥掺量和养护期对水泥胶结钙质砂的单轴抗压强度有显著影响。Gu 等(2021)制备水泥含量为 5%、7.5%和 10%、养护期为 1～28d 的胶结试样，并进行无侧限抗压实验以测量水泥胶结钙质砂的单轴抗压强度。图 6-7 和图 6-8 为水泥胶结钙质砂试样的单轴抗压强度与水泥含量和养护时间的关系图。结果表明，水泥试件的强度随着水泥含量(CC)和养护时间的增加而增强，这主要是因为水化产物覆盖了颗粒表面并在钙质砂颗粒间产生胶结。随着水化反应的进行，水化产物不断填充或分割孔隙体积，使水泥胶结钙质砂强度更高。

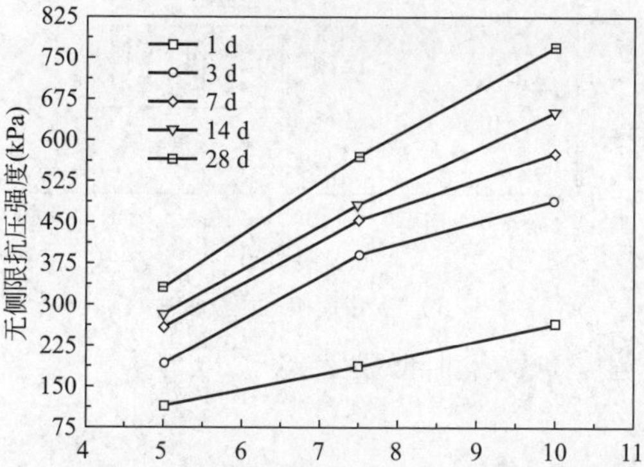

图 6-7 无侧限抗压强度与水泥含量的关系图(Gu 等，2021)

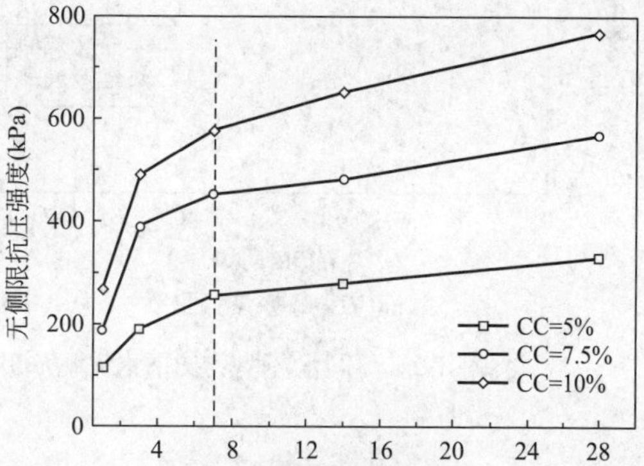

图 6-8 无侧限抗压强度与养护时间的关系图(Gu 等，2021)

6.2.2 导热系数的影响

水泥胶结钙质砂的导热系数显著高于天然钙质砂，研究发现，含水率和水灰比对水泥胶结钙质砂的导热系数影响显著。导热系数随含水率的增加而递增，随水灰比的增加而逐渐降低。水泥胶结钙质砂内部的微孔隙大小和数量的变化从本质上决定了其宏观导热系数的变化趋势。不同水泥掺量的胶结钙质砂的导热系数与其微观孔隙结构变化呈现出负相关关系，随着水泥水化胶结过程的发展，凝胶状水化产物连续填充在水泥胶结钙质砂样品的孔隙中，导致其空隙率降低，从而改善砂样内部的传热效率。因此，随着胶结程度的增加，水泥胶结钙质砂的导热系数会逐渐增加。

6.2.3 养护水环境的影响

我国人工岛礁大多是在一定海水埋深的暗礁上利用钙质砂或珊瑚砾块堆填形成，利用注浆的方法可对钙质砂地基进行较有效的加固处理，起到防渗堵漏和提高承载力的作用。然而，人工岛礁下部地基受海水浸泡及波浪侵蚀，在对岛礁地基进行注浆处理时，必须考虑海水的影响。为探究注浆加固钙质砂地基在海洋环境中的适应性，莫家权等(2022)对钙质砂注浆结石体试件分别采用海水养护和自然养护，并分析两种养护状态对注浆结石体强度参数的影响，结果表明，钙质砂注浆后在海水浸泡的影响下，结石体强度能够有效增长(图 6-9)。

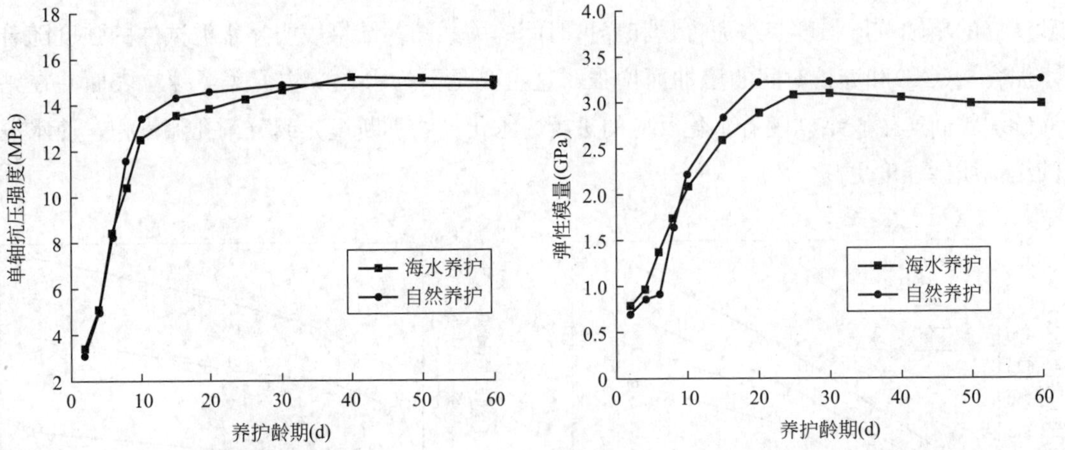

(a) 养护龄期-强度曲线　　(b) 养护龄期-弹性模量曲线

图 6-9 不同水环境养护下水泥钙质砂胶结体强度参数变化曲线(莫家权等，2022)

6.2.4 微观结构

通过 SEM 对水化反应过程中水泥胶结钙质砂的微观结构进行测试，分析试样强度增加的微观机理。钙质砂颗粒含有丰富的内孔隙，这些内孔隙的存在导致钙质砂与陆源石英砂物理力学特性显著不同。钙质砂和不同水泥掺量胶结钙质砂的 SEM 如图 6-10 所示，从图中可以看出，随着硅酸盐水泥掺量的增加，钙质砂颗粒表面的孔隙逐渐被水化产物填充，最终覆盖了钙质砂颗粒。

图 6-11 为水泥掺量为 20%时养护 28 d 和 90 d 水泥钙质砂试样表层的 SEM 图像，颗粒之间的黏结由于水泥的掺入得到了改善，因此，水泥土加固体的强度得到提升。试样侵

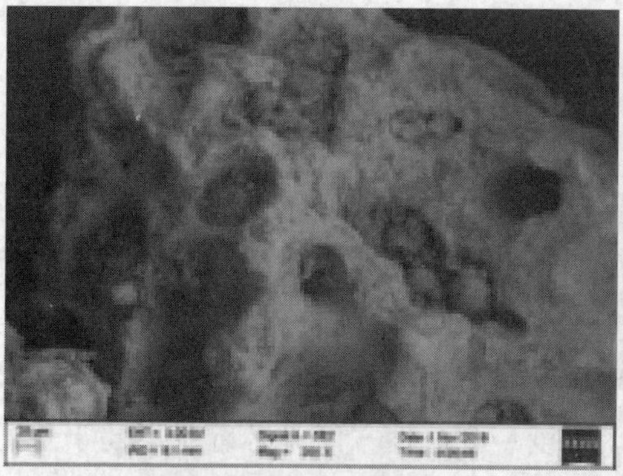
(a) 天然钙质砂水泥掺量=0%

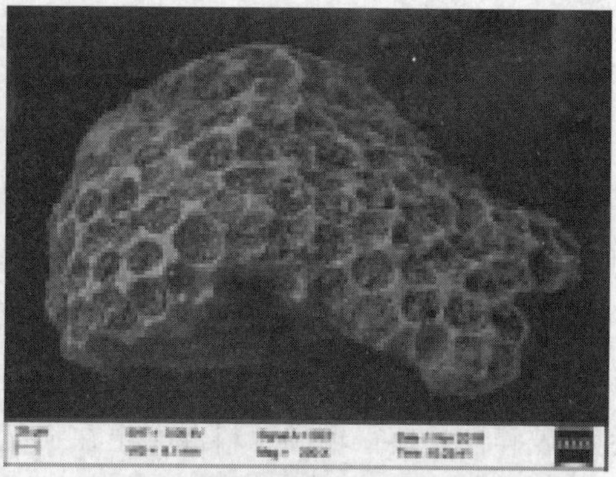
(b) 水泥胶结钙质砂水泥掺量=5%

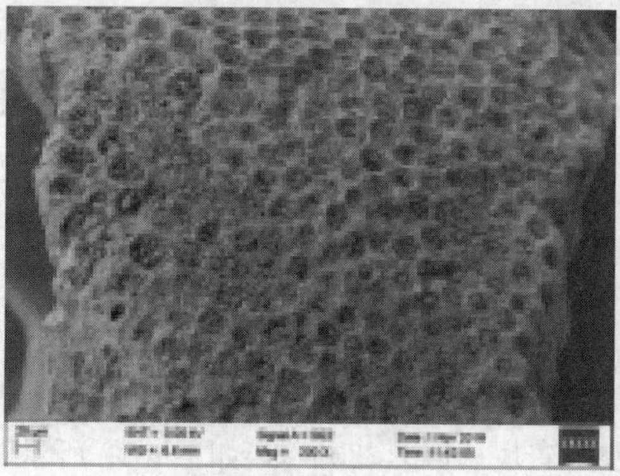
(c) 水泥胶结钙质砂水泥掺量=10%

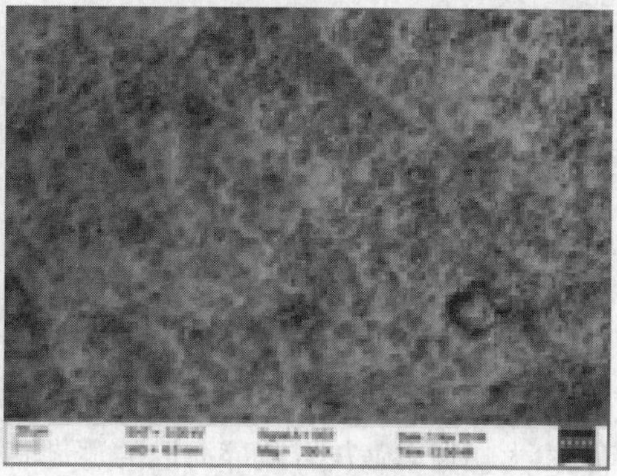
(d) 水泥胶结钙质砂水泥掺量=15%

图 6-10 扫描电镜图像(放大 200 倍)

蚀层(深度为 0～5 mm)与未侵蚀层(深度为 10～15 mm)的微观结构存在一定的差异。对于未侵蚀层，水泥土加固体试样经海水养护 28 d 时，大量的纤维状结晶水化产物充填在砂颗粒之间，这些产物主要为水化硅酸钙、氢氧化钙和水化铝酸钙；养护至 90 d 后，纤维状的水泥水化产物进一步发育，相互联结并填充钙质砂颗粒间的孔隙，使砂颗粒、水泥与水化产物的形态难以分辨，从而联结成具有较高强度的整体。对于侵蚀层，其砂颗粒间也出现了水泥水化产物，海水养护至 90 d 后，颗粒间的孔隙结构显著地增强，且产生了大量细长的针棒状晶体。

(a) 未受海水侵蚀(养护28 d)

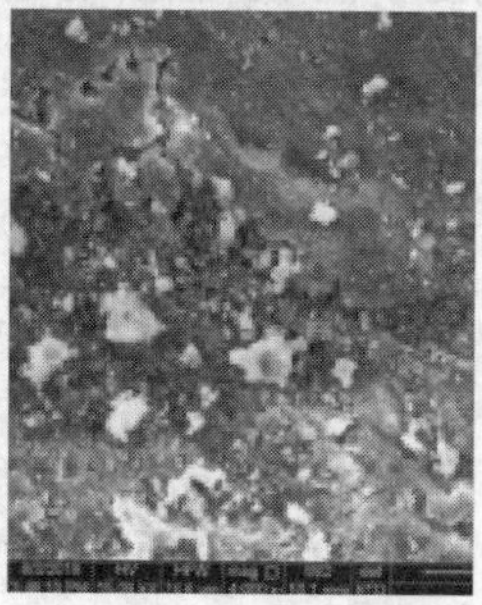
(b) 未受海水侵蚀(养护90 d)

(c) 海水侵蚀(养护28 d)

(d) 海水侵蚀(养护90 d)

图 6-11 海水养护水泥钙质砂试样 SEM 图像(水泥掺量为 20%)(万志辉等，2021)

6.3　珊瑚骨料混凝土

珊瑚骨料混凝土是指以珊瑚礁灰岩破碎后的碎石块为粗骨料、钙质砂为细骨料，并将水泥、水(海水)加以掺合料和外加剂等，按照一定比例配合搅拌制成的混凝土。依照《珊瑚骨料混凝土应用技术规程》T/CECS 694—2020，将珊瑚骨料不少于骨料总体积30％所配置的混凝土称为珊瑚骨料混凝土。珊瑚骨料质轻多孔，具有高压缩性，强吸水性和易破碎性，使得珊瑚骨料混凝土在强度、刚度、耐久性方面势必有着不同于普通混凝土或砂浆的特性。另外，采用海水拌制珊瑚骨料混凝土时，海水中存在的大量无机盐离子对钢筋珊瑚骨料混凝土的耐久性是巨大的考验。同时，南海热带海域的高温高湿气候，波浪、台风、地震等外力的综合作用等，都是珊瑚骨料混凝土应用于实际工程中必须考虑的重要因素。

6.3.1　配合比设计

1. 珊瑚骨料混凝土原材料

目前所使用的珊瑚粗骨料主要为珊瑚岛礁原地堆积的粒径大于4.75 mm的珊瑚砾块，或者是由大块珊瑚礁灰岩破碎而成的珊瑚礁灰岩碎块(郭超，2017)，如图6-12所示。珊瑚礁碎块的堆积密度为750～950 kg/m^3 左右，小于1000 kg/m^3，符合轻集料的定义，因此需根据现行国家标准《轻集料及其试验方法　第1部分：轻集料》GB/T 17431.1对其基本物理力学指标进行测试，测试结果见表6-1。可以看出礁灰岩粗骨料具有强度低、空隙率高、吸水率高、粒型较差等特点，并且其堆积密度和表观密度较常规轻集料低。

图6-12　珊瑚粗骨料(袁银峰，2017)

珊瑚礁岩碎块粗骨料物理指标　　表6-1

堆积密度 (kg/m^3)	表观密度 (kg/m^3)	空隙率 (％)	1h吸水率 (％)	粒型系数	含泥量 (％)	筒压强度 (MPa)
732.8	1636.1	55.2	8～18	3.34	0.83	1.14～3.55

2. 配合比

关于珊瑚骨料混凝土的配合比设计，参考《珊瑚骨料混凝土应用技术规程》T/CECS

694—2020，以胶凝材料用量、体积砂率、净用水量为主要参数，并采用绝对体积法计算配合比。但珊瑚粗骨料空隙率较大，导致采用体积砂率计算配合比会影响密实程度，因此有学者提出采用质量砂率的办法进行配合比设计。珊瑚骨料混凝土的配制强度应按下式计算：

$$f_{cu,0} \geqslant f_{cu,k} + 1.645\sigma \tag{6-7}$$

式中 $f_{cu,0}$——珊瑚骨料混凝土的配制强度(MPa)；

$f_{cu,k}$——珊瑚骨料混凝土立方体抗压强度标准值，取珊瑚骨料混凝土的设计强度等级值(MPa)；

σ——珊瑚骨料混凝土的强度标准差(MPa)，按照《珊瑚骨料混凝土应用技术规程》T/CECS 694—2020 中 6.2.2 条进行计算或取值。

利用绝对体积法，即按每立方米珊瑚骨料混凝土的绝对体积等于各组成材料的绝对体积之和计算珊瑚粗、细骨料的用量：

$$V_s = \left[1-\left(\frac{m_c}{\rho_c}+\frac{m_{wn}}{\rho_w}\right)\div 1000\right]\times S_p \tag{6-8}$$

$$m_s = V_s \times \rho_s \tag{6-9}$$

$$V_a = \left[1-\left(\frac{m_c}{\rho_c}+\frac{m_{wn}}{\rho_w}+\frac{m_s}{\rho_s}\right)\div 1000\right] \tag{6-10}$$

$$m_a = V_a \times \rho_{ap} \tag{6-11}$$

式中 V_s——每立方米珊瑚骨料混凝土的细骨料体积(m^3)；

m_s——每立方米珊瑚骨料混凝土的细骨料用量(kg)；

m_c——每立方米珊瑚骨料混凝土的水泥用量(kg)；

m_{wn}——每立方米珊瑚骨料混凝土的净水用量(kg)；

S_p——体积砂率(%)；

V_a——每立方米珊瑚骨料混凝土的粗骨料体积(m^3)；

m_a——每立方米珊瑚骨料混凝土的粗骨料用量(kg)；

ρ_c——水泥的表观密度(g/cm^3)，可取 2.9～3.1；

ρ_w——水的表观密度(g/cm^3)，可取 1.0；

ρ_s——珊瑚细骨料的表观密度(g/cm^3)；

ρ_{ap}——珊瑚粗骨料的表观密度(g/cm^3)。

混凝土常规使用的强度等级包括 C25，C30，C35 和 C40，通过系列配合比调试并实验，选用分级的珊瑚礁砂替代混凝土中的粗骨料和细骨料，确定了珊瑚骨料混凝土配合比，如表 6-2 所示。为提高珊瑚骨料混凝土的密实度和可持续发展性能，采用矿物掺合量粉煤灰(FA)和硅灰(SF)补充进配合比中。

珊瑚骨料混凝土配合比(质量比) 表 6-2

编号	胶凝材料(kg/m^3)			珊瑚礁砂细骨料(kg/m^3)	珊瑚礁砂粗骨料(kg/m^3)	水灰比	减水剂
	水泥	粉煤灰(FA)	硅灰(SF)				
C25	500	—	—	729	486	0.4	0.05
C30	600	—	—	686	457	0.35	0.05
C35	700	—	—	643	429	0.30	0.05
C40	900	—	—	600	400	0.25	0.05
C-FA	600	150	—	688	570	0.30	0.13
C-SF	600	—	113	688	570	0.30	0.20

6.3.2 抗压强度性能

混凝土的无侧限抗压强度是衡量混凝土抵抗倾向于压缩荷载的能力的指标，该指标用于确定混凝土混合物是否符合工作规范中规定的强度要求。混凝土加水拌合后的 28 d 与混凝土的整个设计寿命周期相比仅占极小的比例，但是混凝土 28 d 前的强度发展却对混凝土有至关重要的作用，通常认为混凝土龄期达到 28 d 后，其强度基本发展完全。图 6-13 为珊瑚骨料混凝土不同养护龄期的单轴抗压强度图，从图中可看出珊瑚骨料混凝土的抗压强度随龄期的增加而增长。通常认为掺入粉煤灰的珊瑚礁砂混凝土强度会比较低，而实验中发现 C-FA 组比 C30 组强度更高，主要因为 C-FA 组的水灰比为 0.3，而 C30 组的水灰比为 0.35。此外，粉煤灰颗粒的粒径较大，早期火山灰活性较低，因此，随着养护龄期的增加，火山灰活性增加，混凝土的孔隙减少，致密性增加，这有利于后期强度的增长。掺入硅灰的混凝土(C-SF 组)的抗压强度始终高于 C-FA 组，这是因为硅灰的添加可以很好地改善含有 FA 和水泥的二元水泥体系的强度发展，随着龄期的

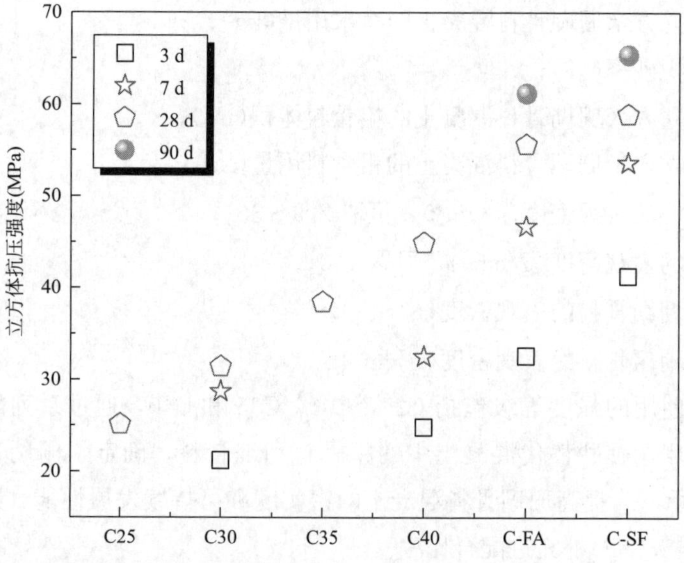

图 6-13 珊瑚骨料混凝土的立方体抗压强度

增长，混掺 FA 和 SF 可以产生比单掺 SF 更高的抗压强度，并对后期强度起到更加明显的增强作用。

珊瑚骨料混凝土的破坏模式为典型的劈裂破坏，在相同强度等级下，珊瑚骨料混凝土比普通混凝土和轻集料混凝土的脆性更强。由于珊瑚骨料的表观密度较小，在成型过程中会发生骨料上浮现象，导致表面不平整。普通混凝土试块受压破坏后所产生的裂隙明显，表现出明显的脆性破坏特征。但是，珊瑚骨料混凝土在达到强度峰值后会出现明显的竖向裂纹，继续施加压力则试件侧面迅速隆起剥落，最终导致试件整体破碎。这主要有两个方面的原因：(1)珊瑚骨料的自身强度较低，界面强度较高，没有明显的薄弱环节，断裂面扩展几乎不受骨料阻挡。同时，部分珊瑚骨料里面含有“空腔”，成为最薄弱面（图 6-14）；(2) 珊瑚的破坏形式与其他岩石也有本质的区别，珊瑚在破坏时并不像其他岩石（如花岗岩、火山岩、页岩）一样沿着最大剪应力面发生剪切破坏，而是沿着珊瑚的生长线发生拉张破坏，形成多个碎条状。

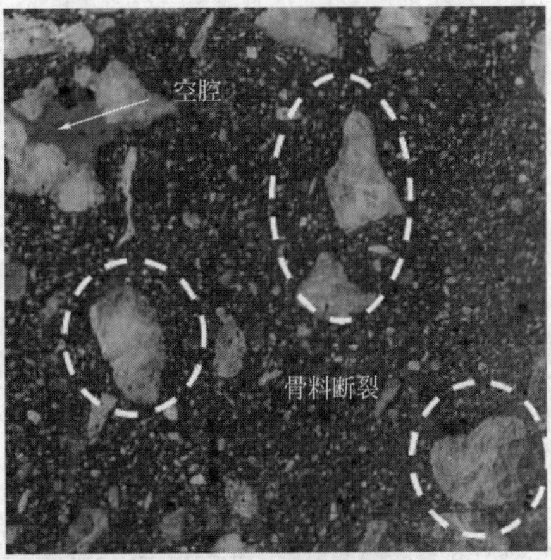

图 6-14　珊瑚骨料混凝土的破坏面(郭超，2017)

6.3.3　劈裂抗拉性能

普通混凝土的劈裂抗拉强度约为立方体抗压强度的 1/20～1/10，并且这一比例会随着强度的提高而减小。从图 6-15 中可以看出，当龄期由 3 d 增长至 90 d 时，掺入粉煤灰的珊瑚混凝土的劈裂抗拉强度由 2.2 MPa 逐渐增加到 4.6 MPa。FA 和 SF 的掺加可以有效改善珊瑚骨料混凝土的劈裂抗拉强度发展，强度增长的趋势与抗压强度结果类似，但劈裂抗拉强度增加程度小于抗压强度，例如在 28（90）d 时，C-SF（C-FA）的抗压强度增加了 8.0%（11.0%），而劈裂抗拉强度增加了 4.8%（6.8%）。

普通混凝土的劈裂抗拉实验中，若混凝土强度等级较低，劈裂面一般不会贯穿粗骨料颗粒，而是沿着粗骨料与水泥石的界面过渡区发展；只有混凝土的强度等级接近或者超过粗骨料的强度时，劈裂面才会贯穿粗骨料，此时的劈裂面一般较为平整。珊瑚骨料混凝土的劈裂面均会贯穿珊瑚礁岩颗粒，观察珊瑚礁灰岩颗粒断面，发现在礁岩颗粒与水泥砂浆接触部位有部分水泥浆体侵入到礁岩颗粒内部，形成一圈水泥石和珊瑚礁岩共存的过渡区域，这与普通混凝土的界面过渡区有本质的区别。普通混凝土的界面过渡区本质上仍是水泥与水反应生成的水化产物，只是由于水泥浆体中的水向集料表面迁移使得界面过渡区的水灰比大于水泥石的水灰比，强度降低，形成了薄弱区域；而对于珊瑚礁灰岩粗骨料，水泥浆体的侵入，填充了珊瑚礁灰岩颗粒原有的孔隙，水泥浆体在硬化后对颗粒有增强作用，有利于混凝土强度的提高；礁灰岩颗粒与水泥石在过渡区相互交织，没有了明显的分

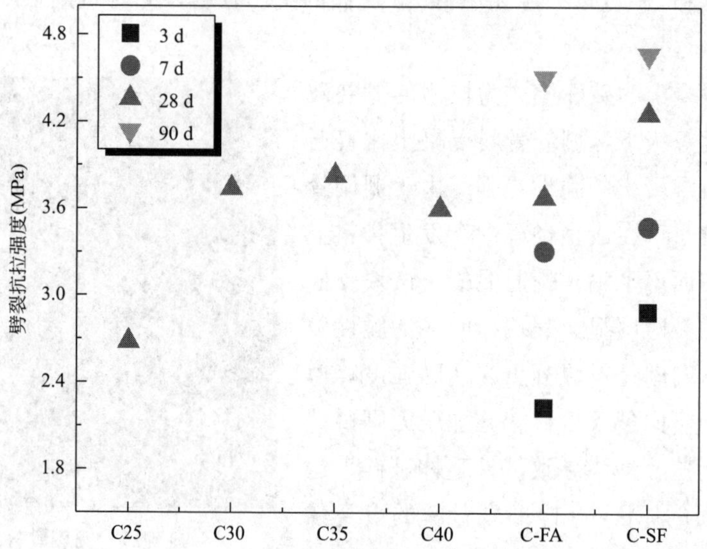

图 6-15　珊瑚骨料混凝土的劈裂抗拉强度

界，使得二者的黏结力大大增加，不存在普通混凝土中薄弱的界面过渡区，同时水泥石还可以继续从骨料颗粒的孔隙内获取水化反应所需的水分。

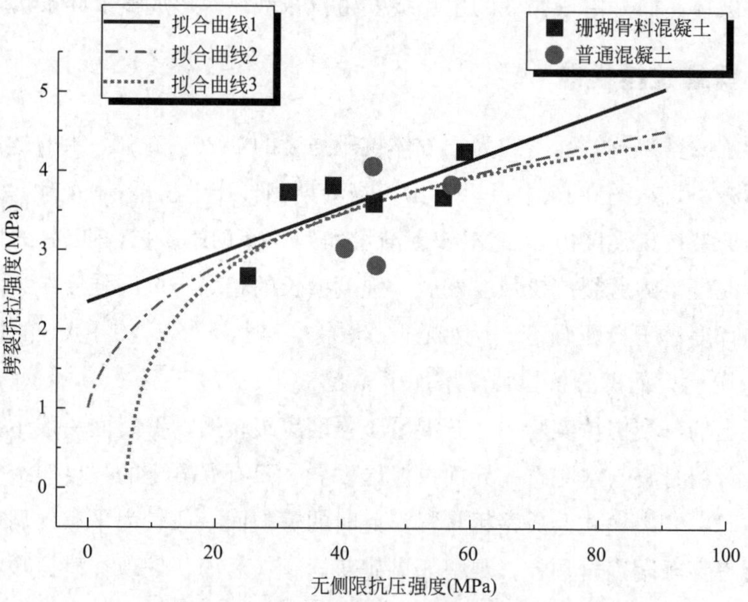

图 6-16　立方体抗压强度与劈裂抗拉强度的关系

对珊瑚骨料混凝土的立方体抗压强度和劈裂抗拉强度进行拟合分析，得到两者的关系曲线如图 6-16 所示。针对文中珊瑚骨料混凝土与普通混凝土的实验结果，采用统计方法分析无侧限抗压强度与抗拉强度的关联度，发现两种混凝土均具有显著相关性。抗压强度和劈裂抗拉强度的关系可以用如下表达式表示：

$$y_1 = 2.35 + 0.03x_1 \tag{6-12}$$

$$y_2 = 1.02 \times (1 + x_2)^{0.33} \tag{6-13}$$

$$y_3 = 2.35 + \ln(0.92x_3 - 4.22) \tag{6-14}$$

其中，$x_i(i=1, 2, 3)$为抗压强度(MPa)，$y_i(i=1, 2, 3)$为劈裂抗拉强度(MPa)；式(6-12)～式(6-13)可用于预测珊瑚骨料混凝土的劈裂抗拉强度值。

6.3.4 耐久特性

南海的岛礁环境恶劣，高温、高湿、高盐雾等环境必然对混凝土材料的耐久性产生严重影响，进而限制了南海岛礁的大规模开发建设。通过对南海岛礁珊瑚混凝土结构进行现场调研与测试，发现主要破坏特征为混凝土保护层的胀裂、剥落、垮塌、露筋以及钢筋的锈蚀。为了提高珊瑚砂混凝土的耐久性，可以通过提高其抗氯离子扩散渗透能力，加强迎风面混凝土结构的附加防护，并提高其密实度来延长使用寿命。例如，通过对西沙某岛的珊瑚砂混凝土性能进行调研，发现混凝土结构物面临的问题包括：长期高温下强度的发展，干湿交替区混凝土表面开裂，盐的腐蚀，强紫外线辐射导致混凝土表面老化、开裂和强度降低以及台风和海浪的冲刷等。针对南海现役珊瑚砂混凝土结构物进行调查分析，发现长期暴露于高温、高湿、盐雾环境中的珊瑚砂混凝土的空隙率明显增大，水化硅酸钙(C-S-H)和 $Ca(OH)_2$ 的流失严重，无胶结作用的生成物如 $Mg(OH)_2$ 增多，导致混凝土质量和强度的损失严重。

提高珊瑚骨料混凝土的耐久特性是保障南海岛礁建设，完善基础设施建设的关键技术之一。目前可实施的方法包括：

(1) 改善混凝土的孔隙结构和密实程度，提高海洋集料混凝土强度；

(2) 减少海洋集料中的氯化物和硫酸盐含量，削弱有害离子侵蚀程度；

(3) 探索新的胶凝材料，如抗高温及耐盐水泥凝胶替代目前水泥。

围绕海洋岛礁工程建设需要大规模素混凝土的工程应用背景，珊瑚骨料混凝土在远海岛礁建设中具有较为广泛的应用前景。随着工程应用的不断深入，研究也将会向着以下几个方面发展：结合我国南海海域环境特征，开展珊瑚砂混凝土性能退化、损伤机理与预防、修复机制研究；针对珊瑚砂混凝土开展新型加筋材料、改性、防护等技术研究，同时推动新技术、新成果的工程应用，有效提升珊瑚砂混凝土结构的耐久性；针对南海岛礁现有工程，开展耐久性长期跟踪监检测，为今后科学研究及工程应用提供可靠依据。

思考题

1. 简述提高钙质砂地基承载力的常用方法。
2. 简述 MICP 改良和水泥改良钙质砂的加固机理。
3. MICP 改良和水泥改良两种技术的优缺点是什么？

4. 珊瑚骨料混凝土与普通混凝土在破坏形态方面有哪些差异?

5. 珊瑚骨料混凝土耐久性提升方法有哪些?

参考文献

Dejong J T, et al., 2010. Bio-mediated soil improvement[J]. Ecological Engineering, 36(2): 197-210.

Dejong J T, Soga K, Kavazanjian E, et al., 2013. Biogeochemical processes and geotechnical applications: progress, opportunities and challenges[J]. Géotechnique, 2013: 63. 287-301.

Gu J, et al., 2021. Effects of cement content and curing period on strength enhancement of cemented calcareous sand[J]. Marine Georesources & Geotechnology, 39(9): 1083-1095.

郭超，2017. 南海岛礁珊瑚集料混凝土工程性能研究[D]. 南京：东南大学.

李艺隆，国振，2022. 海水环境下 MICP 胶结钙质砂干湿循环试验研究[J]. 浙江大学学报(工学版)，56(09)：1740-1749.

刘汉龙，等，2019. 微生物加固岛礁地基现场试验研究[J]. 地基处理，1(01)：26-31.

刘汉龙，肖杨，2022. 微生物土力学原理与应用[M]. 北京：科学出版社.

莫家权，等，2022. 海水养护钙质砂注浆结石体的力学性能试验[J]. 陆军工程大学学报，1(04)：58-65.

万志辉，等，2021. 海水环境下钙质砂水泥土加固体的微观侵蚀机制试验研究[J]. 岩土力学，42(07)：1871-1882.

王瑞兴，等，2005. 微生物沉积碳酸钙研究[J]. 东南大学学报(自然科学版)，(S1)：191-195.

肖鹏，2021. 微生物温控加固钙质砂动强度特性研究[J]. 岩土工程学报，43(03)：511-519.

袁银峰，2015. 全珊瑚海水混凝土的配合比设计和基本性能[D]. 南京：南京航空航天大学.

郑俊杰，等，2020. MICP 胶结钙质砂的强度试验及强度离散性研究[J]. 哈尔滨工程大学学报，41(02)：250-256.

第 7 章　岛礁岸坡稳定性分析

7.1　岛礁岸坡特征及概述

岛礁地形以大尺度的地质结构为背景，受海洋环境与生物行为影响，形成不同的地貌单元。岛礁地貌的分类以礁体位置、水动力环境与地形为主要依据，但划分标准存在差异性，命名方式多元。典型的岛礁地貌可按照礁体位置划分为礁前、礁坪与潟湖。本章岛礁岸坡稳定性分析，主要以礁前斜坡、潟湖坡及护岸防波堤为分析研究对象。

礁前斜坡(或简称礁前)指岛礁前缘向海一侧的外部礁体。礁前陡峭且发育数级台阶，波基面以上受波浪掏蚀、冲刷作用明显，产生的碎屑物一小部分被海浪搬运至礁坪与潟湖内，剩余的大部分沿斜坡崩落下滑，堆积在斜坡下部坡度较缓处。因此，礁前斜坡自上而下具有明显的分层沉积特征：自海平面至数十米深处为海浪作用高能带，该地带坡度较陡且无碎屑沉积物堆积，多为砾石块或礁岩；其下是坍落堆积带，沉积物主要是斜坡顶部受波浪作用而产生的珊瑚砾块与生物碎屑在重力作用下的堆积，因此其颗粒较粗，分选性差；自 300 m 以下，礁前斜坡沉积物颗粒变细并逐渐由岛礁沉积过渡为深海沉积。潟湖指由珊瑚环礁环绕而成的水域，水深在数米至数十米不等。潟湖坡是礁坪向潟湖湖底的斜坡过渡带，其坡度较平缓，坡脚多为 20°～30°，其沉积物自坡顶至坡底渐进分选：坡顶沉积物的生物组分多以礁坪组分为主(含珊瑚屑、软体动物壳等)，颗粒粒径较粗，以中-粗砂为主；坡底沉积物与潟湖湖底组分相近，以珊瑚屑、仙掌藻片及有孔虫等为主，颗粒粒径较细，以细砂为主，平均粒径在 0.16～0.34 mm 左右。护岸防波堤指为了抵御海浪侵蚀、保障岛礁吹填体稳定性而构筑的人工岸坡。应不同地质条件与建筑需要，防波堤有不同的类型。例如，在南海岛礁建造中，护岸防波堤的基本结构多由胸墙与 S 形护坡组成，坡面采用模袋混凝土防护。为消波起见，在防波堤前方还堆放一定量的抛石。

当建(构)筑物处于岛礁潜在滑坡或侵蚀岸坡区域内时，应注意对岸坡稳定性进行评估，评估内容包含以下部分：

(1) 区域内地质沉积历史与地层结构、岛礁地质力学性质的详细勘察与研究；

(2) 岛礁地形剖面的确定与准确描述；

(3) 重力、波浪及地震作用下边坡土体的应力分析；

(4) 上述作用力影响下边坡稳定性评价；

(5) 上述作用力影响下边坡变形预测及变形对附近建(构)筑物的影响。

对于岛礁岸坡稳定性的评估往往需要不同学科背景、不同专业领域如海洋地质学、地球物理学与岩土工程等专家的相互合作，通过团队合作的方式，收集多方资料与信息，尽可能全面地对岸坡潜在变形或破坏做出有效预测并提出防治措施。

7.2 岛礁岸坡常见破坏形式

从动力地貌角度看，海岸侵蚀就是礁前海洋动力作用与礁前边坡稳定性之间的失衡：海洋动力作用增强、礁前边坡的稳定性降低，侵蚀就会发生和发展。岛礁岸坡的破坏以冲蚀磨蚀为主，伴有崩塌、滑移等破坏形式。然而，这三种破坏形式往往互相伴随发生。例如，在台风引起的风暴潮情况下，岛礁岸坡偶发礁前斜坡崩塌，岸坡迅速后退。在此过程中，岸坡冲蚀磨蚀与崩塌是同时发生的。本节将围绕岸坡冲蚀磨蚀、崩塌与滑移这三类破坏形式展开介绍。岛礁岸坡稳定性受众多因素影响，基本上可将其分为两类，一是自然因素，含灾害性的天气与地质因素，主要包括气候变化、海平面上升、潮汐和波浪等水动力作用等；二是人为因素，包括吹填造陆、岛礁构筑物的不合理选址和建造等。

7.2.1 冲蚀磨蚀

受自然与人为因素影响，岛礁岸坡的冲蚀磨蚀具有多变性和复杂性。在不同地区甚至同一地区的不同岛礁上，岸坡的冲蚀磨蚀情况迥异。图 7-1 展示了不同环境与人为因素对岸坡的侵蚀作用及对应的时间尺度。

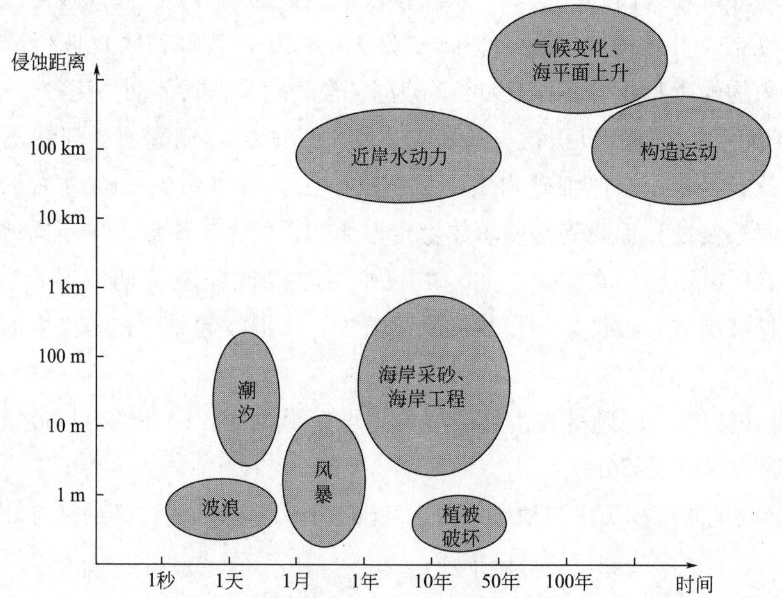

图 7-1 环境及人为因素对岸坡的侵蚀作用及对应的时间尺度(李海龙，2013)

在南海岛礁上，岸坡冲蚀磨蚀多发生于礁前边坡地带。礁前斜坡在波基面以上基本被珊瑚、软体动物壳等粗颗粒生物碎屑覆盖，覆盖厚度较薄，在 1～5 m 不等。在海浪长期冲蚀、磨蚀的作用下，礁前斜坡呈现台阶型发育。以下将从海平面上升、水动力作用及不合理海岸工程等三个方面介绍其对岸坡侵蚀作用的影响。

(1) 海平面上升

海平面上升的作用缓慢但累积效应明显。从短期上看，海平面上升对岛礁岸坡冲蚀磨蚀程度影响不大，因此对于岛礁临时的或设计使用年限低于 50 年的建(构)筑物而言，海平面上升的影响可忽略不计。但若将时间尺度放大至百年以上，海平面上升则是岛礁岸坡后退的根本驱动力。目前，全球海平面正以 1.5～2.5 mm/a 的速率上升，预计未来 30 年，南海海平面将比 2009 年升高 73～127 mm。

海平面上升引起的岸坡后退可用如下的模型描述：当海平面上升时，礁前斜坡会以上部侵蚀-下部堆积的形式，保持原状不变地向礁坪推移，即发生岸坡的侵蚀后退，如图 7-2 所示。岸坡的后退距离(R)与海平面上升值(S)的关系式可用如下方程表示：

$$R = LB + hS \tag{7-1}$$

式中，h 为闭合深度；L 为海岸线至闭合水深 h 间的横向距离；B 为滩肩或侵蚀沙丘的垂直高度。

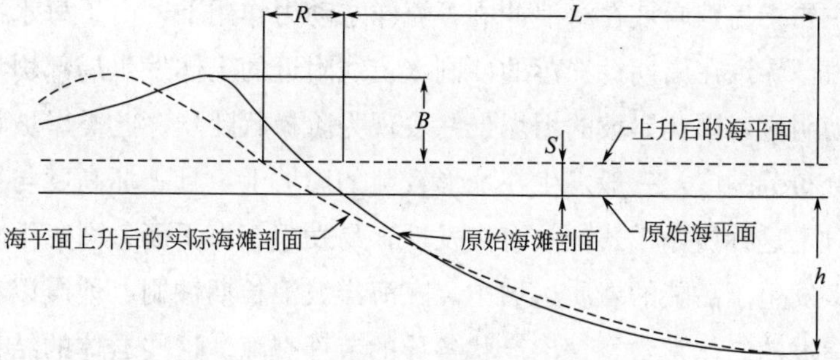

图 7-2 海平面上升引起的岸坡后退

(2) 潮汐和波浪等水动力作用

海洋水动力大致可分为潮汐与波浪。南海岛礁的潮汐波动以日潮为主，即每日有一次高潮与一次低潮。该区域内潮差在 0.5～2.3 m 间变化，其时空变异性不大。潮汐流速较慢，因此对岛礁及岛礁上的建(构)筑物冲击作用不强。同时，在礁坪上的建(构)筑物及珊瑚等天然生物对潮流有阻挡作用，进一步削弱了潮汐的影响。波浪自深海传至岛礁时，由于水深变浅及地形的作用，会经历破碎、折射、绕射等过程生成新的波列在礁坪上传播。近岛礁波浪能量大、波速快，易对礁体与礁上建(构)筑物产生破坏作用。

台风引起的风暴潮是岸坡遭受突发性侵蚀的主要原因。风暴潮导致大量泥沙离岸运移，造成礁前斜坡崩塌后退，岛礁地形发生急剧变化，沉积物粒度变粗、分选变差。同时，风暴潮也会对一些海岸防护体和建(构)筑物等造成严重破坏。一次强台风所造成的侵蚀往往会超过正常情况下数月的侵蚀程度，是海岸变化的加速器。据资料记载，由台风和温带气旋等产生 2 m 以上增水的严重风暴潮平均每年 2 次，我国沿海历史最高风暴潮增水达 4.57 m，不仅造成大量人员伤亡和经济损失，而且往往对海岸和海滩的塑造起决定作用。

(3) 不合理海岸工程

不合理海岸工程包括围海造地、港口码头、护岸、防波堤等海岸防护工程等，围填海工程改造了自然岸线，对区域原岸线截弯取直，导致岸线长度减少，自然岸线消失，海岸动态平衡遭到破坏。港口码头等建设改变了区域动力环境和输沙链，引起周边海岸侵蚀，例如福建崇武半月湾因大规模渔港工程建设，导致岸线蚀退剧烈。硬式结构能固定岸线，短时间内阻止海岸线的后退，但也阻断了陆海联系以及其间的物质交换，改变了局部海洋动力条件以及陆海相互作用的方式和过程，导致海岸侵蚀，尤其是对于砂质海岸，通常会引起海滩品质的降低，甚至导致堤前海滩的消失。

7.2.2　崩塌

岸坡崩塌指的是岸坡在浪蚀、冲刷作用下，一定区域内的土体与原岸坡整体发生分离并产生以垂直运动为主的破坏形式，其特点是崩塌土体的垂直位移远大于水平位移。岸坡崩塌可细分为浪坎坍塌、块状崩落等不同类型。

浪坎坍塌主要指岛礁岸坡在海浪冲刷等海洋水动力作用下，由于海水冲刷强度大于岸坡的抗冲刷能力，导致在周期性涨落的冲刷水位线附近的土体发生局部坍塌。由于冲刷水位线周期性变动明显，因此岸坡的坍塌最终表现为阶梯状陡坎。此类岸坡坍塌的特点是其后退速度快、分布范围广，一般发生在地形较陡的岸坡上，且破坏高度与风浪爬高间具有强相关性。同时，这种坍塌模式也具有突发性，易发生于海平面急剧变化期。

块状崩落多发生于高陡的岩质边坡中。在海洋波浪长期冲刷、地震以及其他环境因素长期作用下，岸坡的岩体常常发育出产状各异的节理裂隙。这些岩体的结构面又在海洋近岸环境中被逐渐侵蚀、风化、软化，导致岸坡沿着不利结构面发生块状崩落。块状崩落的规模大小不一且具有较强的突发性，崩落体多以块状、角砾状为主。

总之，岸坡崩塌多发生于高陡边坡上且具有突发性，对区域内建(构)筑物危害严重。因此在岸坡稳定性评估中应予以重视，并应积极采取支挡、防冲、削坡等预防措施。

7.2.3　滑移

岸坡滑移指岸坡在自重、波浪、洋流等因素共同作用下，沿某一软弱结构面发生的以水平运动为主的破坏形式。滑移型岸坡失稳的前提条件是岸坡存在强发育的软弱结构面，其本质是岸坡沿软弱结构面的滑动。因此，在此类岸坡破坏模式中，软弱结构面是其失稳的控制因素。在进行相关分析时，应着重考虑以下要素：

(1) 结构面方向性：当结构面为顺坡方向时，岸坡的潜在滑移可能较大。反之，当结构面为逆坡方向时，滑移失稳的可能性较小。

(2) 结构面强度：当结构面由于淤泥填充等而导致强度远低于岸坡土体的强度时(即为软弱结构面)，岸坡稳定性受结构面强度控制。

(3) 潮汐水位骤降、施工扰动等其他因素引起岸坡潜在滑移的可能性。

7.3 岛礁边坡稳定性分析

7.3.1 边坡稳定性分析重要方法

岛礁边坡地质条件复杂多变，环境因素与外部荷载的区域变异性强，因此其稳定性的分析需要不同专业领域从业人员的团队合作。通过合作的方式尽可能从多角度收集资料信息，从而对岸坡稳定性做出有效评估并提出相应防治措施。岛礁岸坡稳定性分析与陆地边坡分析思路类似，也可分为定性分析法和定量分析法，定性分析法包括自然(成因)历史分析法、图解法和工程数据库。定量分析法主要分为极限平衡方法、数值分析法与可靠度分析法(丁参军等，2011)。以下将主要介绍这三种定量分析法。

1. 极限平衡方法

极限平衡方法多用于陆地边坡稳定性分析，但也有学者将其用于岛礁边坡的稳定性分析，基本思路与陆地边坡稳定性分析相似。其基本假定主要有以下三点(陈国华，2006)：

(1) 边坡简化计算模型为二维模型，其应力应变问题为平面内的应力应变；

(2) 土体发生破坏时处于静力平衡状态；

(3) 边坡为刚体。

极限平衡方法采用安全系数(Factor of safety)作为量化边坡稳定性的指标。安全系数的定义有两类：一是延用结构工程的定义方法，将安全系数定义为破坏荷载(如抗滑力或抗滑力矩)与工作荷载(如滑动力或滑动力矩)的比值；另一类是将安全系数定义为边坡中某点沿某一斜面的抗剪强度 τ_f 与剪应力 τ 的比值，即：

$$FOS=\frac{\tau_f}{\tau} \tag{7-2}$$

式(7-2)的定义更适用于存在已知的连续滑裂面的土坡。若已知滑裂面以 A 点为起始点，以 B 点为终点，则土坡的整体安全系数可表示为：

$$FOS=\frac{\int_A^B \tau_f \mathrm{d}l}{\int_A^B \tau \mathrm{d}l} \tag{7-3}$$

同时，为了简化计算，也可采用条分的思想，将连续的滑裂面线段划分为若干个线性线段，此时上式可进一步表示为：

$$FOS=\frac{\sum_{k=1}^{n}\overline{\tau_{\mathrm{f}}}l_k}{\sum_{k=1}^{n}\overline{\tau}l_k} \tag{7-4}$$

对于滑裂面不确定的情况，极限平衡方法需通过多次假定滑裂面位置，并计算土体在该滑裂面发生滑动瞬间的平衡条件，然后找出安全系数最小的滑裂面，也就是最危险滑裂面(陈国华，2006)。目前，搜索最危险滑裂面既可通过经验的试算法，也可通过电算方法进行。

具体而言，常用的极限平衡方法包括整体圆弧法、条分法、传递系数法、平面直线法等。整体圆弧法将土体看作均质土，将滑动土体作为整体来进行计算，适用于软黏土边坡的稳定性评价。条分法将土体分成土条进行计算，假定条块之间无拉力且满足静力平衡条件，条块在滑动面上满足摩尔-库伦理论。条分法又包括了瑞典条分法、简化毕肖普法、简布法，这三种条分法假定了不同的条间作用力大小及位置，瑞典条分法和简化毕肖普法适用于土体级配和力学性质较为均匀，且不存在明显软弱结构面的边坡(陈国华，2006；黄梦宏等，2006)。对于上述各类计算方法的具体细节，可参考土力学相关教材，在此不做赘述。

极限平衡方法考虑了影响边坡稳定性的主要因素(陈国华，2006)，计算中所需要的参数较少，能基本判断出边坡极限承载力。在处理一些简单的边坡问题时，极限平衡方法具有一定可靠性。但该类方法通过假定岩土体情况来计算安全系数，假定情况与实际情况存在差异性，因此计算结果并不完全精确。对于岩土体性质复杂的边坡情况，极限平衡方法有一定局限性，并且该方法仅能计算出在极限平衡条件下边坡的状态，无法求解任意时刻边坡变形情况(黄梦宏等，2006；郑颖人，2012)。

2. 数值分析法

随着计算机科技逐渐发展，考虑极限平衡方法在复杂岩土体分析上的局限性，数值分析法逐渐兴起。数值分析法包括有限元法、离散元法等，在各类岩土体稳定性分析和变形预测等问题中均有应用(郑颖人，2012；彭德红，2005)。

数值分析法计算边坡稳定性的原理与极限平衡方法基本一致，在分析中主要有两种方式。第一种是通过不断改变边坡土体自身强度或外界荷载，即调整边坡承载力或外力，使边坡达到破坏状态，从而得出边坡的多种潜在破坏面，并获得不同破坏情况下岩土体应力状态及临界变形特征等信息。第二种方法是计算边坡在正常状态下的应力情况，根据岩体强度计算出边坡各点安全系数，找到安全系数较小的点，从而构成边坡可能滑动面，这种分析方法无需改变荷载或强度等条件来试算。

相较于极限平衡方法，数值分析法考虑了岩土体自身变形，能够更加快速准确地得到边坡的破坏面而无需假定滑坡面，且能够计算出各个时刻岩土体受力状态。同时该方法能够得出边坡极限承载能力和安全系数。数值分析法实用性更强，不仅能够计算均质土体，也能对复杂边坡问题进行求解，但在边坡是否失稳破坏的问题上不能完全定量判断，且岩土体性质参数对于分析结果影响较大(郑颖人，2012；张聪伟，2018；彭德红，2005)。

3. 可靠度分析法

由于边坡土体参数具有时空变异性，因此在确定参数并计算的过程中伴随着大量不确定性。尤其在实际工程的分析中，边坡土体的实际土性参数、外界荷载的实际取值与计算取值相差较大，因此易造成计算结果的重大偏差。对边坡失稳概率采用稳定性可靠度分析法进行分析，改善边坡稳定性分析的可靠度，可提高边坡施工和使用过程中的安全性。

边坡稳定性可靠度分析法主要有一次二阶矩阵法(First-Order Second-Moment Method，FOSM)和蒙特卡洛法(Monte Carlo Method)两种方法。一次二阶矩阵法的基本方法是将土体力学参数展开为泰勒级数，计算其均值和方差，并根据均值和方差进一步计算得出安全系数的不确定性，它将安全系数的不确定性视为土体力学参数变异性的函数。根据是否考虑土体参数的实际分布，一次二阶矩阵法可分为中心点法和验算点法，中心点法忽略随机变量实际分布，假定土体力学参数等随机变量服从正态分布，而验算点法考虑随机变量的实际分布，将实际的非正态分布转化为正态分布并进行计算。

蒙特卡洛法根据具有变异性的土体力学参数概率分布，对参数进行大量抽样，计算每组抽样值下功能函数，从而得到功能函数的分布并计算边坡的可靠度。相较于一次二阶矩阵法，蒙特卡洛法计算工作量更大，但对土体力学参数的处理更加精确完善。此外，边坡稳定性可靠度分析法还有响应面法、Duncan 法等(Malkawi 等，2000；汪文中，2019；何木，2010)。

边坡稳定性可靠度分析法提高了边坡稳定性分析的可靠性，考虑了边坡岩土体力学性能的变异性，可与极限平衡、数值分析等方法结合使用(周育峰，2003)。

7.3.2 波浪对岸坡稳定性的影响

在岛礁的建设和使用过程中，波浪荷载循环作用于岛礁边坡上，是影响岛礁边坡稳定性的主要因素，同时也增加了岛礁施工与维护的难度。波浪从深海传播至岛礁附近，传播过程中波浪会有一定变形，在接近岛礁时，波浪遇到变化的岛礁地形地貌，其波高和周期发生改变，并发生折射、反射等现象。当波浪的坡度过陡时，波浪会在岛礁边缘发生破碎，消耗大量能量，并对岛礁造成循环荷载(丁军等，2015；刘清君等，2019)。

波浪可对岛礁边坡产生外部和内部影响：外部影响指波浪动力作用于边坡产生的直接外力，内部影响指波浪作用下边坡土体性质的改变。外部影响主要由波浪直接作用于边坡而导致，波浪的主要参数有波高和波周期，水深和波浪破碎都会对其产生影响，从而影响波浪力的作用大小。波浪在人工岛礁上爬坡的过程中会发生破碎，并产生水平荷载和倾覆力矩(丁军等，2015；蒋敏敏等，2012)。内部影响主要由于波浪循环作用于岛礁边坡，从而扰动岛礁土体，使土体强度下降且改变土体受力情况。例如，波浪由于压力差在边坡地基土体形成渗流并造成流土和管涌等渗透变形；在海洋环境中渗流进入边坡的水无法及时排出而累积孔隙水压力并引发地基土体液化(蒋敏敏等，2012)。

波浪作用下的土体莫尔圆变化如图 7-3 所示。在海洋环境中受流体静应力的土体受到波浪荷载作用后，应力圆瞬时扩大(对应瞬时应力圆)，接近强度包络线，因此可能在瞬间发生破坏。具体而言，当土体受到波浪冲击时，土体主单元旋转角度 ω，土体有效应力随之发生变化，受到波浪作用的土体有效正应力为土体原本所受到的小主应力 σ'_{x0}、大主应力 σ'_{z0} 和波浪导致的有效正应力的差值，即受到波浪作用的土体在 x 和 z 方向的有效正应力为 $\sigma'_x=\sigma'_{x0}-\sigma_x$ 和 $\sigma'_z=\sigma'_{z0}-\sigma_z$，受到波浪作用的土体在 x 和 z 方向的有效剪应力为 $\tau'_{xz}=-\tau_{xz}$。

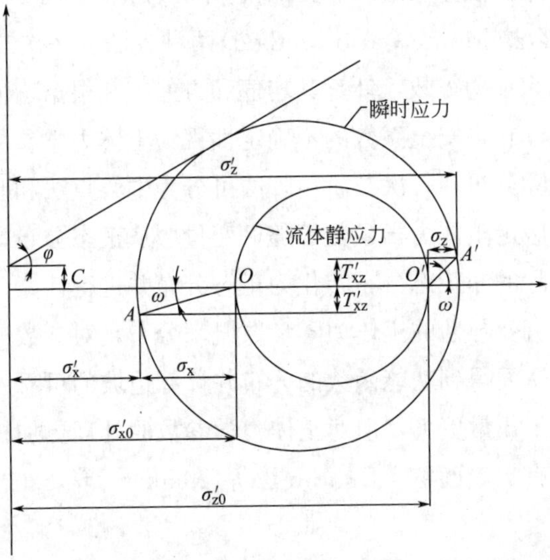

图 7-3　波浪作用下的土体莫尔圆变化(刘红军等，2006)

波浪力可以通过线性海浪理论计算得到。线性海浪理论分为两类，一类将波浪视为按一定规律运动的特定函数，分析波浪的运动规律；另一类将波浪视为随机运动，分析波浪运动的统计特性。本节介绍第一类线性海浪理论，假定在岛礁边坡不会被海浪渗透的情况下对波浪进行分析(聂卫东，2005)。

计算波浪力需要波浪的基本参数，即波长和波高。如图 7-4 所示，L 为波浪的波长，H 为波高，T 为波的周期，h 为水深。

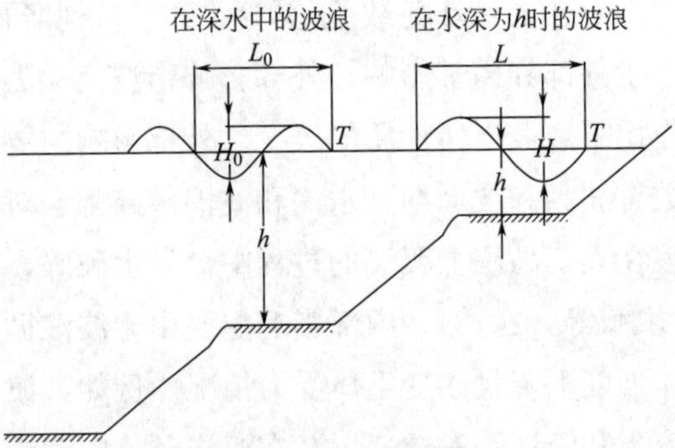

图 7-4　岛礁边坡上的波浪剖面(Poulos，2017)

波浪对岛礁边坡产生的侧向压力可以由下式计算：

$$p = p_0 \sin 2\pi\left(\frac{x}{L} - \frac{t}{T}\right) \tag{7-5}$$

式中，p 为侧向波压力；p_0 为波浪压强；x 为计算点与波浪的水平距离；t 为时间。

波浪压强可由下式计算：

$$p_0 = \gamma_w \frac{H}{2} \frac{1}{\cos(2\pi h/L)} \tag{7-6}$$

式中，γ_w 为水重度，取 $1\times10^4\ \mathrm{N/m^3}$。

当相对水深 h/L 不超过 0.5 时，波长和波高可分别通过下式得到：

$$L = \frac{gT^2}{2\pi}\tan(2\pi h/L) \tag{7-7}$$

$$H = H_0\left\{\left[1 + \frac{4\pi h/L}{\sin(4\pi h/L)}\right]\tan(2\pi h/L)^2\right\}^{-\frac{1}{2}} \tag{7-8}$$

当相对水深 h/L 超过 0.5 时，波长可通过下式得到：

$$L_0 = \frac{gT^2}{2\pi} \tag{7-9}$$

需指出，式(7-7)～式(7-9)为理论估测值，在有足够观测结果的情况下，可适当参考实测数据。

对于下表面不可渗透的各向同性的土层，波浪对边坡引起的瞬时孔隙水压力可以用下式计算：

$$u = \frac{p_0 \cos k(h - z)}{\cos kh}\cos(kx - \omega t) \tag{7-10}$$

式中，u 为孔隙水压力；k 为波数；ω 为波浪入射波和反射波的角频率；z 为泥面线以下距离。

波数 k 可由波长得到，即：

$$k = \frac{2\pi}{L} \tag{7-11}$$

波浪入射波和反射波的角频率可由波浪周期得到，即：

$$\omega = \frac{2\pi}{T} \tag{7-12}$$

7.3.3 波浪影响下岛礁边坡液化分析

Nataraja 等(1983)、Ishihara 等(1984)都对波浪作用下土壤液化进行了可能性研究，其基本方法是将波浪作用下产生的剪应力与土壤液化时的剪应力进行对比。本节介绍 Zen 等(1990)采用的一维弹性分析方法，即根据超孔隙水压力评估波浪是否诱发边坡液化，其评判标准为：

$$\sigma'_{vo} \leqslant -(P_b - P_m) \tag{7-13}$$

式中，σ'_{vo} 为土体重力方向有效应力；P_b 为泥水分界线处的波浪诱导压力；P_m 为振荡孔隙压力。可分别采用下式计算(Tsai，1995)：

$$P_b = p_0 Re\{rexp[i(mkx + nky - \omega t)] + exp[i(mkx - nky - \omega t)]\} \tag{7-14}$$

式中，m 和 n 为波数 k 在 x 和 y 方向上的分量，即 $k_x = 2\pi/L_x = km$，$k_y = 2\pi/L_y = kn$；p_0 的计算方法见式(7-6)。式(7-14)等号右侧第一项为反射波引起的波浪压力分量，第二项为入射波引起的波浪压力分量。

$$P_m = \frac{p_0}{1-2\mu}\left[(1-2\mu-\lambda)C_1 e^{kz} + \frac{\delta^2 - k^2}{k}(1-\mu)C_2 e^{\delta z}\right]\psi_1 \tag{7-15}$$

式中参数可按下式计算：

$$\delta^2 = k^2\left(\frac{K_x}{K_z}m^2 + \frac{K_y}{K_z}n^2\right) - \alpha^2 \tag{7-16}$$

$$\psi_1 = [(1+r)\cos nky - i(1-r)\sin nky]e^{i(mkx-\omega t)} \tag{7-17}$$

$$C_1 = \frac{\delta - \delta\mu + k\mu}{\delta - \delta\mu + k\mu + k\lambda} \tag{7-18}$$

$$C_2 = \frac{k\lambda}{(\delta - k)(\delta - \delta\mu + k\mu + k\lambda)} \tag{7-19}$$

$$\lambda = \frac{(1-2\mu)\left[k^2\left(1 - \frac{K_x}{K_z}m^2 - \frac{K_y}{K_z}n^2\right) + \frac{i\omega\gamma_w}{K_z}n'\beta\right]}{k^2\left(1 - \frac{K_x}{K_z}m^2 - \frac{K_y}{K_z}n^2\right) + \frac{i\omega\gamma_w}{K_z}\left(n'\beta + \frac{1-2\mu}{G}\right)} \tag{7-20}$$

其中，K_x，K_y 和 K_z 分别是边坡土体在 x，y 和 z 三个方向上的渗透系数；μ，G 和 n' 分别是边坡土体的泊松比，剪切模量和孔隙率；r 为波反射系数；β 为孔隙流体的可压缩性系数。

7.3.4 地震对岸坡稳定性的影响

地震成因分为很多种，目前主流看法是板块构造学说，有学者将地球分为六大板块，板块之间由于受到地球重心影响发生地壳运动并相互挤压，形成活跃地震带。同时，矿物相变、化学爆炸、核爆等其他因素同样会诱发地震。

地震对岛礁边坡的影响机制分为两种。第一种机制是地震产生的惯性力对边坡产生振动作用，惯性力包括竖向惯性力和水平惯性力，竖向惯性力方向随地震波改变作周期性改变，当竖向惯性力方向向下，可看作边坡重量增大，当竖向惯性力方向向上，力与边坡重力抵消，当向上惯性力过大，克服向下重力时会使边坡产生位移；相较于竖向惯性力，水平惯性力对边坡稳定性影响更大，由于岩土体抗剪强度较低，当水平惯性力克服土颗粒之间水平方向的黏结力和摩阻力时，岩土体会发生水平错动，甚至导致边坡变形破坏(祁生文等，2004；许强等，2009)。第二种机制是地震运动使边坡土体产生超静孔隙水压力。地震使岛礁边坡受动荷载影响，有效应力骤减，超静孔隙水压力迅速增大，孔隙水压力大小约为总应力，其有效应力演变规律与上述波浪作用下边坡土体液化相似(祁生文等，2004；胡光海等，2006)。

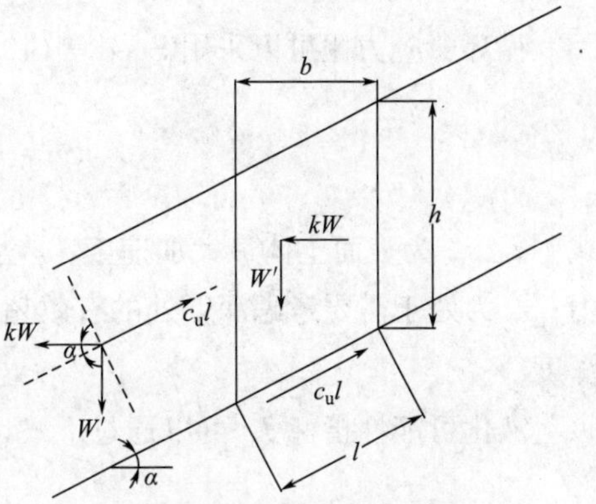

图 7-5 地震作用下不透水岛礁边坡的平衡状态(Poulos，2017)

在分析地震作用对于边坡稳定性影响时，可以忽略对边坡影响较小的竖向惯性力，仅考虑水平惯性力。计算中可采用将重力乘以系数 k 的方式表示水平惯性力，系数 k 即地震系数，图 7-5 是岛礁边坡的受力状态。

当边坡处于极限平衡状态，根据图 7-5 的平衡条件，可以列出如下方程：

$$c_u l = W' \sin\alpha + kW \cos\alpha \tag{7-21}$$

式中，c_u 为边坡土体的不排水抗剪强度；W' 为土体的有效重度，重力 W' 可以用下式表示：

$$W' = \gamma' hb = \gamma' hl \cos\alpha \tag{7-22}$$

将式(7-21)两边同时除以 $\gamma' hl$，可以得到不排水强度与地震系数 k 和最大坡角 α 之间的关系，即：

$$\frac{c_u}{\gamma' h} = \frac{1}{2}\sin 2\alpha + k\cos^2\alpha \frac{\gamma}{\gamma'} \tag{7-23}$$

7.3.5 地震影响下岛礁边坡液化分析

分析地震影响下岛礁边坡的液化可能性，可以采用 Iwasaki 等(1984)建议的液化阻尼系数 F_L 评估地震作用下土壤液化的程度：

$$F_L = R / S_s \tag{7-24}$$

式中，R 为土的原位循环不排水标准剪切强度；S_s 为地震引起的循环剪应力比。根据 Iwasaki 等(1984)的研究，可以将 R 表示为：

$$
\begin{cases}
R = 0.0822\left(\dfrac{N}{\sigma'_v + 0.7}\right)^{0.5} + 0.225\lg\dfrac{0.35}{D_{50}}, & 0.04\ \text{mm} \leqslant D_{50} \leqslant 0.6\ \text{mm} \\
R = 0.0882\left(\dfrac{N}{\sigma'_v + 0.7}\right)^{0.5} - 0.05, & 0.6\ \text{mm} \leqslant D_{50} \leqslant 1.5\ \text{mm}
\end{cases} \tag{7-25}
$$

式中，σ'_v为有效超载应力，单位为“kPa”；N为标准贯入实验的贯入击数；D_{50}为平均粒径，单位为“mm”。

循环剪应力比可以采用Seed等(1983)提出的方法计算：

$$
S_s = \frac{\tau_h}{\sigma_0} \approx 0.65\gamma_d \frac{a_{max}}{g\sigma'_0} \tag{7-26}
$$

式中，a_{max}为表面土体最大加速度；g为重力加速度；σ_0为处于需要考虑深度处的总超载应力；σ'_0为处于需要考虑深度处的有效超载应力；γ_d为应力折减系数，$\gamma_d = 1 - 0.015z$，z为深度。

液化可能性指标I_L可以通过下式计算：

$$
I_L = \int_0^{20} FW(z)\,dz \tag{7-27}
$$

式中，$W(z) = 10 - 0.5z$，F可以表示为：

$$
\begin{cases}
F = 1 - F_L, & F_L \leqslant 1.0 \\
F = 0, & F_L > 1.0
\end{cases} \tag{7-28}
$$

根据I_L的大小，可将地震影响下岛礁边坡发生液化的危险性分为以下四种：

$I_L = 0$，危险很小；

$0 < I_L \leqslant 5$，低风险；

$5 < I_L \leqslant 15$，高风险；

$15 < I_L$，极高风险。

7.4　岛礁抛石护岸稳定性分析

护岸(Bank Protection)指在原有的天然岛礁岸坡上进行人工加固的工程措施，用以抵御岸坡受波浪、洋流的侵蚀冲刷并提高岸坡的稳定性，保护岛礁上构筑物的正常使用与安全。在人工岛礁上，抛石消浪护岸是目前最常见的护岸形式。抛石护岸的原理是充分利用块石的自重稳定岛礁岸坡(图7-6)，其消浪的原理则是通过块石的不规则外形，使波浪在冲击块石护岸时充分破碎。本节将介绍抛石种类与稳定性分析方法。

7.4.1　抛石类型

抛石类型以块石分级划分，分为分级块石和不分级块石。不分级块石指将大小不一的

图 7-6 岛礁抛石护岸布置图(郭盟，2020)

块石任意抛填。采用该方法时，大块石因重力作用倾向于堆填在岸坡下部，而体积较小的块石分布于岸坡任意位置。在海浪冲击作用下，岸坡上部的小块石抗浪能力弱，易发生崩塌，导致护岸效果不佳。分级块石指将块石分级使用，将大块石放在波浪作用较强的岸坡上部，而将小块石放在常年处于波基面下部的岸坡上，充分发挥抛石的消波、岸坡保护作用。因此，在石料丰富的地区，需要尽可能采用分级抛石的方法。而在石料缺乏时，可用混凝土异形块替代天然块石。

混凝土异形块自 20 世纪 50 年代提出，此后在各类护岸工程与防波堤护面工程中推广开来。目前世界上已有上百种不同类型的混凝土异形块。与天然块石相比，混凝土异形块具有以下优点：①相互啮合后空隙率大，整体上具有良好的透水性和水力糙度，消浪效果更好；②啮合度高，波浪冲击作用下的稳定性更强；③波浪爬高小，因此在设计时可适当降低堤顶高程；④块体可采用现场预制的方法，施工便捷。因此，混凝土异形块抛石护岸在世界上各类近岸工程或岛礁工程中都表现出较好的消浪性能与稳定性。但受制于混凝土异形块较高的造价以及对大型起重设备的要求，混凝土异形块多在石料缺乏的地区或大型工程中应用。例如，我国港珠澳大桥人工岛的中岛项目就采用了个体质量为 5t 与 8t 的扭工字块。近年的监测结果显示，扭工字块抛石护岸稳定性好，基本没有出现块石滚动的现象。

7.4.2 波浪作用下抛石护岸冲刷失稳机理

对波浪作用下抛石坡面的受力过程进行分析，可将其大致分为以下三个阶段：

(1) 波浪入射阶段

波浪破碎时水质点以射流形式冲击抛石，同时水体爬升一定高度，在整个坡面上形成了流速较大的破波水流。在波浪入射点处抛石的受力情况如图 7-7 所示：波浪入射向抛石边坡施加波压力 F，该力可分解为沿坡面的两个正交力 F_x 与 F_y，其中 F_x 作用方向可能向上或向下，F_y 作用方向可能向左或向右(即沿坡面向下的力 F_{yA} 或向上的力 F_{yB})，另外波浪冲入抛石之间会产生向上的拖浮力 T，以及抛石自身重力 W。若抛石为混凝土异形块，则另外会产生块体间的啮合力 P。

在此过程中，波浪入射产生的拖浮力及平行于坡面的力 F_x 与 F_y 作用时间短，但量值相对较大，可导致抛石在短时间内发生向下翻滚、向上飞动等现象。波浪入射点处抛石的受力情况如图 7-7 所示。

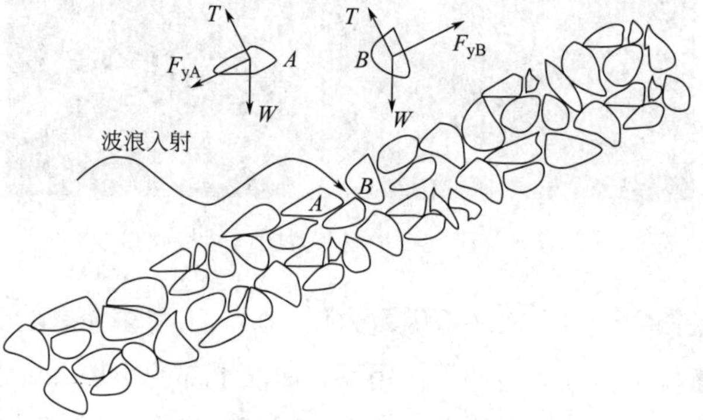

图 7-7　波浪入射点处抛石的受力情况

(2) 水流上爬阶段

波浪冲击抛石坡面破碎后，将在坡面上形成上爬水流。在此过程中抛石主要受上爬水流产生的拖曳力与上举力。由于上爬水流流速相对较低，且抛石间的啮合力与重力有效抵消了拖曳力，因此该过程中颗粒不会产生较大的错动。

(3) 水流回落阶段

当上爬水流开始回落后，形成沿坡面向下方向的坡面流，其对抛石的拖曳力改为向下方向。此时，由于抛石自身的重力与拖曳力方向相同，因此波浪回落过程时段部分小块石会向下翻滚。

综上，波浪作用下抛石护岸破坏主要发生在波浪入射及水流回落阶段。而块石自重及抛石间的啮合力是护岸稳定的重要贡献因素，因此规范中对块石自重进行了相应要求。

当波向线与斜坡纵轴线的法线夹角小于 22.5°时，可按下式计算：

$$W = 0.1 \frac{\gamma_b H^3}{K_D (S_b - 1)^3 \cot\alpha} \tag{7-29}$$

式中，W 为块石单体质量(t)；γ_b 为块石材料重度(kN/m^3)；H 为设计波高；K_D 为块体啮合力稳定系数，取值可按表 7-1 确定；S_b 为块石比重；α 为岸坡与水平面的夹角。

块体啮合力稳定系数取值　　　　**表 7-1**

护面形式		护面块体容许失稳率	块体啮合力稳定系数
护面块体类型	构造形式	n(%)	K_D
块石	抛填 2 层	1～2	4
	安放 1 层	0～1	5.5

续表

护面形式		护面块体容许失稳率 n(%)	块体啮合力稳定系数 K_D
护面块体类型	构造形式		
方块	随机安放	1～2	—
四脚锥体	随机安放 2 层	0～1	8.5
四脚空心方块	随机安放 1 层	0	14
扭工字块体	随机安放 2 层	0	15～18
	规则安放 2 层		
扭王字块体	随机安放 1 层	0	15～18
	规则安放 1 层		

当波向线与斜坡纵轴线间的法线夹角 β 大于 22.5°时，块石与四角空心方块的自重可适当降低，即可适当提高块体啮合力稳定系数，提高后的稳定系数 $K_{D\beta}$ 计算方法如下：

$$K_{D\beta}=\frac{K_D}{\cos^k(\beta-22.5°)} \tag{7-30}$$

式中，k 为实验参数，对于四脚空心方块取 1.47，对于抛填 2 层的块石取 1.55。

思考题

1. 简述岛礁护坡的常见破坏形式。

2. 试比较护坡稳定性分析的几种常用方法，并讨论其适用场景。

3. 边坡稳定性分析中极限平衡法有哪些假设？极限平衡法有哪些局限性？

4. 简述海平面上升对护坡有什么影响，若考虑未来百年海平面上升情况，需要对护坡进行哪些特殊考虑？

5. 抛石护岸中块体的块体啮合力稳定系数与块体形式相关，请从块体构造及相互啮合的角度说明其基本原理。

参考文献

Malkawi AI H，et al.，2000. Uncertainty and reliability analysis applied to slope stability[J]. Structural Safety，22(2)：161-187.

Poulos H G，1988. Marine Geotechnics[M]. New York：Routledge.

Ishihara K A，et al.，1984. Analysis of wave-induced liquefaction in seabed deposits of sand[J]. Soils Found，24(3)：85-100.

Iwasaki T，et al.，1984. Simplified procedures for accessing soil liquefaction during earthquakes[J]. Internafional Journal of Soil Dynamics & Earthquake Engineering，3(1)：49-58.

Nataraja M S, Gill H S, 1983. Ocean wave-induced liquefactionanalysis [J]. Geotech. Eng, 109 (4): 573-590.

Seed H B, et al., 1983. Evaluation of liquefaction potential using field performance data[J]. Journal of Geotechnical Engineering, 109(3): 458-482.

Tsai C P, 1995. Wave-induced liquefaction potential in a porous seabed in front of a breakwater[J]. Ocean Engineering, 22(1): 1-18.

Zen K, Yamazaki H, 1990. Oscillatory pore pressure and liquefaction in seabed induced by ocean waves[J]. Soils and Foundations, 30(4): 147-161.

陈国华，2006. 滑坡稳定性评价方法对比研究[D]. 武汉：中国地质大学.

丁参军，等，2011. 边坡稳定性分析方法研究现状与趋势[J]. 水电能源科学，29(8)：112-114+212.

丁军，等，2015. 近岛礁波浪传播变形模型试验研究[J]. 水动力学研究与进展A辑，30(2)：194-200.

郭盟，2020. 吹填岛礁护岸防波堤的波浪动力响应及稳定性计算分析[D]. 北京：中国地质大学(北京).

何木，2010. 基于传递系数法的边坡稳定性可靠度分析及应用[D]. 成都：成都理工大学.

胡光海，等，2006. 国内外海底斜坡稳定性研究概况[J]. 海洋科学进展，(1)：130-136.

黄梦宏，丁桦，2006. 边坡稳定性分析极限平衡法的简化条件[J]. 岩石力学与工程学报，(12)：2529-2536.

蒋敏敏，等，2012. 人工岛稳定性影响因素分析[J]. 山西建筑，38(26)：250-251.

李海龙，2013. 钻机荷载及波浪荷载耦合作用下柔性结构人工岛稳定性研究[D]. 青岛：中国海洋大学.

刘红军，等，2006. 波浪导致的海床边坡稳定性分析[J]. 岩土力学，(6)：986-990.

刘清君，等，2019. 岛礁地形抛石护岸稳定性试验研究[J]. 水利水运工程学报，(5)：69-75.

聂卫东，等，2005. 基于线性海浪理论的海浪数值模拟[J]. 系统仿真学报，(5)：1037-1039+1044.

彭德红，2005. 浅谈边坡稳定性分析方法[J]. 上海地质，(3)：44-47.

祁生文，等，2004. 地震边坡稳定性的工程地质分析[J]. 岩石力学与工程学报，(16)：2792-2797.

汪文中，2019. 岩土边坡支护可靠度分析方法探析[J]. 资源信息与工程，34(2)：117-118.

许强，等，2009. 斜坡地震响应的物理模拟试验研究[J]. 四川大学学报(工程科学版)，41(3)：266-272.

张聪伟，2018. 曹妃甸近海人工岛海床边坡稳定性分析[D]. 天津：河北工业大学.

郑颖人，2012. 岩土数值极限分析方法的发展与应用[J]. 岩石力学与工程学报，31(7)：1297-1316.

周育峰，2003. 边坡稳定性的可靠度分析[J]. 公路，(9)：80-83.

第 8 章　钙质砂地基承载力

随着“海洋强国”战略的实施以及南海岛礁建设的稳步推进，浅基础作为一种简便经济的基础形式被普遍应用于岛礁工程建设中。钙质砂特殊的海洋生物成因，致使其具有颗粒形状不规则、孔隙率高、颗粒易破碎以及时常伴有粒间胶结等显著区别于石英砂的特殊性质，若盲目套用石英砂地基浅基础设计的相关参数，必然会造成设计缺陷。本章主要介绍初始相对密度、级配、含水量对钙质砂地基浅基础承载特性的影响，总结南海岛礁钙质砂地基浅基础承载能力和变形特性规律，以及基于室内实验结果得到的南海岛礁钙质砂地基浅基础承载能力的计算公式，用于工程设计。

8.1　钙质砂地基浅基础平板载荷模型实验

为探讨级配对钙质砂地基承载力的影响，以岛礁现场两种级配不同的钙质砂试样为研究对象，开展室内平板载荷模型实验，试样的颗粒级配曲线如图 8-1 所示。依据土工规范，两种钙质砂试样分别命名为钙质细砂和钙质中砂，其中钙质细砂的颗粒粒径主要集中在 0.1～1 mm，而钙质中砂的颗粒粒径主要分布于 0.1～10 mm 之间，两者均为级配不良试样，两种钙质砂试样的物性指标如表 8-1 所示。

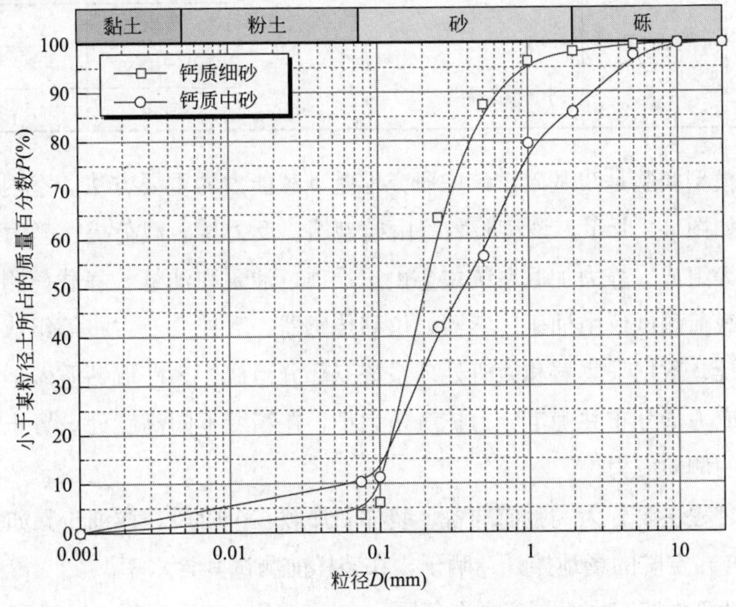

图 8-1　钙质砂试样的级配曲线

两种钙质砂试样的物性指标　　表 8-1

试样	D_{10} (mm)	D_{50} (mm)	D_{60} (mm)	C_u	C_c	比重 G_s	最小干密度 ρ_{dmin}(g/cm^3)	最大干密度 ρ_{dmax}(g/cm^3)	最大孔隙比 e_{max}	最小孔隙比 e_{min}
钙质细砂	0.11	0.21	0.24	2.17	0.99	2.78	1.21	1.56	1.30	0.78
钙质中砂	0.07	0.39	0.58	7.95	0.88	2.78	1.30	1.84	1.14	0.51

通过南海某岛礁吹填钙质砂地基的现场勘察结果发现，经振冲处理后，钙质砂的相对密度普遍高于 69%，属密实型地基土，而未经处理的吹填的钙质砂土也可达到中密程度。为研究密实度对钙质砂承载性状的影响，针对两种级配钙质砂试样，分别设置三组初始相对密度即 69%(密实)、55%(中密)和 42%(中密)的试样，开展平板载荷模型实验。由于海水涨落潮等因素的影响，岛礁吹填钙质砂地基含水量的变化范围较大，因此分别开展干燥和饱和状态的钙质砂土平板载荷模型实验。为避免尺寸效应对平板载荷模型实验结果的影响，载荷板距模型箱边缘的距离控制为不小于 3 倍载荷板特征尺寸，鉴于模型实验中所用模型箱的平面尺寸为 900 mm×900 mm(长×宽)，故采用的载荷板为边长 130 mm 的正方形钢板(表 8-2)。

室内平板载荷模型实验方案　　表 8-2

实验编号	试样	载荷板尺寸(长×宽×厚)(mm)	干湿条件	相对密度 D_r
1号	钙质细砂	130×130×20	干燥	69%
2号			干燥	55%
3号			干燥	42%
4号	钙质中砂		干燥	69%
5号			干燥	55%
6号			干燥	42%
7号			饱和	69%

平板载荷模型实验是浅基础设计中研究地基承载能力的重要方法。室内平板载荷模型实验的示意图如图 8-2 所示，该实验装置由模型箱、反力架、载荷板、静力加载系统及侧压力测试系统等组成。静力加载系统主要由千斤顶、油泵和油管、静载荷测试仪等三部分组成，其中静载荷测试仪由油压传感器、位移传感器、数控盒及主机等组成。侧压力测试系统由土压力计、数据采集器和微机处理系统三部分组成。为获取钙质砂地基在加载过程中箱壁上侧向应力的分布并确定应力扩散角大小，在箱壁不同高度处设置土压力计测试地基不同深度处的侧向应力。

整个实验过程主要分为实验前准备、装样和加载三个阶段，详细步骤如下：

(1) 将试样在空旷的场地摊开、晒干，在装样前测试其含水率。

(2) 在模型箱内壁四周沿深度方向每隔一定距离用白色油漆刻划标记线。

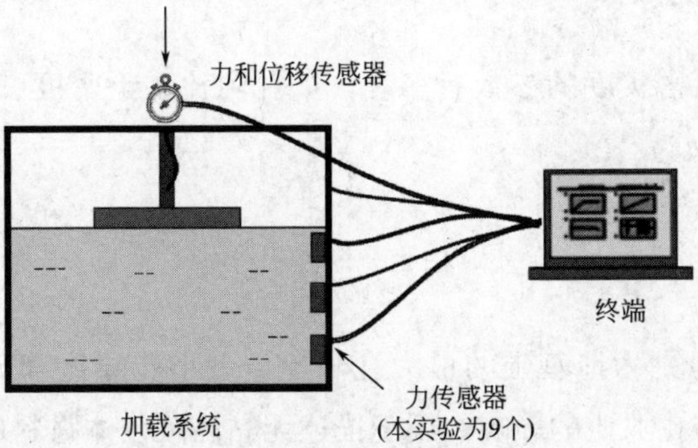

图 8-2 室内平板载荷模型实验示意图

(3) 将连有数据采集器的土压力计按照由下往上的顺序依次粘贴于模型箱的内壁并清零。

(4) 装样时分层填筑钙质砂试样，确保每层的钙质砂质量与实验设计一致，保证试样密实度均匀。

(5) 使用卷尺确定模型箱内试样表面的中心位置，并将载荷板放置在试样表面中心位置处，用水准尺找平。

(6) 静力压载系统的各个部件依次组装完毕后，将连有油压管的千斤顶放置在载荷板上的中心位置处，并使用油泵将千斤顶的顶杆顶起至与反力架顶梁底部相接触。

(7) 在载荷板两侧与反力架相垂直的位置处架设支撑在模型箱侧壁上的横梁(图 8-2)，将位移传感器用磁力底座固定在两横梁上，并将其初始值置零。

(8) 所有准备工作完成后，将待测土样静置一昼夜，待载荷板在千斤顶自重作用下沉降稳定后再开始加载。对饱和试样进行加载时，应在所有准备工作完成以后，不断向模型箱内注水至刚好淹没试样表面，同样静置一昼夜后再进行加载。

钙质砂地基在荷载作用下的沉降可在短时间内达到稳定，因此可采用快速加载法开展载荷模型实验。每级荷载的稳压时间定为 2 h，根据地基土的密实程度和在荷载作用下的预估沉降量选择每级加载量的大小，实验直至地基土出现剪切破坏特征或变形量达到现行国家标准《建筑地基基础设计规范》GB 50007 规定的极限值(25 mm)时停止。同时，为使不同实验条件下的载荷模型实验结果具有可比性，承载力特征值均采用以下标准进行判定：(1)当 P-S 曲线上存在明显的比例界限荷载时，取比例界限荷载为承载力特征值；(2)当 P-S 曲线中比例界限荷载大于极限荷载的一半时，取极限荷载的一半为承载力特征值；(3)当 P-S 曲线上无法确定比例界限荷载时，承载力特征值取 $S/B=0.01\sim0.015$ 处对应的荷载。按照现行国家标准《建筑地基基础设计规范》GB 50007 的相关规定，浅基础沉降量的最大值不得超过 25 mm，故当载荷板的沉降量达到 25 mm 但仍未出现明显的破坏征兆时，取沉降量为 25 mm 对应的荷载为极限荷载。

8.1.1　密实度的影响

定量评估岩土材料密实度的参数有多种，如孔隙比、干密度、压实度、相对密度等，其中相对密度(D_r)定义为：

$$D_r = \frac{e_{max} - e_0}{e_{max} - e_{min}} \tag{8-1}$$

式中，e_{max}，e_{min}，e_0 分别为地基土的最大孔隙比、最小孔隙比和天然孔隙比。相对密度同时考虑了颗粒级配与孔隙比的影响，用于描述无黏性散粒体材料的密实度更为恰当。密实度是影响地基浅基础工程特性的重要因素。不同相对密度钙质细砂的平板载荷模型实验结果如图 8-3 所示。从图中可看出：(1)钙质细砂地基的承载力随相对密度的增大而显著增加，且沉降量和单位荷载作用下的沉降增长速率也随相对密度的增大而显著减小。(2)不同相对密度的钙质砂地基，在荷载作用下的变形破坏模式存在显著区别。密实型钙质砂地基的破坏模式为整体剪切破坏，其 P-S 曲线存在明显的线性变形阶段、塑性剪切阶段和破坏阶段；中密型钙质砂地基在荷载作用下呈现出局部剪切破坏的特征，其 P-S 曲线没有明显的拐点；稍密状态的钙质砂地基，其 P-S 曲线呈现出冲剪破坏的特征，地基土在荷载作用下的沉降速率不断加大，直至剪切破坏。Vesic(1973)曾以石英砂地基为研究对象，就地基土的密实度和基础埋置深度对其破坏模式的影响展开研究，认为当基础埋置深度为 0 时，地基土不同破坏模式间的分界点大致与砂土密实度的划分一致，即密实型砂土地基对应整体剪切破坏，中密型砂土地基对应局部剪切破坏，欠密实(或稍密)型砂土地基对应冲剪破坏。钙质砂的室内平板载荷模型实验结果表明当基础无埋深时，钙质砂地基的破坏模式主要表现为整体剪切破坏和冲剪破坏，与局部剪切破坏特征相对应的砂土密实度范围相对较窄。

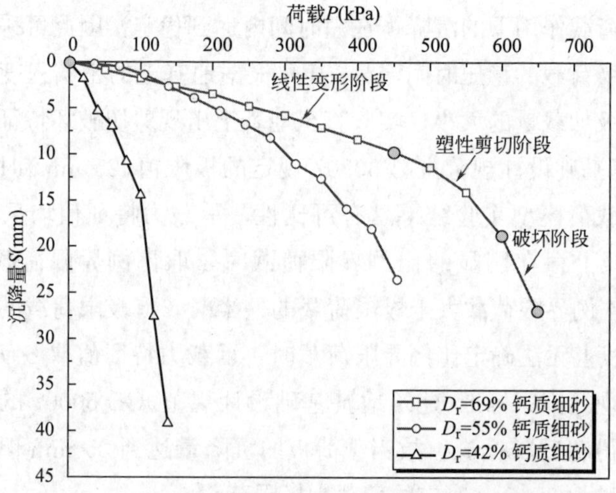

图 8-3　不同相对密度钙质细砂地基的 P-S 曲线图

8.1.2　级配的影响

级配是影响钙质砂力学特性的主要因素之一（Zhu 等，2016）。在岛礁大面积吹填建设过程中，吹填施工造成地基土的粒径分布不均匀，一般粗粒土集中在离吹填管口较近的区域，细粒土多随水流向离吹填管口较远的下游聚集。

图 8-4 为不同级配干燥钙质砂的室内平板载荷模型实验结果。图中的结果表明，级配对钙质砂地基的承载力和变形特性存在显著影响；在相同密实度下，钙质中砂地基的承载力普遍大于钙质细砂，同等应力条件下的变形量也较小。虽然两种试样均为级配不良的钙质砂，但钙质中砂相对钙质细砂级配稍好，级配良好的钙质砂内部小颗粒可较好填充大颗粒间的孔隙，内部结构更加稳定，颗粒间的接触更多，因此在同等条件下钙质中砂具有较钙质细砂更好的承载特性。

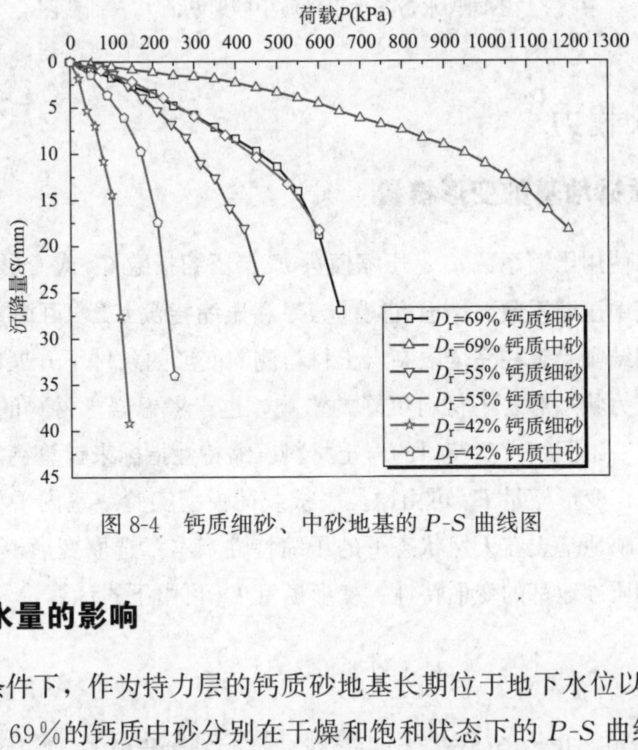

图 8-4　钙质细砂、中砂地基的 P-S 曲线图

8.1.3　含水量的影响

在海洋环境条件下，作为持力层的钙质砂地基长期位于地下水位以下或水位波动带。图 8-5 为相对密度 69％的钙质中砂分别在干燥和饱和状态下的 P-S 曲线图。从图中可看出：干燥钙质中砂地基初始变形量较小，且整个加载过程中载荷板的沉降呈持续稳定发展；因千斤顶加载能力有限，当加载至 1200 kPa 时地基土仍未发生明显破坏，其最终沉降量仅有 18.25 mm。而饱和钙质中砂地基的初始变形量较大，地基承载力也偏低，当加载至 500 kPa 时地基土的累计沉降量为 15.2 mm；且在 500 kPa 作用下地基土的沉降量是上一级荷载沉降量的 2.3 倍，总沉降量为 19.1 mm。由此可知，同等密实度下，干燥钙质中砂地基承载力较饱和状态下大得多，超过其两倍。

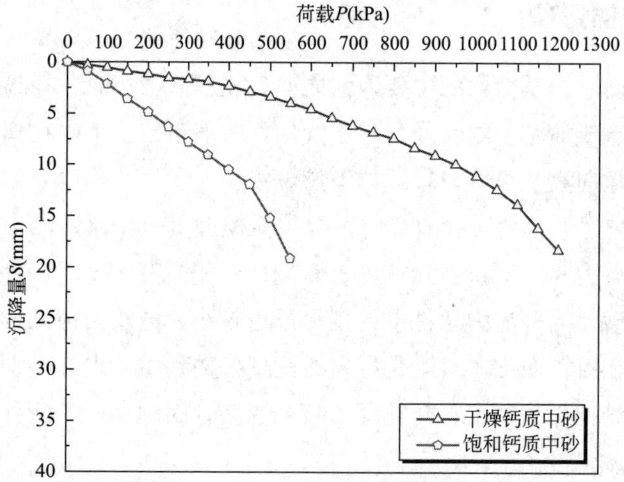

图 8-5　不同含水量条件下钙质中砂地基的 P-S 曲线图

8.2　地基承载力

8.2.1　钙质砂地基的变形模量

工程实践中常使用压缩系数 a_v、压缩模量 E_s、压缩指数 C_c 或变形模量 E_0 评价岩土材料的压缩性；其中压缩系数 a_v、压缩模量 E_s 和压缩指数 C_c 均可由室内一维固结实验测定。室内一维固结实验是在完全限制岩土材料侧向变形的条件下开展的，不能真实反映侧向变形或三向应力状态对岩土材料沉降的影响，也未考虑岩土材料的非线性变形特性；因此采用基于室内一维固结实验获得的岩土材料压缩特性指标来计算钙质砂地基的沉降量与实测值相差较大。变形模量 E_0 可由原位平板载荷模型实验或室内平板载荷模型实验测得，能较真实地反映地基土在天然状态下的压缩特性，本章选取变形模量 E_0 来定量评估上述实验条件下钙质砂地基的变形特性。变形模量 E_0 可由下式计算：

$$E_0 = I_u(1-\mu^2)\frac{PB}{S} \tag{8-2}$$

式中，I_u 为与载荷板形状相关的沉降影响系数，对方形载荷板 I_u 取 0.88；μ 为地基土的泊松比，对砂土其泊松比一般取 0.2～0.25，为便于对比研究，本章中用于变形模量 E_0 计算的泊松比 μ 统一取 0.25(尹振宇，2021)；B 为载荷板的特征尺寸，对于方形载荷板，为其边长(mm)；P 为地基土的比例界限荷载或临塑荷载，对应载荷实验 P-S 曲线图中线性段末端处的基底应力，若 P-S 曲线图中无明显线性段，可取 $S/B=0.01$～0.015 处对应的荷载；S 为与荷载 P 相应的地基沉降量。

图 8-6 展示了不同相对密度钙质细砂和钙质中砂地基的变形模量。从图中可看出：(1)钙质砂地基的变形模量 E_0 随 D_r 的增大而增大，因此，在实际工程中可通过提高密实

度的方法来增大地基的抗变形能力，从而减小基础沉降。(2)两种试样的变形模量 E_0 随 D_r 的增大而增长的趋势不同。钙质细砂的 D_r 从 42%提高到 55%时，变形模量 E_0 从 1.17 MPa 提高到 5.64 MPa，约增长了 3.82 倍；相对密度继续提高至 69%时，变形模量 E_0 变化较小，表明继续提高密实度对地基变形模量的增长作用不明显。而钙质中砂的变形模量 E_0 随 D_r 的增大近似呈线性增长，当 D_r 从 42%提高到 55%时，变形模量 E_0 从 2.63 MPa 增大到 7.35 MPa，约增长了 1.79 倍；D_r 从 55%提高到 69%时，E_0 从 7.35 MPa 增大到 17.52 MPa，约增长了 1.38 倍，表明继续提高密实度可使钙质砂结构继续得到增强，从而使钙质中砂地基的变形模量得到增长。

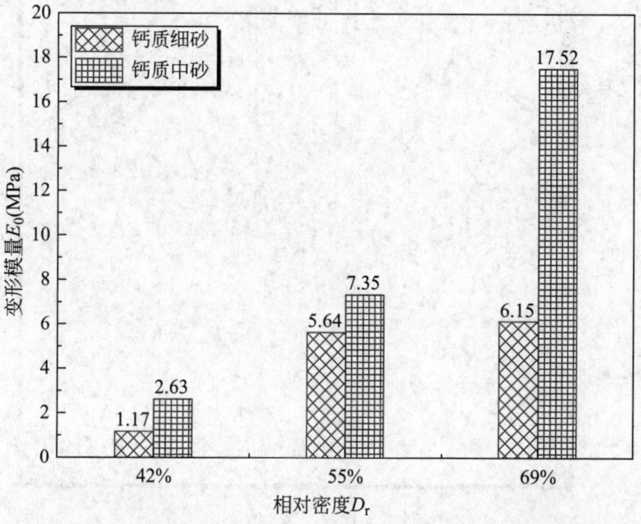

图 8-6 干燥条件下不同相对密度钙质细砂、钙质中砂地基的变形模量对比图

干湿程度对钙质中砂地基变形模量存在显著影响，且干燥钙质中砂地基的 E_0(17.52 MPa)远较饱和钙质中砂的 E_0(2.84 MPa)大。钙质中砂颗粒较粗，持水性差，加载过程中水分易于在颗粒间流动；在饱和条件下颗粒间较弱的表面张力不能有效地将这些粗颗粒黏结在一起，且水分的增加会减小粒间相对运动时的剪切阻力，导致其饱和条件下的变形模量较干燥条件下小。

8.2.2 应力扩散角

对载荷板施加法向荷载，其下部的地基土会在一定范围内发生剪切破坏，通常使用应力扩散角(θ)来衡量地基土的破坏范围。应力扩散角定义为地基土内应力扩散边界线与竖直方向的夹角(图 8-7)。前人从不同角度对荷载作用下地基土内的应力扩散范围开展了大量研究工作，但多以复合地基为研究对象，且地基土材料为陆源土，关于钙质砂地基在荷载下的应力扩散范围的研究鲜有报道，因此研究结果是否适用于钙质砂地基值得商榷。研究发现，不同实验条件(密实度、级配、干湿程度)下，侧向应力随荷载和深度的变化规律完全一致，仅是在数值上存在差异。本章以 D_r 为 69% 的干燥钙质中砂为例，探讨荷载对钙质砂地基中侧向应力的影响，并在此基础上推算钙质砂地基在荷载作用下的应力扩散角。为避免土压力计的设置可能引起的对地基的加筋作用，同时也为便于土压力计的安置，实验前将土压力计编号后依次粘贴于模型箱的侧壁上（图 8-7）。

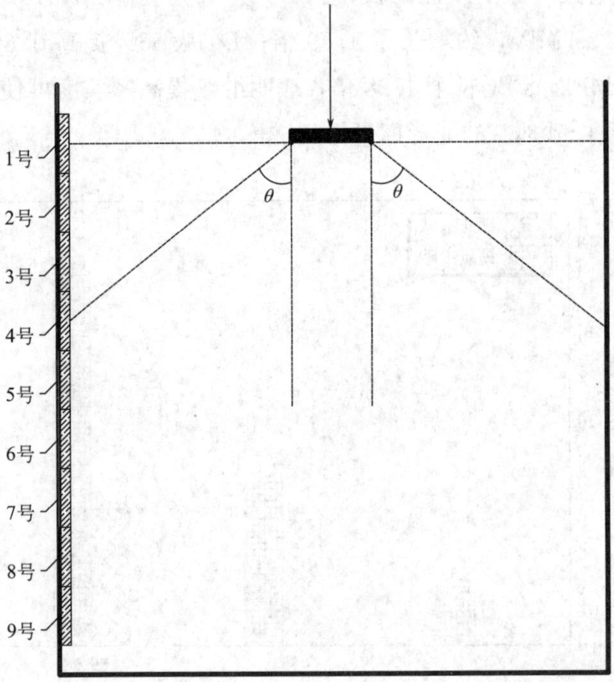

图 8-7　土压力计位置示意图

图 8-8 所示为荷载从 50 kPa 依次递增至 1200 kPa 的过程中，地基土中不同深度（1 号～9 号）处侧向应力的变化情况。由图 8-8 可知：

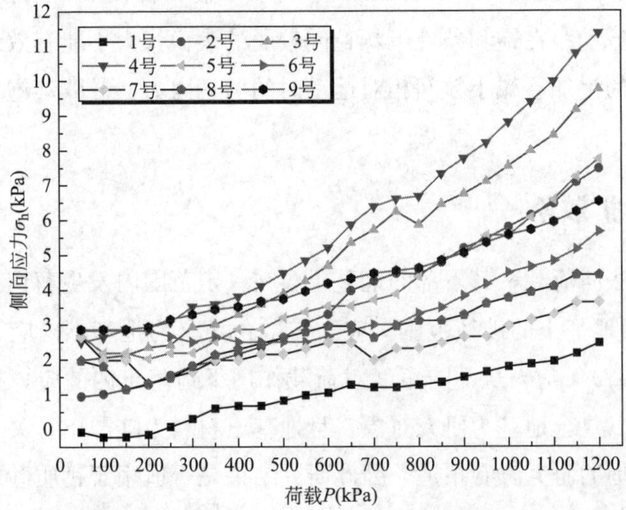

图 8-8　地基内不同深度处的侧向应力随荷载的变化规律

(1) 除个别离散点外，地基土中不同深度处的侧向应力在整体上随荷载的增大而增大。这是因为荷载的增加引起地基内竖向应力的增大，在静止侧压力系数变化不大的情况下，地基内的侧向应力亦会随荷载的增大而增大。

(2) 地基内不同深度处的侧向应力增长幅度不同，其中 4 号处的侧向应力增幅最大，在整个加载过程中从 2.49 kPa 增大至 11.36 kPa，增大了约 356%；1 号处的侧向应力增幅最小，仅有 33.8%，这与加载过程中地基土内的应力扩散范围有关。1 号与载荷板位于同一水平面，加载过程中扩散范围很小，载荷板下沉过程中对侧向地基土的挤压引起 1 号处的竖向应力的增加，由于侧向挤压力较小，1 号处的侧向应力总的增长幅度仅有 2.46 kPa。4 号处于地基内应力扩散边界线附近，深度超过 4 号范围内的地基土虽在基底应力扩散范围内，但基底应力会随深度的增大而逐渐衰减，因此 4 号处的侧向应力最大。

图 8-9 为荷载分别为 200 kPa、400 kPa、600 kPa、800 kPa、1000 kPa 和 1200 kPa 时，地基内侧向应力随深度的变化规律。可以看出：

(1) 在不同荷载作用下，地基内侧向应力随深度呈现出先增大后减小的趋势，基础面以下约 300 mm(或对应 4 号土压力计位置)处的侧向应力最大。这与图 8-8 中的结论相互印证，经计算得出钙质中砂地基内的应力扩散角约为 52°，大于现行国家标准《建筑地基基础设计规范》GB 50007 中针对普通陆源砂地基给出的应力扩散角(30°)。由此可看出钙质砂地基中的应力扩散范围较普通陆源砂广。

(2) 在深度大于 600 mm 时，地基内的侧向应力又出现了增长趋势，且随所施加荷载的增大，这种增长趋势愈加明显。

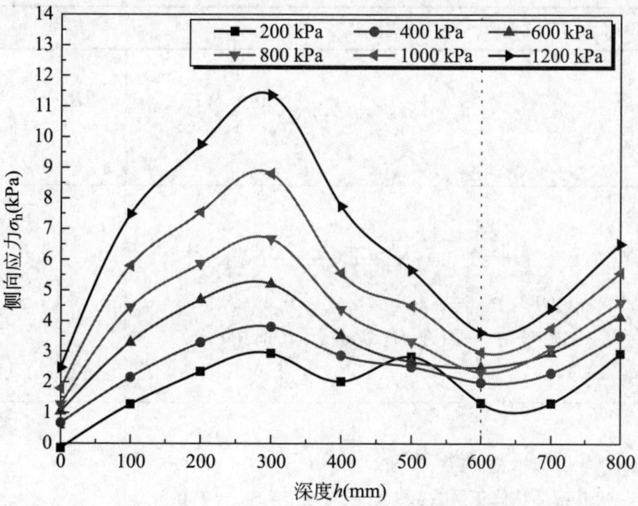

图 8-9 侧向应力随深度的变化规律

8.2.3 地基承载力计算

地基承载力的理论计算法弥补了实验测试法成本高、周期长的缺点，一直是地基浅基础研究方向的热点课题。至今，研究者们基于对地基土刚度、基础和荷载形式的不同假设，提出了众多适用于地基承载力估算的理论或半经验公式，并基于不同理论衍生出众多地基承载力理论计算法，如极限分析法、极限平衡法、滑移线法等，然而这些理论计算法得出的结果不尽相同，甚至差异很大。建立理论公式时所提出的假设条件与实际情况间的偏差是导致地基承载力理论计算值与实测值不一致的主要原因。根据对地基土刚度的不同假设可将地基承载力理论计算法分为两类，即基于刚塑性假设的计算方法和基于弹塑性假设的计算方法。

1. 基于刚塑性假设的地基承载力计算方法

极限平衡法是基于刚塑性假设的地基承载力计算方法的典型代表，也是目前最常用的一种理论计算方法。该方法假设地基土为刚塑性体，在荷载作用下地基土沿某一假设滑动面滑动，并不会发生过大的塑性变形。求解时将滑动土体分割成若干隔离体，各隔离体在满足边界条件和静力平衡条件的基础上，通过解方程组获取地基承载力。Prandtl-Reissner公式、太沙基公式、汉森公式以及修正Vesic公式等均是基于地基土的刚塑性假设，在地基发生整体剪切破坏条件下通过极限平衡法得出的(表8-3)。其中，P_u 为地基极限承载力；φ 为内摩擦角；N_c、N_q、N_γ 为无量纲的承载力系数；S_c、S_q、S_γ 为与基础形状有关的形状系数；I_c、I_q、I_γ 为与作用荷载倾斜有关的倾斜系数；d_c、d_q 为与基础埋深有关的深度系数；b、l、q、c 分别为基础宽度、基础长度、基底平面处的有效旁侧荷载和土的黏聚力。

地基承载力理论公式统计表 **表8-3**

公式名称	公式形式	参数
Prandtl－Reissner公式	条形：$P_u=cN_c+qN_q$	$N_q=e^{\pi\tan\varphi}\tan^2\left(\frac{\pi}{4}+\frac{\varphi}{2}\right)$ $N_c=(N_q-1)\cot\varphi$
太沙基公式	条形：$P_u=cN_c+qN_q+\frac{\gamma B}{2}N_\gamma$ 方形：$P_u=1.2cN_c+qN_q+0.4\gamma BN_\gamma$ 圆形：$P_u=1.2cN_c+qN_q+0.6\gamma BN_\gamma$	$N_q=\frac{e^{\left(\frac{3\pi}{2}-\varphi\right)\tan\varphi}}{2\cos^2\left(\frac{\pi}{4}+\frac{\varphi}{2}\right)}$ $N_c=(N_q-1)\cot\varphi$ $N_\gamma=1.8(N_q-1)\tan\varphi$
汉森公式	$P_u=S_cI_cd_ccN_c+S_qI_qd_qqN_q+S_\gamma I_\gamma\frac{\gamma B}{2}N_\gamma$ 基础形状修正系数：条形 $S_c=S_q=S_\gamma=1.0$ 矩形($b<l$) $S_\gamma=1-0.4\frac{b}{l}$， $S_c=S_q=1+0.2\frac{b}{l}$ 基础深度修正系数：$d_c=d_q=1+0.35\frac{d}{b}$	$N_q=e^{\pi\tan\varphi}\tan^2\left(\frac{\pi}{4}+\frac{\varphi}{2}\right)$ $N_c=(N_q-1)\cot\varphi$ $N_\gamma=1.8(N_q-1)\tan\varphi$

续表

公式名称	公式形式	参数
修正 Vesic 公式	$P_u = S_c I_c c N_c + S_q I_q q N_q + S_\gamma I_\gamma \frac{\gamma B}{2} N_\gamma$ 条形：$S_c = S_q = S_\gamma = 1.0$ 矩形($b<l$)：$S_c = 1 + \frac{bN_q}{lN_c}, S_q = 1 + \frac{b}{l}\tan\varphi$ $S_\gamma = 1 - 0.4\frac{b}{l}$ 圆形或方形：$S_c = 1 + \frac{N_q}{N_c}, S_q = 1 + \tan\varphi, S_\gamma = 0.6$ 倾斜系数：无倾斜时 $I_c = I_q = I_\gamma = 1.0$	$N_q = e^{\pi\tan\varphi}\tan^2\left(\frac{\pi}{4} + \frac{\varphi}{2}\right)$ $N_c = (N_q - 1)\cot\varphi$ $N_\gamma = 2(N_q - 1)\tan\varphi$

为验证上述理论公式对钙质砂地基的适用性，对钙质砂地基承载力理论计算值与实测值进行对比研究。上述理论公式均是基于地基发生整体剪切破坏条件提出的，而局部剪切和冲切破坏条件下地基承载力的估算需在上述公式中添加相应的修正系数，但这种修正方法误差较大，因此以 D_r 为 69%的干燥钙质细砂的平板载荷模型实验结果为基础(图 8-3)，对钙质砂地基承载力进行估算。通过三轴固结排水剪切实验，获得钙质细砂的似黏聚力为 58.1 kPa，内摩擦角为 44.4°。由于 Prandtl-Reissner 公式仅适用于条形基础，故仅列出了使用太沙基公式、汉森公式和修正 Vesic 公式获取的钙质砂地基承载力理论计算值。

基于刚塑性假设的钙质砂地基承载力理论计算值与实测值汇总表　　表 8-4

	N_c	N_q	N_γ	计算值(kPa) $c\neq0$	计算值(kPa) $c=0$	实测值(kPa)
太沙基公式	167.23	169.75	293.01	12048.59	213.74	600
汉森公式	122.70	124.28	214.52	8782.01	117.37	
修正 Vesic 公式	122.70	124.28	238.36	14479.91	130.41	

从表 8-4 可看出：(1)棱角分明的钙质砂颗粒间存在较强的咬合作用，导致其具有较大的似黏聚力和较高的内摩擦角，在地基承载力计算时如何考虑似黏聚力对钙质砂地基强度的贡献是岩土工程界的难题之一。在考虑黏聚力情况下的钙质砂地基承载力理论计算值远大于其实测值，计算结果失真。出于安全考虑，建议使用理论计算法计算钙质砂地基承载力时不考虑黏聚力的贡献。(2)若忽略钙质砂的似黏聚力对其地基承载力的贡献，必然导致地基承载力理论计算值偏低，钙质砂地基承载力实测值约为其理论计算值的 3～5 倍。

2. 基于弹塑性假设的地基承载力计算方法

基于弹塑性假设的地基承载力计算方法又称弹塑性法，它是在弹塑性理论基础上，通过假设塑性区的最大开展深度求解地基承载力的近似解法。推导过程通常以均布荷载下的条形基础为例，鉴于本章平板载荷模型实验中所用的载荷板位于地表，故下面推导过程中条形基础的埋深设为零。地基土中任一点处的受力示意图如图 8-10 所示。

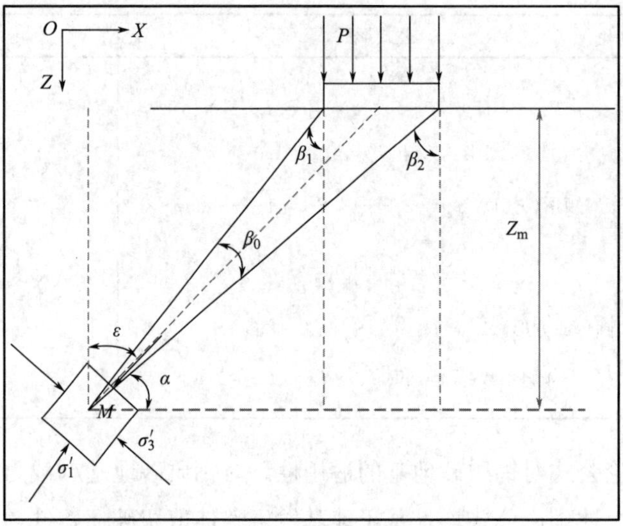

图 8-10 地基土内任一点处的受力示意图(赵树德，1995)

图 8-10 为地基土中距基底 Z_m 深度处任意一点 M 在基底附加应力作用下的主应力示意图。由于基础埋深为 0，故基底附加应力 P 可等效为基础所承受的均布荷载。点 M 与基础两边缘连线间的夹角设为 β_0，其与竖直方向的夹角为 ε，在数值上 β_0 等于 $\beta_2-\beta_1$，其中 β_1、β_2 分别为点 M 至基础两边缘连线与竖向垂直线的夹角。根据弹性力学相关理论可知，点 M 处由基底附加应力引起的大小主应力分别为：

$$\sigma_1'=\frac{P}{\pi}(\beta_0+\sin\beta_0) \tag{8-3}$$

$$\sigma_3'=\frac{P}{\pi}(\beta_0-\sin\beta_0) \tag{8-4}$$

大主应力 σ_1' 的方向与 β_0 角平分线方向一致，与水平方向的夹角为 α，小主应力 σ_3' 的方向与 β_0 角平分线相垂直。

点 M 处的总应力应为基底附加应力在 M 点处产生的大小主应力与自重应力的矢量和。由于 M 点处自重应力 $\sigma_0=\gamma Z$，其方向竖直向下，与大小主应力的方向并不一致，计算总应力时不能直接叠加。假设地基土为各向同性体，静止侧压力系数 k_0 取 1.0，点 M 处的总应力可用式(8-5)和式(8-6)表示：

$$\sigma_1=\sigma_1'+\sigma_0=\frac{P}{\pi}(\beta_0+\sin\beta_0)+\gamma Z \tag{8-5}$$

$$\sigma_3=\sigma_3'+\sigma_0=\frac{P}{\pi}(\beta_0-\sin\beta_0)+\gamma Z \tag{8-6}$$

依据摩尔-库伦强度理论，极限平衡条件下地基土中大小主应力应满足式(8-7)中的数量关系：

$$\sigma_1-\sigma_3=(\sigma_1+\sigma_3)\sin\varphi+2c\cos\varphi \tag{8-7}$$

式中，c、φ 分别为地基土的黏聚力和内摩擦角。

将式(8-5)和式(8-6)分别代入式(8-7)中可得地基内塑性区发展深度的解析表达式，如式(8-8)所示：

$$Z=\frac{P}{\pi\gamma}\left(\frac{\sin\beta_0}{\sin\varphi}-\beta_0\right)-\frac{c}{\gamma}\cot\varphi \tag{8-8}$$

式(8-8)将塑性区的开展深度 Z 表示成 β_0 的一元函数，对 β_0 求导数，并将其导数值设为 0，得 $\beta_0=\frac{\pi}{2}-\varphi$，将其代入式(8-8)中可得塑性区最大开展深度 $Z_{\max}$ 的表达式：

$$Z_{\max}=\frac{P}{\pi\gamma}\left(\cot\varphi-\frac{\pi}{2}+\varphi\right)-\frac{c}{\gamma}\cot\varphi \tag{8-9}$$

从式(8-9)中可看出塑性区的最大开展深度 $Z_{\max}$ 仅与外部荷载 P 和地基土的物理力学参数 γ、c、φ 相关。当地基土中塑性开展区的最大深度 $Z_{\max}$ 取 0(即地基土不发生破坏)时，可得地基土比例界限荷载 P_{cr} 的表达式：

$$P_{cr}=\frac{c\pi\cot\varphi}{\cot\varphi-\frac{\pi}{2}+\varphi}=cN_c \tag{8-10}$$

其中，$N_c=\frac{\pi\cot\varphi}{\cot\varphi-\frac{\pi}{2}+\varphi}$。

当地基土中塑性开展区的最大深度 $Z_{\max}$ 取 $b/3$ 时，可得临塑荷载 $P_{1/3}$ 的表达式为：

$$P_{1/3}=\frac{c\pi\cot\varphi}{\cot\varphi-\frac{\pi}{2}+\varphi}+\frac{\gamma b\pi/3}{\cot\varphi-\frac{\pi}{2}+\varphi}=cN_c+\frac{\gamma b}{2}N_{1/3} \tag{8-11}$$

其中，$N_c=\frac{\pi\cot\varphi}{\cot\varphi-\frac{\pi}{2}+\varphi}$，$N_{1/3}=\frac{2\pi}{3\left(\cot\varphi-\frac{\pi}{2}+\varphi\right)}$。

当地基土中塑性开展区的最大深度 $Z_{\max}$ 取 $b/4$ 时，可得临塑荷载 $P_{1/4}$ 的表达式为：

$$P_{1/4}=\frac{c\pi\cot\varphi}{\cot\varphi-\frac{\pi}{2}+\varphi}+\frac{\gamma b\pi/4}{\cot\varphi-\frac{\pi}{2}+\varphi}=cN_c+\frac{\gamma b}{2}N_{1/4} \tag{8-12}$$

其中，$N_c=\frac{\pi\cot\varphi}{\cot\varphi-\frac{\pi}{2}+\varphi}$，$N_{1/4}=\frac{\pi}{2\left(\cot\varphi-\frac{\pi}{2}+\varphi\right)}$。

上述为当基础埋深 $d=0$ 时，依据弹塑性假设推导地基承载力的整个过程，现行国家标准《建筑地基基础设计规范》GB 50007 正是采用弹塑性理论并进行一定量的修正来计算地基承载力的。为验证弹塑性理论方法对钙质砂地基的适用性，将钙质细砂地基的抗剪强度参数分别代入式(8-10)、式(8-11)和式(8-12)中，计算结果如表 8-5 所示。

基于弹塑性假设的钙质砂地基承载力理论计算值与实测值汇总表 **表 8-5**

	N_c	N_q	N_γ	计算值(kPa) $c\neq0$	计算值(kPa) $c=0$	P_{cr} 实测值 (kPa)	P_u 实测值 (kPa)
比例界限荷载 P_{cr}	14.24	0	0	827.31	0	450	600
临塑荷载 $P_{1/3}$	14.24	0	9.30	835.79	8.48		
临塑荷载 $P_{1/4}$	14.24	0	6.97	833.67	6.36		

由表 8-5 可知：(1)使用弹塑性法获取的比例界限荷载 P_{cr} 计算值较实测值偏大，约为实测值的 1.8 倍，钙质砂存在较大的似黏聚力是导致这一结果的主要原因。(2)极限荷载 P_u 的实测值小于通过弹塑性法计算出的临塑荷载 $P_{1/3}$ 和 $P_{1/4}$。载荷实验过程中地基土在达到极限荷载 P_u 时的沉降仅有 18.84 mm，约为基础尺寸的 0.14 倍，依据临塑荷载 $P_{1/3}$ 和 $P_{1/4}$ 的定义，此时的地基承载力实测值应比临塑荷载 $P_{1/3}$ 和 $P_{1/4}$ 小。与按照极限平衡法计算出的地基承载力结果相比，基于弹塑性法的地基承载力计算值与实测值间的差异较小，因此实践中建议采用弹塑性法并取临塑荷载 $P_{1/4}$ 除以 1.4 倍的安全系数作为地基极限承载力特征值。

Wang 等(2020)的研究发现钙质砂的静止侧压力系数 k_0 远小于 1.0，因此上述计算值偏大，有必要考虑在实际静止侧压力系数影响下对上述计算方法进行改进。根据弹性力学的知识可知，上述地基土内点 M 处由基底附加应力引起的大小主应力 σ_1'、σ_3' 在 XOZ 坐标系中可表示为：

$$\sigma'_x=\frac{P}{\pi}[\beta_0-\sin\beta_0\cos(\beta_0+2\varepsilon)] \tag{8-13}$$

$$\sigma'_z=\frac{P}{\pi}[\beta_0+\sin\beta_0\cos(\beta_0+2\varepsilon)] \tag{8-14}$$

$$\tau'_{xz}=\frac{P}{\pi}\sin\beta_0\sin(\beta_0+2\varepsilon) \tag{8-15}$$

当地基土的静止侧压力系数取 k_0 且基础埋深为 0 时，自重应力在 XOZ 坐标系中可表示为：

$$\sigma_{x0}=k_0 rZ \tag{8-16}$$

$$\sigma_{z0}=rZ \tag{8-17}$$

故点 M 处的总应力可表示为：

$$\sigma_x=\sigma'_x+\sigma_{x0}=\frac{P}{\pi}[\beta_0-\sin\beta_0\cos(\beta_0+2\varepsilon)]+k_0 rZ \tag{8-18}$$

$$\sigma_z = \sigma'_z + \sigma_{z0} = \frac{P}{\pi}[\beta_0 + \sin\beta_0 \cos(\beta_0 + 2\varepsilon)] + rZ \tag{8-19}$$

$$\tau_{xz} = \tau'_{xz} = \frac{P}{\pi} \sin\beta_0 \sin(\beta_0 + 2\varepsilon) \tag{8-20}$$

根据材料力学相关知识可知，点 M 处的大小主应力 σ_1、σ_3 与其在 XOZ 坐标系中的应力分量 σ_x、σ_z 和 τ_{xz} 存在以下关系：

$$\sigma_1 = \frac{\sigma_x + \sigma_z}{2} + \sqrt{\left(\frac{\sigma_x - \sigma_z}{2}\right)^2 + \tau_{xz}^2} \tag{8-21}$$

$$\sigma_3 = \frac{\sigma_x + \sigma_z}{2} - \sqrt{\left(\frac{\sigma_x - \sigma_z}{2}\right)^2 + \tau_{xz}^2} \tag{8-22}$$

将式(8-18)、式(8-19)、式(8-20)分别带入式(8-21)、式(8-22)中可得点 M 处大小主应力 σ_1、σ_3 的表达式。值得注意的是，由于式(8-19)和式(8-20)的求解比较繁琐，故运用工程数学的相关知识对其进行了简化计算，取 $\sqrt{a^2+b^2} \approx 0.96a + 0.376b$，式中 $a > b$；鉴于在地基土塑性变形开展范围内 $\tau_{xz} \geqslant \frac{|\sigma_x - \sigma_z|}{2}$，故点 M 处大小主应力 σ_1、σ_3 可用式(8-23)、式(8-24)表示：

$$\sigma_1 = \frac{P}{\pi}[\beta_0 + 0.376\sin\beta_0\cos(\beta_0 + 2\varepsilon) + 0.96\sin\beta_0\sin(\beta_0 + 2\varepsilon)] + (0.688 + 0.312k_0)\gamma Z \tag{8-23}$$

$$\sigma_3 = \frac{P}{\pi}[\beta_0 - 0.376\sin\beta_0\cos(\beta_0 + 2\varepsilon) - 0.96\sin\beta_0\sin(\beta_0 + 2\varepsilon)] + (0.312 + 0.688k_0)\gamma Z \tag{8-24}$$

当点 M 处于极限平衡状态时，其大小主应力 σ_1、σ_3 应满足式(8-7)中的相关关系，将式(8-23)、式(8-24)带入式(8-7)并整理可得地基土塑性区发展深度的解析表达式如式(8-25)所示：

$$Z = \frac{2P}{\pi T\gamma}(\sin\beta_0 - \beta_0\sin\varphi) - \frac{2c\cos\varphi}{T\gamma} \tag{8-25}$$

其中，T 为土体内摩擦角 φ 与侧压力系数的函数，即：

$$T = (1 + k_0)\sin\varphi - 0.376(1 - k_0) \tag{8-26}$$

式(8-25)将塑性区的开展深度 Z 表示成 β_0 的一元函数，对 β_0 求导数，并将其导数值设为 0，得 $\beta_0 = \frac{\pi}{2} - \varphi$，将其代入式(8-25)中可得塑性区最大开展深度 Z_{max} 的表达式：

$$Z_{max} = \frac{2P}{\pi T\gamma}\left|\cos\varphi - \left(\frac{\pi}{2} - \varphi\right)\sin\varphi\right| - \frac{2c\cos\varphi}{T\gamma} \tag{8-27}$$

当式(8-27)中 Z_{max} 取 0 时，可得考虑实际侧向应力影响的地基土比例界限荷载 P_{cr} 的表达式：

$$P_{cr}=\frac{c\pi\cos\varphi}{\left|\cos\varphi-\left(\frac{\pi}{2}-\varphi\right)\sin\varphi\right|}=\frac{c\pi\cot\varphi}{\cot\varphi-\frac{\pi}{2}+\varphi}=cN'_c \tag{8-28}$$

其中，$N'_c=N_c=\dfrac{\pi\cot\varphi}{\cot\varphi-\frac{\pi}{2}+\varphi}$。

当地基土中塑性开展区的最大深度 Z_{max} 取 $b/3$ 时，可得考虑实际地基土侧向应力状态下的临塑荷载 $P_{1/3}$ 的表达式：

$$P_{1/3}=\frac{2c\pi\cos\varphi+\frac{1}{3}\pi T\gamma b}{2\left|\cos\varphi-\left(\frac{\pi}{2}-\varphi\right)\sin\varphi\right|}=cN'_c+\frac{\gamma b}{2}N'_{1/3} \tag{8-29}$$

其中，$N'_c=N_c=\dfrac{\pi\cot\varphi}{\cot\varphi-\frac{\pi}{2}+\varphi}$，$N'_{1/3}=\dfrac{T\pi}{3\left|\cos\varphi-\left(\frac{\pi}{2}-\varphi\right)\sin\varphi\right|}$。

当地基土中塑性开展区的最大深度 Z_{max} 取 $b/4$ 时，可得考虑实际地基土侧向应力状态下的临塑荷载 $P_{1/4}$ 的表达式为：

$$P_{1/4}=\frac{2c\pi\cos\varphi+\frac{1}{4}\pi T\gamma b}{2\left|\cos\varphi-\left(\frac{\pi}{2}-\varphi\right)\sin\varphi\right|}=cN'_c+\frac{\gamma b}{2}N'_{1/4} \tag{8-30}$$

其中，$N'_c=N_c=\dfrac{\pi\cot\varphi}{\cot\varphi-\frac{\pi}{2}+\varphi}$，$N'_{1/4}=\dfrac{T\pi}{4\left|\cos\varphi-\left(\frac{\pi}{2}-\varphi\right)\sin\varphi\right|}$。

Wang 等(2020)在不同条件下系统研究了钙质砂的静止侧压力系数，认为钙质砂的静止侧压力系数约为 0.25。将 $k_0=0.25$ 代入上述公式即可获取考虑实际侧向应力影响的钙质砂地基承载力计算值(表 8-6)。

考虑侧向应力影响的钙质砂地基承载力理论计算值与实测值汇总表　　表 8-6

	N_c	N_q	N_γ	计算值(kPa) $c\neq0$	计算值(kPa) $c=0$	P_{cr} 实测值(kPa)	P_u 实测值(kPa)
比例界限荷载 P_{cr}	14.24	0	0	827.31	0	450	600
临塑荷载 $P_{1/3}$	14.24	0	3.94	830.90	3.59		
临塑荷载 $P_{1/4}$	14.24	0	2.95	830.00	2.69		

从表 8-6 中可看出：在不考虑基础埋深情况下，使用弹塑性理论进行地基承载力计算

时，考虑地基土实际的侧向应力状态(即 $k_0 \neq 1.0$)获取的地基承载力计算值比 k_0 取 1.0 时略小，但临塑荷载 $P_{1/3}$ 和 $P_{1/4}$ 的计算值仍大于极限承载力 P_u 实测值。基于弹塑性理论的地基承载力计算方法，k_0 分别取 1.0 和实测值时与黏聚力相关的承载力系数 N_c 没有发生变化，而与基础埋深相关的承载力系数 N_q 以及与基底土重度相关的承载力系数 N_γ 随 k_0 值的减小而降低，由于钙质砂的似黏聚力较大，由黏聚力贡献的强度仍然是地基承载力计算值中最主要的组成部分。

思考题

1. 简述平板载荷模型实验装置的工作原理。
2. 影响钙质砂地基沉降的因素有哪些?
3. 密实度、级配和含水率对沉降量有什么影响? 这些因素相互之间存在耦合影响吗?
4. 地基承载力常见的计算公式有哪些?
5. 简述承载力计算方法中弹塑性和刚塑性假设的区别。
6. 钙质砂地基沉降特性与陆源石英砂地基相比有何本质区别?

参考文献

Poulos H G，Chua E W，1985. Bearing capacity of foundations on calcareous sand[C]. Proceedings，The 11th International Conference on Soil Mechanics and Foundation Engineering，America：San Francisco：1619-1622.

Vesic A S，1973. Analysis of ultimate loads of shallow foundations[J]. Journal of the Soil Mechanics and Foundations Division，99(1)：45-73.

Wang X，et al.，2020. Experimental study on the coefficient of lateral pressure at rest for calcareous soils [J]. Marine Georesources & Geotechnology，38(8)：989-1001.

Zhu C Q，et al.，2016. Micro-structures and the basic engineering properties of beach calcarenites in South China Sea[J]. Ocean Engineering，144：224-235.

中华人民共和国住房和城乡建设部，2019. 土工试验方法标准：GB/T 50123—2019[S]. 北京：中国计划出版社 .

尹振宇，2021. 粒状土力学本构理论及应用[M]. 北京：中国建筑工业出版社 .

赵树德，1995. 地基弹塑性承载力 $K \neq 1.0$ 时的计算公式[J]. 西安建筑科技大学学报，(03)：294-298.

中华人民共和国住房和城乡建设部，2011. 建筑地基基础设计规范：GB 50007—2011[S]. 北京：中国计划出版社 .

第 9 章　筑岛工程

筑岛，即人类基于各种功能需求在海上建造的陆地化生产和生活空间，如建造工业生产用地(天然气勘探、开采平台，海上风电基地)，交通运输场所(海上机场、桥梁、隧道、港口)，旅游景点(养殖、潜水基地，人工海滨)，仓储场所(能源储备基地，危险品仓库)等项目工程。早在 1975 年，日本在长崎建造了世界上最早的海上人工岛，之后世界各地相继建设了多个人工岛，如日本关西国际机场、韩国仁川国际机场、中国香港国际机场、中国澳门国际机场以及港珠澳大桥四个海上人工岛等；中国在南海也对管辖海域内已有的各种环礁、台礁或灰沙岛进行吹填和扩建。这些筑岛工程设计和施工已经积累了一些可以借鉴的成功经验。随着现代海洋工程技术的发展和油气资源需求增大，筑岛作为海洋开发和海洋资源利用的重要手段，将成为海洋开发的重点方向，这就要求海洋相关土木工程类专业技术人员了解和掌握相关技术。本章主要介绍筑岛设计、筑岛施工以及岛礁生态修复与水文保障措施等内容。

9.1　筑岛设计

9.1.1　设计标准

人工岛的建设在 2020 年之前还未形成统一的技术标准，中交第四航务工程勘察设计院总结国内外筑岛经验，主编了《水运工程海上人工岛设计规范》JTS/T 179—2020 并于 2021 年正式生效，人工岛建设可参照此规范执行。人工岛等级应根据人工岛重要性、岛礁结构破坏后的损失大小或影响程度来划分重要等级，如表 9-1 所示，具体可分为Ⅰ、Ⅱ、Ⅲ级。Ⅰ级代表特别重要，破坏后损失或影响程度巨大；Ⅱ级为重要，破坏后损失或影响程度较大；Ⅲ级为比较重要，破坏后损失或影响程度一般。

人工岛等级划分　　**表 9-1**

人工岛等级	重要性	破坏后损失或影响程度
Ⅰ	特别重要	巨大
Ⅱ	重要	较大
Ⅲ	比较重要	一般

人工岛设计使用年限可根据人工岛的重要性等级来划分，具体如表 9-2 所示。与人工岛重要性等级Ⅰ、Ⅱ、Ⅲ级相对应的设计使用年限分别为 100、50、25 年。

人工岛设计使用年限 表 9-2

人工岛等级	设计使用年限(年)
Ⅰ	≥100
Ⅱ	≥50
Ⅲ	≥25

此外，根据人工岛的重要性等级，可确定人工岛防洪设计水位和设计波浪标准，如表 9-3 所示。

人工岛防洪设计水位和设计波浪标准 表 9-3

人工岛等级	重现期(年)
Ⅰ	≥200
Ⅱ	≥100
Ⅲ	≥50

人工岛越浪量控制标准根据岛壁后方防护要求、越浪冲刷范围的防护程度并结合排水能力综合考虑确定，具体如表 9-4 所示。

人工岛越浪量控制标准 表 9-4

工况	越浪量控制标准($m^3/s\cdot m$)	计算工况
正常运营工况	$\leqslant 3\times10^{-5}$	按 10 年一遇高水位组合 10 年一遇波浪计算
设计工况	≤0.05	按计算高水位及对应的设计波浪计算

注：①计算高水位指 50 年一遇极端高水位、100 年一遇极端高水位、200 年一遇极端高水位等，可根据使用要求选择；②越浪量计算波高为 $H_{13\%}$，或采用 $H_{1/3}$ 大波波高；③当排水系统能力较强时，经论证，可适当放宽；当后方有特殊防护对象时，宜适当提高。

人工岛建成后工后沉降要求一般为不大于 50 cm，如港珠澳大桥岛隧人工岛采用的 50 cm 工后沉降标准。对于深厚软土地基且回填荷载较大时，工后沉降较难控制时工后沉降标准可适当放宽，如截止到 2015 年 12 月，日本关西国际机场一期人工岛已记录到的机场累计沉降达 13.12 m，其中，机场营运之后的沉降达 3.30 m。其工后沉降远远超出了设计的预期。珊瑚岛礁质地坚硬、压缩性低，且吹填的钙质砂经密实处理后可达到中密程度以上，因此珊瑚岛礁上形成的人工岛工后沉降一般较小。

9.1.2 筑岛选址及总平面布置

筑岛选址以实际岛屿的功能需要为导向，基本原则为满足实际用途、方便施工和节约成本。在满足上述需求后通过对具体规划方案进行论证分析，最终选取对周边自然环境更为有利、更低灾害发生概率、交通和运维更为方便的工程区域。为服务于不同功能需要，筑岛选址应考虑的关键因素也大相径庭，例如，钻采油气的海上能源基地和油气储存仓库，其位置的选取主要取决于海底油藏地质的构造类型。海上港口主要考虑航道稳定与便利、淤泥冲刷等条件。

目前南海海上机场主要为满足国防军事用途，由于地处远离陆岸的珊瑚岛礁上，航线不像繁华大城市上空密布，可以有效避免重新规划空域的麻烦，并可避免占用耕地、控制拆迁量等问题，然而相应地则需要考虑通过船运或海底管道输送航油，避免与鸟类活动冲突等功能需求的影响。当满足各方面功能要求后，需分析不同项目的建设条件，如地质条件、风浪条件、建造和运营物资运输、龙卷风和地震发生频率等对项目选址产生的影响，尽量利用好海域天然的地质和水文条件，做到海域资源开发与环境保护协调发展。

此外，由于人工岛的建设会改变周边海域的水动力环境，从而导致海洋生物、海水交换和海底地形地貌等发生变化，根据原国家海洋局颁布的《关于加强海上人工岛建设用海管理的意见》，相邻人工岛之间要保持足够的距离，密度不能过大，要确保相邻人工岛对环境的影响不会产生叠加效应。此外，人工岛选址时应避开军事用海区、海洋自然保护区、排洪泄洪区、航道、锚地和船舶定线制海区、生态脆弱区和重要海洋生物的产卵场、索饵场、越冬场及栖息地等海域。因此，人工岛选址前应对下列状况进行工程调查，主要包括以下方面：

（1）海洋功能区划、国土空间规划和交通运输规划等；

（2）海洋生物、海底矿藏、文物等；

（3）航道、锚地、习惯航路等；

（4）已有建筑物、构筑物、海底管线，海底障碍物等；

（5）自然条件；

（6）填筑材料供应条件；

（7）铁路、公路、水运现状及能力以及接引条件；

（8）供水、供电、供气、通信等配套设施条件。

人工岛填筑的平面形状可为矩形、圆形、梯形、方形或不规则形状。一般平面设计都以满足功能需要和使用安全耐久性为前提来降低建造成本，但也有特殊案例，例如迪拜著名的棕榈岛和世界岛，分别由棕榈树形状和世界地图形状的人工岛屿群组成，如图9-1所示，其特殊的不规则形状是典型的为服务旅游经济和文化影响力所设计，从而极大地增加了施工难度，加大工程造价和海洋环境的负担。一般而言，除满足所需的功能要求外，人工岛平面布置需考虑尽量提高土地资源的有效利用，多采用平滑的平面形态以减少拐折和波能集中，尽量减小对海洋水动力条件和生态环境的影响，尽可能减小波影区长度。对于矩形或梯形的人工岛，为了防止对波浪和水流引起过大的紊动，增加局部冲刷，岛的四角最好做成圆角，或削成八角形，如美国加州的伊塞人工岛。

陆域高程的设计首先应满足设计水位下岛礁不会被淹没，综合考虑场地的功能、水文和气象条件、工后沉降、排水设计和其他外部条件来确定。人工岛具有通过增加国土而带来的种种优势，然而其建设过程非常昂贵，岛礁总平面设计应有科学合理的布局，尽量顺应海域的自然条件，同时应注意对外的交通衔接和景观价值，最终形成合理的总体方案。

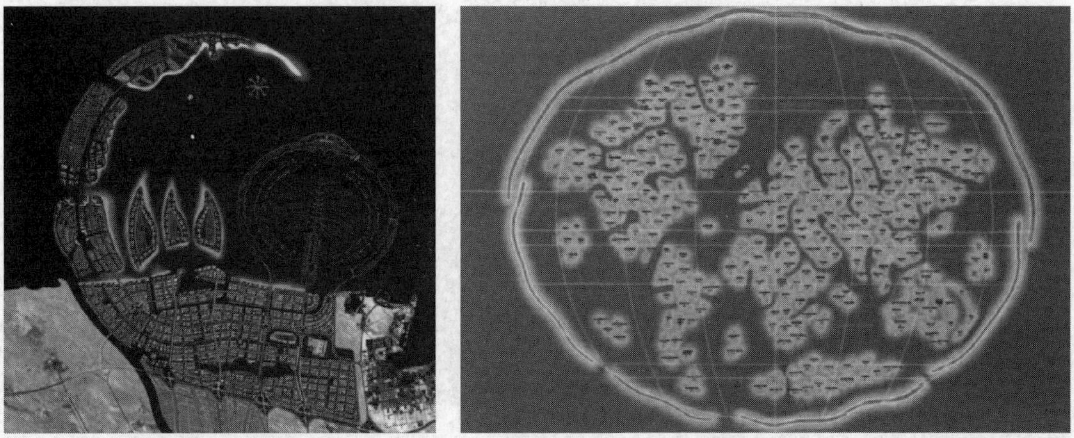

图 9-1　迪拜人工岛平面布置，棕榈岛(左)和世界岛(右)(林琛，2007)

9.1.3　陆域地基

陆域形成和地基处理是筑岛工程中两项重要的内容。陆域形成施工有两种方式可供选择：先填后围和先围后填方式。当需要从异地获取筑岛材料时，应考虑使用先围后填的施工方式，并采用环保型材料。获取回填料一般有两种方法：陆砂运输和海砂开采。由于采用陆源砂石运输到岛礁将大大提高工程造价和增加施工工期，且开山取石和开采河沙都会对环境造成影响，因此我国南海筑岛工程多采用岛礁就地取材进行吹填的方案，可达到更为快速和经济的目的。例如永兴岛机场的扩建施工就采用了浚挖于西南部礁坪港池的钙质砂，开挖形成的港池则用来修建海上码头。在采取就地吹填海砂的方法时，对取土区的填料进行工程地质勘探并全面了解其工程性质的工作十分重要，图 9-2 所示为我国对南海岛礁钙质砂场地开展的部分勘探测试工作现场情况。

陆域形成设计的主要内容包括回填料调查、回填料选择、围堰、回填高程、填筑工艺等。回填料调查应包括材料性质、储量、分布、开采方式、运输方式及运距等信息。可利用的回填料包括海砂、开山土石、疏浚土、惰性建筑废料及其他材料，但严禁回填危险废物和污染物。陆域回填高程应根据交工高程、回填料和原地基的沉降等因素确定，围堰及分隔围堰根据陆域分区确定，岛壁结构可兼作陆域形成的围堰。根据回填料种类、性质、运输方式及运距等因素，可采用水上回填、陆上回填、吹填、带式输送等填筑工艺。若采用吹填工艺，应设置排水口，并尽可能延长尾水排放路径，以便吹填料落淤，减少流失，降低环境污染。例如我国南海筑岛工程，采用直接吹填钙质砂造陆的方式形成缓坡率砂滩，由于吹填料为含泥量较小的钙质砂，采用直吹的方式可降低对周边环境产生的影响，形成的砂滩可与周边环境更好地融合。

地基处理应在综合考虑工程实际条件、周边环境条件、施工条件、预期效果和对环境的影响等因素后，统筹陆域形成方案，再确定合理的地基处理方案。筑岛工程陆域形成及

图 9-2　南海岛礁钙质砂地基现场勘探测试工作(王新志，2017)

地基处理应整体考虑设计方案，因为陆域形成填料的选择将直接影响后续地基处理方案，如吹填淤泥比吹填砂的地基处理造价高很多。

地基处理方法应综合考虑土质条件、加载方式、建筑物类型、适应变形能力、施工条件、材料来源、地下水条件和处理费用等因素，并经多方案比较选定。必要时，可联合应用多种地基处理方法。常用的地基处理方法包括换填法、爆破法、加筋垫层法、排水固结法、强夯和强夯置换法、振冲法、碾压法以及复合地基法(常用砂桩法、挤密砂桩法、碎石桩法、水泥土搅拌桩法和高压旋喷桩法)。筑岛工程中，护岸工程常用的地基处理方法有开挖换填法、爆破排淤填石法、水下爆破夯实法、复合地基法。陆域范围常用的地基处理方法主要有堆载预压法、真空预压法、强夯和强夯置换法、振冲挤密和振冲置换法、碾压法以及复合地基法。对于原状土为淤泥或吹填淤泥时，主要采用排水固结法，如堆载预压、真空预压和降水预压等，而对于填砂石的筑岛工程，一般采用强夯或振冲法，对于沉降要求较高的工程，也可能采用大面积复合地基加固方案。我国南海以钙质砂为筑岛材料，以直接吹填方式成陆，地基处理的目的是提高承载能力、减少沉降及消除地震液化，对于钙质砂地基较为适宜且造价低的地基处理方案为强夯法、碾压法或振冲法等地基处理方法。

9.2 筑岛施工

目前在珊瑚礁上建造人工岛面临的主要技术问题包括：设计和施工中的岩土基础情况、材料的运输问题和环境影响问题。其中环境影响问题包括影响最小化、自然替换以及与自然系统和谐发展，即在工程建设中对生态环境的影响范围最小、影响的程度最轻，同时尽量使工程施工过程符合自然演化规律，以达到人工岛与原有珊瑚岛礁自然系统和谐发展的最终目标。在珊瑚礁上建造人工岛除了满足政治和军事需要外，还能满足海洋开发基地和城市发展等民用需要。因此在南海诸岛珊瑚礁上进行人工岛的建造规划是非常重要的。

南沙扩礁造岛的主要方式为陆域吹填，陆域吹填指用挖泥船挖泥后，通过管线把泥舱中的泥水混合物，排放到近海陆地，经固结密实，排除淤泥中水分，使之达到一定标高从而具有可利用价值。南海人工岛主要是在珊瑚礁上建造的，珊瑚礁沉积为二元地质结构，表层为全新世无胶结的珊瑚碎屑沉积，下层为更新世已成岩的礁灰岩。环礁是南海诸岛中最为常见的一种珊瑚礁地貌类型，人工岛建设采取“师法自然”的设计理念，绞吸或挖取潟湖中的钙质砂，在礁坪上吹填形成陆域国土即人工岛。

南沙海域的扩礁造岛是一项系统性工程，采用了诸多海域施工的先进技术方法和手段。席明军等就外海人工岛的工程施工细节进行了探讨，指出人工岛的工程施工根据设计要求可以分为五大工序：打桩、铺排、抛石、防护以及吹填。由此可知远海岛礁开发建设的大致思路是先围堤，后吹填，然后加固地基，最后再进行工程建设。但在南沙岛礁吹填过程中，考虑到吹填料粒径相对较粗，主要以巨粒土及粗粒土为主，少含粉粒及泥粒成分，吹填物沉积固结速率较快，能够确保快速形成陆域，因此，在未形成封闭围堰的情况下，现场搅吸船“天鲸号”就可开展吹填施工作业，虽然有部分粉粒及泥粒会随水流漂散损失，但流失量不大，该工法在确保施工质量的前提下，又赢得了宝贵的工期。在采用吹填技术扩建的岛礁上面进行工程结构建设，通常会面临地基的稳定性问题。影响地基稳定性的因素较多，主要有建筑物荷载的大小和性质，岩、土体的类型及其空间分布，地下水的状况，以及地质灾害情况等。

基于吹填土类别及吹填环境，国内大陆地区吹填工程施工中，通常采用先修建围堰再进行吹填的施工技术，该工法具有工艺复杂、施工程序多、形成的地基松散、含泥量难以控制等特点，且吹填材料多以粉砂/黏土/淤泥等细粒土土质为主。而开敞式无围堰钙质砂岛礁吹填施工无需修建完整的临时围堰，直接开展吹填施工，该工法排水路径短，部分粉粒及泥粒成分随水流流失，避免了细颗粒在吹填地基中的累积，有效缩短了地基沉降固结的时间。

9.2.1 施工方案

筑岛工程主要分为护岸工程、陆域形成工程以及地基处理工程三个部分，护岸可为斜坡式护岸和直立式护岸，护岸也可兼作外围堰，外围堰和分隔围堰一般采用充填砂袋形成。陆域可采用耙吸船、绞吸船、抓斗船、铲斗船、链斗船、接力泵等疏浚及吹填联合施工形成。地基处理结合吹填料、工期及交工要求等采用水上或陆上地基处理方案。下面取某开敞式无围堰钙质砂吹填工程中的具体方案进行介绍。

筑岛施工前按照如下步骤开展工作：

(1) 对岛礁进行调研，确保施工符合当地法律法规和环评报告的要求，了解基础设计方案。

(2) 了解钙质砂/礁灰岩材质特性，钙质砂/礁灰岩材质特殊，摩阻力大，易于堆积，不易流失。

(3) 摸清周边水文条件，确定潟湖内侧海浪、潮流、海流平缓，且基本无泥砂运动，确定可以在无围堰状态下进行施工，钙质砂损失极小。

(4) 针对开敞式无围堰吹填施工，可开展约 80 m 宽、1000 m 长实验段施工，通过测定钙质砂流失量、含泥量、吹填土体颗粒组成、周边水体污染情况、边坡坡度及压实度等，进一步确认无围堰施工的吹填工艺可行。

开敞式无围堰钙质砂岛礁吹填施工技术是一项施工高效、成本节约、质量可控的施工工艺。在未修建临时围堰的条件下，根据施工区域的地理条件和外部条件，先对取砂区和吹填区进行施工区域划分，采用直接吹填的施工工艺(即裸吹)，通过输砂管将钙质砂吹填至指定的施工区域，在水力吹填过程中，考虑钙质砂良好的物理力学及水理性质，由多辆推土机对各吹填口区域同步进行土方整平和推土作业，达到层层压实的效果，并对吹填材质和粒径进行检测，确保整个钙质砂回填料的均匀，并采取在吹填口放置阻泥幕布等措施进行漂浮物的隔绝和清理，避免造成局部污染。此项工艺可减少临时围堰的海上作业量并降低风险和成本，同时缩短排水路径，通过合理损失一部分粉粒成分，避免了细颗粒在吹填地基内的累积，较常规吹填工艺可更好地控制含泥量。同时，采用 GNSS(全球导航卫星系统)、实时动态技术(RTK)，定期进行海深和陆域高程测量，对吹填效果和细颗粒流失进行控制。

1. 具体施工流程

开敞式无围堰钙质砂吹填施工流程如下：获得施工许可→挖泥船选型→挖泥船进场→施工场地清理与协调→管线准备与布置→吹填前联合测量→无围堰施工实验段确定→开展实验段施工→实验段确定无围堰吹填工艺可行→吹填和取砂施工区域的划分(分区)→取砂与吹填区域划定、清理→准备工作→船舶定位与接管→铰刀切削海底钙质砂层/礁灰岩→通过输送系统吹填钙质砂(分层)→回填区域整平→吹填后联合测量/分区验收→场地分区域移交。

2. 挖泥船选型

根据地质、水文、交通、技术及设计指标、安全指标、质量指标、经济指标、合同要求等条件，利用模型进行挖泥船选型，最终选取了绞吸式挖泥船(日作业量约 1.6 万 m^3)

和抓斗式挖泥船(日作业量约 1.2 万 m^3)作为施工船只，在项目实施过程中高质、高效、低成本地完成了吹填作业。

3. 输送系统分区综合布置技术

输送系统分区综合布置技术涉及钙质砂/礁灰岩材质对输砂管线、铰刀和其他输送系统构件磨损的问题。相较于常规吹填材料，钙质砂/礁灰岩造成的磨损更为严重。因此，为避免管线长度增加引起的材料磨损和水头损失导致生产效率降低，一般管线总长度布置在 1.5 km 以下，管线中的流量和泥浆浓度是影响挖泥船生产效率最重要的两个参数。管线越短、越顺直、爬坡越少、转弯次数越少、浮管和沉管越少，流速损失越少。管线布置直接影响整个吹填工程的生产效率，因此需要组织吹填取砂-吹填分区平衡计划。在考虑管线最短和合理配置挖泥船原则的基础上，使生产效率最大化。对钙质砂/礁灰岩特性及地层进行研究，根据功率及挖掘深度合理分配挖泥船，做到挖泥船分区分层作业范围功效最大化、最合理化，避免挖泥船超过或接近本身最大作业深度的取砂作业，降低挖泥船的损耗。

4. 吹填工效控制技术

钙质砂吹填施工需通过对海洋勘察和测量资料、钙质砂/礁灰岩特性的分析、吹填工艺选择、绞吸式挖泥船总功率和分配功率、铰刀切削性能、挖泥船主要构配件定期维修更换频率、输砂管布置、不同类型输砂管划分与搭接、管线长度与材质损耗关系、吹填区域施工分区分层划分等因素进行综合分析。绞吸式挖泥船工效优于耙吸式挖泥船，合理布置输泥管线长度，根据不同挖泥船总功率和输泥泵及加压泵的功率，确定输泥管最大作业长度，并根据吹填材料材质、吹砂支管数量和分布等综合减小输泥管的作业长度、增加吹填效率。铰刀的完整性和功能性需定期检查，钙质砂和礁灰岩地层中采用不同的铰刀进行土体的切削，确保工效最大化。定期检查、保养核心配件，如发动机、铰刀、主泵、水下泵和甲板等，避免因设备故障导致大范围停工。挖泥船移位要提前与整体吹填计划相结合，避免大范围长距离的移动，提升工效，而且可采取 2 班或 3 班倒的工作制度，确保 24 h 不间断施工，实现最大限度的利用从而缩短工期。传统吹填工艺中，采用先围堰后吹填的施工技术，需要对吹填区域进行施工分区，进行临时围堰的修筑，施工难度大，施工时间长。开敞式无围堰钙质砂岛礁吹填施工技术适用于波浪、洋流较小，吹填材料咬合力大、摩擦角大，含泥量低，渗透性好的吹填工程。通过对以上关键因素的细致控制，可以有效提高岛礁吹填工程的工效。

9.2.2 护岸工程

岛礁边缘护岸的设置目的是防止长期的风浪冲刷带来的影响。虽然岛礁护岸结构与一般陆域海岸和港口工程类似，但考虑到海上风、浪、流等环境条件影响，岛礁护岸结构的整体性、抗渗性、耐腐蚀、景观与环保等要求一般要高于陆域海岸。护岸结构安全等级、设计使用年限和设计水位等可参考现行行业标准《水运工程海上人工岛设计规范》JTS/T 179，根据不同人工岛等级来确定。护岸结构一般有斜坡式护岸、直立式护岸和混合式护岸。

斜坡式护岸宜用于水深相对较浅、地基条件较差、砂石料来源丰富的情况。可采用堤式护岸或坡式护岸两种形式，堤式护岸堤心采用块石、袋装砂和石碴等材料，斜坡式护面结构可采用抛填块石、混凝土人工块体、干砌块石、干砌条石、浆砌块石、栅栏板、混凝土板及模袋混凝土等。斜坡式护岸断面形式根据水位、波浪、地质、地形条件、使用要求及施工方法等确定。堤式护岸一般最早开工建设，人工岛依托于已建堤式护岸进行吹填形成陆域，起到围堰和护岸的双重作用。坡式护岸一般在人工岛吹填完成后，在填筑坡面上“贴面”建造防浪、防冲刷结构，适用于波浪小的水域，即施工期间不建造围堰直接吹填的工程。

直立式护岸宜用于水深相对较深、地基条件较好或经过加固处理的情况。直立式护岸墙体可采用现浇混凝土、浆砌块石、混凝土方块、板桩、加筋土岸壁、扶壁、沉箱或沉井等结构形式。当具备干地施工条件时，墙体可采用现浇混凝土或浆砌块石结构、加筋土岸壁结构等。直立式护岸一般采用水上安装，如扶壁式结构、沉箱式结构和沉井式结构。

介于两者之间的板桩护岸为混合式护岸，宜用于水深和波浪不大、砂石料来源缺乏、具备沉桩条件的情况。

总之，岛礁护岸的设计要根据实际环境条件和使用要求，选择合适的结构类型，并采用合理的设计方案，确保护岸的安全性、稳定性和经济性。

近年来，随着船机设备技术的不断更新，大型专用施工船舶的应用得到了推广。例如，我国港珠澳大桥岛隧工程人工岛护岸地基处理采用了水上施工的挤密砂桩方案，其中砂桩套管在淤泥中可形成直径为1.6 m的桩体，每三根桩为一组，管架最大长度可达70 m。另外，我国香港第三跑道工程采用了水下深层水泥土搅拌桩施工方案，专用施工船舶悬挂三组搅拌桩套管，每组悬挂四根搅拌轴，每组可形成相邻搭接0.3 m、四根直径为1.3 m的一簇桩。堤身抛填分为堤心石抛填及理坡、垫层石抛填及理坡、护底和护脚石抛填等。抛填工艺及船机设备需要根据结构特点、抛填量、工期要求、现场水深、潮汐波浪等因素进行合理确定和优化组合。此外，坡面可采用多种人工护面块体，例如栅栏板、扭工字块、扭王字块、四脚锥体和四脚空心块等。

对于护岸结构，现浇混凝土、浆砌石和加筋土挡墙结构宜在干地施工或采取措施形成干地施工条件。方块结构、扶壁结构、沉箱结构和板桩结构等直立式结构应用较广，一般在水上施工。其主要施工顺序包括基础施工、构件预制、构件吊运及安装、沉箱下水浮运及安装、胸墙施工、抛填棱体和倒滤层倒滤井施工、后方回填等。基础施工包括基槽开挖、基槽抛石、基床夯实、基床整平。构件预制指的是扶壁、沉箱、空心方块等构件的预制。构件吊运及安装指的是方块、空心方块、扶壁等小构件的吊运及安装。对于大型沉箱，可采用浮运安装。下部主体结构完成后施工胸墙结构，结构全部完成后抛填棱体及倒滤层，最后进行后方回填施工。

除此之外，护岸结构设计时应选择性地布置一定数量的监测点，以满足施工期和使用期对沉降、位移、地基冲刷情况和护岸结构破损等状况的定期观测要求。有条件时，护岸结构可考虑景观要求并在环岛路设置景观绿化带，在有功能要求时，亦可在局部区域采用人工沙滩。

9.2.3 陆域形成

陆域形成包括浚挖料源和填筑成陆两个主要过程，其中可采用耙吸式挖泥船、绞吸式挖泥船、抓斗式挖泥船、铲斗式挖泥船、链斗式挖泥船等进行疏浚，也可采用驳船抛填、绞吸船吹填等方式进行填筑。耙吸式挖泥船是一种吸扬式挖泥船，它通过置于船体两舷或尾部的耙头吸入泥浆，以边吸泥、边航行的方式工作。这种挖泥船利用泥耙松土，船中设开底泥舱，舱容积表示船的大小。挖泥时，将耙吸管放至水底，利用泥泵的真空作用，通过耙头和吸泥管自水底吸收泥浆进入挖泥船的泥仓中，泥仓满后，起耙航行至抛泥区开启泥门卸泥，或直接将挖起的泥土排出船外。有的挖泥船还可以将卸载于泥仓的泥土自行吸出进行吹填。耙吸式挖泥船具有良好的航行性能，可以自航、自载、自卸，并且在工作中处于航行状态，不需要定位装置。它适用于无掩护、狭长的沿海进港航道的开挖和维护，开挖淤泥时效率最高。

绞吸式挖泥船利用转动的铰刀绞松河底或海底的土壤，并将其与水混合成泥浆，然后经过吸泥管吸入泵体，最终通过排泥管送至排泥区。相比其他挖泥船，绞吸式挖泥船的施工过程更加高效，因为挖泥、输泥和卸泥都是一体化的，船舶本身就能完成这些任务。此船型适用于风浪小、流速低的内河湖区和沿海港口的疏浚，尤其适于挖砂、砂壤土、淤泥等土质，而采用有齿的铰刀后也能挖掘黏土，但效率较低。目前，亚洲最大的重型自航绞吸式挖泥船是中国船舶工业集团公司第七〇八研究所设计，上海振华重工集团启东公司建造的新一代重型自航绞吸式挖泥船——“天鲲号”，全长 140 m，宽 27.8 m，最大挖深 35 m，总装机功率 25843 kW，设计每小时挖泥量可达 6000 m^3，铰刀额定功率为 6600 kW，如图 9-3 所示。

图 9-3 天鲲号绞吸式挖泥船(中国船舶及海洋工程设计研究院海工部，2018)

抓斗式挖泥船工作部分三维结构设计图

图 9-4　抓斗式挖泥船(聂雨萱，2021)

1—支承圆筒；2—回转支撑；3—转台；4—机器房；5—人字架；6—疏浚抓斗；7—索具钩；8—臂架

抓斗式挖泥船主要用于海底各种淤泥、泥砂、砾石、碎石、巨石等物料的挖取，也可以用于航道疏浚、码头施工和海床工程的挖掘，如图 9-4 所示。抓斗式挖泥船分为自航和非自航两种。自航式船舶通常配备泥舱，当泥舱充满泥浆后，船舶会自航至排泥区卸泥；而非自航式船舶则利用泥驳装泥和卸泥，抓泥效率较低，通常用于基槽开挖等需要高度控制精度的工程中。

链斗式挖泥船利用带有挖斗的斗链，在导轮的带动下转动，使泥斗在水下挖泥并提升至水面以上，收放前、后、左、右所抛的锚缆，使船体前移或左右摆动来进行挖泥工作。挖取的泥土倒入泥阱后，通过溜泥槽卸入停靠在挖泥船旁的泥驳，最终用托轮将泥驳拖至卸泥地区卸掉。链斗式挖泥船对土质的适应能力较强，可挖除岩石以外的各种泥土，且挖掘能力甚强，挖槽截面规则，误差极小，最适用港口码头泊位、水工建筑物等规格要求较严的工程施工，因此有着一定的应用范围。

铲斗式挖泥船实际上是一种水上浮式的铲斗挖掘机，其铲斗挖掘机具和设备基本上与陆用铲斗挖掘机相同，因此一般是非自航式。当单一挖泥船型施工不能满足工程要求时，可以采用联合施工方式进行施工。

一般而言，填筑成陆初期如有水深条件时应采用泥驳直接抛填，填筑到一定高度后可采用吹填的方式，吹填前宜设置围堰及分隔围堰。吹填是目前填海造陆工程中最高效的施工方法之一，由于其具有先进便利、工期短、造价低等优点，这种填海方法在我国岛礁工程建设中被大规模采用，大大降低了海上施工的难度(图 9-5)。在南海中吹填造岛的流程一般为，先浚挖礁坪和潟湖或其他取土区的钙质砂材料，然后其通过大功率泥浆泵泵送到指定区域。排水完成后，吹填区便形成人工岛陆域。吹填施工前，应先调查取土区和吹填区的水文地质及气象条件、吹填设备的基本性能和环境保护要求等资料，明确吹填目的和要求，以科学合理地编制施工方案。

由于吹填造陆地域面积大，几十厘米的高程误差就会造成土方量相差大至几十万立方米，如果前期因吹填量不够而导致后期补填土方量，则会大大增加工程成本，同时实际高程超出设计高程太多也会导致浪费。因此，吹填高程应通过现场测量、室内分析计算等手段尽可能做到更加精确，同时施工中高程控制以宁高勿低为原则，要考虑留有一定的富余度。设计高程和设计工程量可分别通过下列公式进行计算：

$$H_R = H_S + \Delta H \tag{9-1}$$

图 9-5 南海筑岛工程中的吹填造岛过程(王新志，2017)

式中，H_R 为设计吹填高程(m)；H_S 为设计使用高程(m)；ΔH 是考虑吹填工程完工后由于地基固结和沉降所需的预留高度(m)。

$$V=\frac{V_1+\Delta V_1+\Delta V_2}{(1-P)} \tag{9-2}$$

式中，V 为吹填设计工程量(m^3)；V_1 是吹填容积量(m^3)，即吹填区设计高程与原始地面之间的容积；ΔV_1 是原地基沉降量(m^3)，即竣工验收前因吹填土荷载造成吹填区原地基下沉而增加的工程量；ΔV_2 是超填工程量(m^3)，根据吹填工程的高程平均允许偏差值计算；P 是吹填土进入吹填区后的流失率(%)，根据土的粒径、泄水口的位置、高度及距泥管口的距离、吹填面积、排泥管的布设、吹填高度及水力条件等具体施工条件和经验确定。

根据吹填设备组合、工艺不同，陆域形成可运用多种吹填方式，主要分为以下四类：直接吹填、挖运吹、挖运抛吹和挖运抛填。吹填方式的选用应根据工程条件、环境要求和设备性能来确定。合理的吹填方式不仅可以提高挖泥船施工效率，降低管线的布设工作量，而且还能降低土埝滑移的风险，也能为后期的地基处理创造便利条件。尽量做到对同一型号的挖泥船以远泥近排，近泥远排为原则，对小型挖泥船和大型挖泥船则分别以近泥近排和远泥远排为原则。常用吹填方式的施工工艺及其适用条件的总结如表 9-5 所示。

不同吹填方式的适用性 表 9-5

序号	工艺名称及流程	适用条件		特点
		抗风能力	吹距/运距	
1	直接吹填			
1.1	绞吸式挖泥船在取土区挖泥，通过吹填管线将泥土输送到吹填区	相对较差	吹距较近	对土壤适应性强，吹距受绞吸船有效吹距限制
1.2	气动泵船、潜水泵船、射流泵船在取土区取泥土，并将泥土直接吹填至吹填区	相对较差	吹距较近	设备简单、调遣费用低，但开挖土质局限于淤泥和松散砂
2	挖运吹			
2.1	耙吸式挖泥船在取土区挖泥装舱，重载航行到吹填区附近通过艄吹管线或船喷将泥土输送到吹填区	优良	运距远	不受吹填距离和取土区与吹填区之间距离的限制，需要在吹填区附近开挖临时通道和调头区
2.2	绞吸式挖泥船、斗式挖泥船、射流泵船、潜水泵船、气动泵船在取土区挖泥后装驳，泥驳重载航行到吹填区附近，吹泥船将泥土吹填至吹填区	相对较差	运距较远	不受取土区与吹填区的距离限制，施工组织复杂
3	挖运抛吹			
3.1	耙吸式挖泥船在取土区挖泥装舱，重载航行到吹填区附近的储泥坑抛泥，绞吸式挖泥船将泥土吹填至吹填区	优良	运距远	不受取土区与吹填区的距离限制，需要开挖较大的储泥坑和临时航道
3.2	绞吸式、斗式挖泥船在取土区挖泥装驳，泥驳重载航行到吹填区附近的储泥坑抛泥，绞吸式挖泥船将泥土吹填至吹填区	相对较差	运距远	不受取土区与吹填区的距离限制，可开挖较硬的土质，需要开挖储泥坑，船组配套设备较多，施工组织复杂
4	挖运抛填			
4.1	耙吸式挖泥船在取土区挖泥装舱，重载航行到吹填区抛填	优良	运距远	耙吸式挖泥船省去了吹泥时间，也不需要有吹填装置，不需要开挖较大的储泥坑和临时航道
4.2	耙吸式挖泥船在取土区挖泥直接装驳，泥驳重载后航行到吹填区抛填	优良	运距非常远	同上，但船组配套设备多，施工组织复杂
4.3	绞吸式、斗式挖泥船在取土区挖泥装驳，泥驳重载后航行到吹填区抛填	相对较差	运距远	不受取土区与吹填区的距离限制，可开挖较硬的土质，不需要开挖储泥坑，船组配套设备较多，施工组织复杂

吹填造陆工艺给我国南海岛礁建设工程带来的高效便利是显而易见的，然而这种方法对环境带来的污染也是存在的。在实际施工中，一般会通过多种手段，以最大限度地减轻对周边海洋生态环境的损伤。例如选用既满足工程要求又可造成较少悬浮泥沙的设备进行

吹填作业，吹填区设置多道子坎以加快砂土沉淀，泄水口设置防污帘，耙吸式挖泥船水下溢流等。同时，施工时开展对施工区域的水质、海洋生物和水动力环境的监测，及时发现环境和生态问题，并在工程结束后持续开展针对性的环保监测工作。

质量控制措施主要体现在吹填总量和流失量、吹填高程、含泥量、压实度、吹填粒径及吹填杂质的控制。其中含泥量通过现场经验性观察和筛分实验进行控制。如发现有细颗粒聚集，采取直接清除或拌合等处理措施，若区域较大，则应停止此片区域吹填施工进行集中处理；定期进行筛分实验对典型区域进行含泥量检测，以达到质量控制的目的；压实度一般在吹填过程中进行抽查，如果实验结果不满足要求，进行二次处理并复检，直至满足要求；从源头上控制吹填粒径，大挖泥船在礁灰岩层以下区域开挖时，减小铰刀片距离，增加铰刀片隔断数量，避免大颗粒进入；通过每日检查对大颗粒材料进行清除或破碎，达到粒径控制的要求。无围堰吹填工艺排水路径短，与海洋直接相连，细颗粒随海流和潮汐流至远处，对于质量控制有利的大粒径颗粒和珊瑚枝丫碎屑则留下堆积，含泥量极低，提高了陆域形成质量，对吹填区域进行合理分区分层，使整个吹填地层成型均匀良好，级配分布合理，保证吹填质量可控。

9.2.4 地基处理

地基处理的目的是通过各种工程技术手段对吹填土地基进行加固。根据现行国家标准《吹填土地基处理技术规范》GB/T 51064，吹填土的具体分类方法如表9-6所示。使用吹填工艺形成的陆域，其地基土具有比正常沉积土强度更低、压缩性更高的工程特性。通过地基处理手段，可有效改善吹填土工程性质，提高吹填土的承载能力和稳定性。目前我国工程界已开发多种地基处理方法，如真空预压法、强夯法、振动水冲法、堆载预压法、电渗排水法等，总结起来主要包括使用物理和化学方法使原有土体排水固结或加固硬化，或者直接将原土体置换成新的土体这两种思路。不同的地基处理方法各有利弊，在筑岛设计时要针对吹填土地基特性，结合工程实际、环境保护和节约资源要求等方面来综合确定。几种常见的地基处理方法的适用性总结归纳见表9-7，其中“√”为适宜，“○”为结合实验后确定。

吹填土分类及分类标准 **表9-6**

吹填土分类		土名	分类标准
粗颗粒土	碎石土类	碎石、卵石	d>20 mm的颗粒含量大于总质量的50%
		角砾、圆砾	d>2.0 mm的颗粒含量大于总质量的50%
	砂土类	砾砂	d>2.0 mm的颗粒含量大于总质量的25%～50%
		粗砂	d>0.5 mm的颗粒含量大于总质量的50%
		中砂	d>0.25 mm的颗粒含量大于总质量的50%
		细砂	d>0.075 mm的颗粒含量大于总质量的85%
		粉砂	d>0.075 mm的颗粒含量大于总质量的50%

续表

吹填土分类		土名	分类标准
细颗粒土	粉土类	粉土	$d>0.075$ mm 的颗粒含量大于总质量的 50% $IP\leqslant 10$
	黏性土类	粉质黏土	$10<IP\leqslant 17$
		黏土	$IP>17$
	淤泥质土类	淤泥质粉质黏土	$36\%\leqslant w<55\%$　$1.0<e\leqslant 1.5$　$10<IP\leqslant 17$
		淤泥质黏土	$36\%\leqslant w<55\%$　$1.0<e\leqslant 1.5$　$IP>17$
	淤泥类	淤泥	$55\%<w\leqslant 85\%$　$1.5<e\leqslant 2.4$　$IP>17$
	流泥类	流泥	$85\%<w\leqslant 150\%$　$IP>17$
	浮泥类	浮泥	$w>150\%$　$IP>17$

几种常见的地基处理方法及其对应的适宜土体　　**表 9-7**

吹填土分类 \ 地基处理方法		真空预压法	强夯法	堆载预压法	振动水冲法	固化法	电渗排水法
粗颗粒土	碎石土类		√	√	√		
	砂土类		√	√	√		
细颗粒土	粉土类		√	√	√		
	软黏性土类	√		√	○	√	√
	其他黏性土类				√		
	淤泥质土类	√		√	○	√	√
	淤泥类	√		√		√	√
	流泥类	√		√		√	√
	浮泥类	√		√		√	√

需要注意的是，虽然地基处理在近海岸填海造陆工程中已经得到广泛的运用，并积累了许多有益的经验，但南海筑岛工程中所使用的吹填土来自海洋生物成因的钙质砂，其物理力学性质与常规陆源石英砂相比具有显著的区别。因此，如果仅依据以往基于陆源材料设计的经验来确定地基处理方案，可能会因地基材料性质差异而导致地基处理结果不能满足工程要求，甚至增加项目失败的风险。因此，选择地基处理方案时应事先对取土区和吹填区的吹填土进行充分全面的勘察和资料搜集工作，在开展实验区基础上科学合理地选择地基处理方法。

新填筑人工岛的地基处理是非常关键的，日本关西国际机场从施工到后期运营沉降超过了 13 m，远远超出设计预期，因沉降增加的工程费用远超预算。虽然其地基也进行了加固处理，但因加固深度有限，加固后的地基还是产生了大量的工后沉降。地基处理方案应根据原土性质和吹填土性质、后期使用要求、地基处理工期、水深条件等因素综合确定，对于原状软土以及吹填软土的项目，多采用堆载预压、真空预压和降水预压等排水固结地基加固方案，为尽快增加原状软土的强度，保证地基稳定性，可采用水下插板工艺措施。排水固结地基处理方法通过外部压力或真空压力将软土中超静孔隙水压力通过排水板排出，进而改善土体性质，排水固结法已在软土地基加固中广泛应用，有大量成功应用堆载预压和真空预压的工程案例，在此不再赘述。港珠澳大桥岛隧工程采用了降水联合堆载预压加固方法，通过降水实现了大超载比预压，不仅显著改善了软土性状，同时还通过水的下渗起到了密实回填砂的作用。

近些年，随着资源管控力度的加大以及绿色低碳政策的指引，无砂法真空预压技术逐渐被广泛推广应用，该技术将排水板和排水滤管直接相连，利用真空泵直接将软土体中的水气抽出，进而改善软土性状。对于工后沉降要求较高、工期较短或需保证围堰地基稳定时，可采用复合地基加固方案，如碎石桩、挤密砂桩、水泥土搅拌桩等。中交集团具有大量的水上复合地基专业施工船舶，例如水上挤密砂桩船和水上深层水泥土搅拌船，分别成功应用于港珠澳大桥 120 万 m^3 挤密砂桩的施工和香港第三跑道工程。对于吹填砂地基，多采用强夯、振冲或分层碾压的方式进行地基加固，以改善砂土地基承载力、稳定性，减少工后沉降，并提高抗液化能力。中国南海区域多为钙质砂吹填成陆，强夯工艺非常适用，对于护岸后振动敏感区，可采用振冲工艺予以加固。图 9-6 所示为采用振冲加固技术来处理软弱地基。

图 9-6 振冲法加固技术

（周杰，2011）

9.3 岛礁生态建设

9.3.1 环境保护

珊瑚礁主要分布在全球南北回归线之间的海域，包括我国南海地区。珊瑚礁为海洋生物提供重要的繁育和栖息的场所，有助于维持海洋生态平衡，促进海洋物质能量循环，以及提供造礁护礁、防浪护岸和防止国土流失等重要功能。在海洋生态系统中，珊瑚礁发挥着至关重要的作用。然而，珊瑚礁也是一个敏感脆弱的生态系统，容易受到自然环境和人为干扰的影响，尤其是人类高强度扰动对陆地和海洋生态系统的破坏、环境污染等，均会导致珊瑚礁生态系统的严重破坏，甚至难以恢复。20 世纪 70 年代，我国南海珊瑚覆盖率曾高达 80％以上，然而，随着时间的推移，珊瑚礁的数量急剧下降，到 2010 年时，珊瑚覆盖率普遍下降至 30％左右。近年来，得益于海洋环境保护意识的增强和珊瑚礁生态修复工作的开展，《2020 年中国海洋生态环境状况公报》显示，我国南海珊瑚礁珊瑚覆盖率与 2015 年相比有了显著的提升。

目前，珊瑚礁生态系统退化主要由人类活动(如开发过度和环境污染严重)以及气候变化等因素导致。主要问题包括：污染胁迫导致海洋水环境不再适宜造礁珊瑚生长，过度捕捞导致生态平衡失调，以及生境丧失/退化导致珊瑚礁无法自我恢复。我国目前采取的措施是整治环境与修复生态并行，除了加强对珊瑚礁生态的监测和人类活动的监管，还联合国家有关部门、沿海地方政府、涉海科研院所以及社会组织等各方力量，推进珊瑚礁生态系统修复建设相关工作。例如，中国科学院南海海洋研究所在南海诸海域如三亚蜈支洲岛、西沙群岛七连屿、南沙岛礁等地区开展了大量珊瑚修复工作和珊瑚礁生态系统修复研究，取得了可观的效果。图 9-7 和图 9-8 展示了南海海洋研究所的典型人工修复珊瑚礁技术。

图 9-7　投放人工礁基和进行珊瑚移植(李元超，2014)

图 9-8　人工对珊瑚进行断枝培育(黄晖，2020)

针对我国南海目前生态受损情况，宜采用自然恢复为主、人类干预为辅的原则开展修复工作，如不应在历史上没有珊瑚的区域和污染严重的区域盲目开展珊瑚礁修复，在开展修复时注意采用环境友好型材料，以避免对所在环境和珊瑚造成二次损害。目前我国珊瑚礁生态系统面临的主要问题和可采取的具体修复措施总结见表 9-8。

受损珊瑚礁主要问题及相关修复措施　　表 9-8

主要问题	修复措施
水质不适宜造礁石珊瑚生长	通过流域管理、海岸带管理、污染治理、加强对排放和悬浮泥沙等的管理来改善水质
底质松散,泥沙过多,缺乏硬质底质	通过人工礁投放、金属网固定等基底稳固技术,增加和稳定硬质基底
大型藻类、珊瑚敌害生物过多	开展有害生物防控并进行人工清除,结合水质管理、增殖放流等措施进行防控
受损区域生物多样性及稳定性较差	通过珊瑚幼体补充、珊瑚移植、珊瑚园艺养殖、增殖放流等措施提升生物多样性和生态系统抗压能力

随着我国海洋经济的发展和岛礁开发活动的增多，海洋生态系统遭受了不同程度的破坏，并面临着海岛破坏、海岸线侵蚀、水体污染、海洋水动力条件改变和生物多样性下降等一系列生态问题。鉴于此，生态修复的目的就是通过人类干预，最大限度地修复受损和退化的海洋生态系统，改善海洋生态环境的质量，提升海洋生态系统的服务功能，岛礁生态修复分为以下几个步骤：

(1)确定修复对象。前期调查应包括岛礁的地理、生物、人文等基本情况，以确定需修复的目标对象。调查和收集的内容为：①岛礁：位置、地形地貌特征，海岸线类型、长度和位置；②植被：植被种类、面积和分布，外来植物危害，濒危植物调查；③土壤：土壤类型、分布、污染和环境质量；④动物：岛礁动物的种类和存活现状，珍稀濒危动物的种类、分布、特征和受威胁因素及保护现状；⑤自然和人文：岛礁自然遗迹和周边海洋水文环境、海岛经济开发价值。

(2)选择修复措施。通过现状调查和历史变化对比研究，分析现有的生态问题，然后结合珊瑚退化及受损程度进行修复。根据修复对象受损退化的不同程度，岛礁生态修复可分为有效管理的自然恢复、人工辅助恢复和生态系统重建性修复三种类型。当受损程度较轻时，如过度捕捞等未对生态资源造成严重影响的，可通过调整休渔期等措施来促进生态系统自行恢复到自然稳定的状态。当岛礁生态环境受损退化已达到一定程度，可通过大量人力物力来逆转受损生态系统，实行人为辅助调控，结合较长时间的自然恢复来使生态系统得到恢复。当受损退化到几乎丧失生态功能，并在短时间内无法自然恢复时，则需开展重建性修复。参照《海洋生态修复技术指南(试行)》规范，岛礁生态系统问题及相关修复措施总结如表 9-9 所示。

岛礁生态系统问题及相关修复措施　　表 9-9

修复类型	修复问题	修复措施
岛体地形地貌修复	地形地貌因滑坡和崩塌发生改变,边坡水土流失	保护修复地形地貌、岛陆植被与植物资源、海洋生物及其栖息地等,通过边坡工程进行排水、减重及加固等措施

续表

修复类型	修复问题	修复措施
岸线修复	自然灾害频发，防灾减灾能力不足，生态系统受损，人工构筑物导致海陆连通性下降、自然岸线减少	自然岸线：采取沙滩养护、植被种植、促淤保滩等措施，修复和重建受损自然岸线。 人工岸线：采取环境整治、生态护岸、退围/填还滩等措施，进行生态海堤、岸滩建设；采取海防工程加固、提高海堤标准等措施，增强海岸灾害防御能力；可采取堤坝拆除、生态海堤建设等措施，形成具有自然海岸形态特征和生态功能的海岸线
滨海湿地修复	入海污染物增加导致海水水质呈下降趋势，外来生物入侵侵占本地物种生存空间	可采取水系恢复、植被保育、退养还滩、退耕还湿、外来物种防治等措施，恢复滨海湿地的结构与功能；红树林、珊瑚礁等典型生态系统修复，还可采取异地补种等措施
海洋生物资源恢复	生态退化，生物资源量下降，生态多样性降低	可采取大型藻类种植、增殖放流和人工鱼礁投放等措施，恢复海洋生物资源
水文动力及冲淤环境恢复	海湾面积萎缩，海域淤积，水动力交换能力减弱	可采取堤坝拆除、海堤开口、退围/填还海、清淤疏浚等措施，改善水文动力与冲淤环境

任何方式的填海筑岛都会对周边海洋环境产生一定的影响，并对海洋冲淤环境、水动力环境、生物环境造成不利的后果，在进行筑岛工程时应采取综合性、系统性的技术方法和工程措施，研究减小对海洋资源和海洋生态系统不利影响的对策，通过有效措施修复和改善海洋生态环境。根据《围填海工程生态建设技术指南(试行)》，筑岛工程生态建设应遵守以下原则：

(1) 生态优先、因地制宜。应结合工程用海的实际功能需求，充分考虑当地自然资源现状、生态禀赋、水文动力、地形地貌和海洋灾害等自然条件，提出合理可行的生态化建设方案。

(2) 以人为本、保障安全。在保障海洋经济发展的同时，统筹规划围填海工程的生态生活空间，增加民生需求权重，破解公众亲海难题，让公众享受到碧海蓝天和洁净沙滩。护岸工程的设计应符合相关国家和行业设计规范标准，确保防洪防潮防浪安全和公众生命财产安全，发挥好生态建设的海洋减灾功能。

(3) 科学设计、自然修复。结合工程所在区域海域条件，遵循海陆过渡带生态系统的自然规律，充分利用生态系统的自然修复与恢复能力，科学设计生态建设方案。选择具有可操作性的技术措施，为生态系统自然恢复创造良好条件，确保生态建设成果持久发挥作用。

(4) 提高效率、节约资源。生态建设应与工程用海开发利用有机融合，在海岸线和海域利用上实现布局协调和功能兼顾，尽量减少因生态建设带来的海域海岸线空间资源消耗。

由于岛礁处在复杂的海洋环境中，其建设和使用会对海洋生态造成影响，并且还需要应对各种极端事件可能带来的灾害。因此，必须对人工岛在建造和使用过程中的地面沉降、位移、海域水文动力条件以及泥沙淤积变化等情况进行监测和分析。这不仅可以保障人工岛安全建设和长期服役，还可以为筑岛工程技术的积累和研究提供重要的数据资料。

随着近年来三沙市布局规划的逐步开展，如何使岛上的环境更加适宜人们长期居住成为一个关注的焦点。其中最受关注的问题之一是如何解决岛上淡水补给问题。由于人工岛礁特殊的地质地形结构，岛上的淡水资源非常缺乏，这严重制约了日常生活和生态环境的改善。根据 1996 年中国科学院南沙综合科学考察队对南海岛礁的考察结果发现，南海的某些岛屿上，部分降雨会入渗到含水层并在补水和损失过程中维持平衡状态，形成了一种浮在底层海水之上的淡化水体，被称为“淡水透镜体”（Freshwater Lens）。

中国目前在珊瑚礁上建设人工岛的目标是建成生态宜居岛屿。在这些人工岛上，地下海水会在降雨入渗的驱替作用下逐渐淡化，形成的淡水透镜体是支撑岛屿生态系统的重要水源。当人工岛面积达到一定规模后，淡水透镜体的形成，对土壤淡化和岛屿绿化过程起到关键作用，其形成时间和规模对师法自然造岛进程中岛屿生态系统的形成有重要影响。在地貌未发生大规模改变前，永兴岛淡水透镜体的最大厚度约 13.5 m，淡水资源储量约为 147.2×10^4 m^3。淡水透镜体的体积规模与岛屿的地质结构、沉积物渗透性以及岛屿气候条件密切相关。对于人工岛，淡水透镜体的形成是一个从无到有的渐变过程，对其形成时间和规模的影响因素分析是深入认识和合理规划利用南海珊瑚岛礁淡水资源的重要基础工作。

9.3.2 生态岛礁建设

坚持岛礁工程建设与生态保护并重、污染防治与生态修复并举，采取系统性、创新性和综合性的施工技术、工艺和方法，尽最大可能地减少工程建设对岛礁生态及周边海域生态系统的影响，努力实现建设与保护相协调，开发与修复相统一的发展模式，创造优良的岛礁生态、生产、生活空间，打造生态健康、环境优美、人岛和谐、监管有效的生态岛礁。

加强全局性岛礁工程建设生态保护规划。在岛礁工程建设前期，需要对生态保护做出统筹规划，从贯彻理念、建立制度、开展评估、借鉴经验等方面，做好充足的准备工作。贯彻人与自然和谐共生理念，建立严格生态保护制度，开展严密环保评估论证，借鉴国外类似工程经验。

坚持全过程岛礁工程建设生态保护举措。岛礁工程建设要以施工技术、施工区域选址、施工进度、施工手段、污染检测为落脚点，全过程贯彻生态保护举措，使工程建设对生态环境的影响最小化。采取师法自然施工技术，科学选定施工区域，合理制定施工进度，创新应用施工手段，定期监测施工环境。

构建闭合型岛礁工程建设生态保护系统。岛礁陆域配套设施建设时，应以陆域绿化淡化、人工培育珊瑚、严控污染处理、能源自给自足、部署环境监测五个方面为抓手，着力构建闭合型岛礁生态保护系统。迅速固砂造绿淡化陆地，人工培育珊瑚恢复生态，严格控制污染排放处理，高效利用岛内自身资源，部署生态环境监测设施。

南沙岛礁建设坚持“绿色工程、生态岛礁”的环保理念，总体技术思路是师法自然。南沙岛礁吹填造陆后，为了及时养护海洋生态系统、保护珊瑚礁，实施了“蓝、绿、淡”工程，在人工繁殖珊瑚领域以及海藻、海参等对珊瑚生长有益的海洋生物方面取得突破，实验区珊瑚礁覆盖率显著提高，未来3～5年，珊瑚礁覆盖率有望达到50%，对于重建珊瑚群落提供了良好的借鉴。根据珊瑚礁盘内外不同的情况因地制宜，珊瑚礁盘内珊瑚的生长过程是从潟湖到沙洲到礁岩的自然硬化，因此施工中并未排放浑浊水，而是采取先围后吹加速珊瑚礁硬化。根据人造珊瑚礁等海洋生物的生长周期，制定科学合理的施工进度和强度计划，以避开珊瑚礁生长的高峰期和主要经济鱼类的产卵期。在岛礁建设过程中筑造永久护岸、控制围填和疏浚面积来防止悬浮物漂浮扩散，将对水体透光性的影响降到最低。中国岛礁建设选择在珊瑚礁基本死亡的内礁坪上规划工程建设项目，在不适宜珊瑚生长的平坦潟湖盆中，绞吸松散的钙质砂砾吹填造陆。优化珊瑚生长环境，最大限度地降低岛礁建设对珊瑚礁的影响，提高养护珊瑚礁能力。

自然资源部已于2019年在南沙群岛正式部署启用生态保护修复相关设施，目的是保护和修复珊瑚礁系统，这是南沙群岛乃至南海海洋环境保护的关键。新启用的设施定期发布调查报告，充分掌握南沙岛礁珊瑚礁的生长演变规律，进而确定修复的重点工程区域，以自然恢复为主，配以创新技术方法，因地制宜实施修复实验。中国科学院岛礁综合研究中心的设立，涉及水文、地质、生态、防腐等方面，珊瑚礁生态原位观测系统、地震原位观测系统、材料腐蚀实验场等设施均已建成，为深入开展南沙岛礁生态保护与修复、海洋灾害预警等科研提供科技数据支撑。

南沙岛礁的高效建设离不开众多参与建设的单位，遗留的生产生活垃圾、卫生防疫等环境问题也比较突出，应尽量减少建筑及生活垃圾，控制污染物排放，做好垃圾分类的工作，逐渐构建岛礁闭合型生态系统，实现“全覆盖、零排放、零污染”的环保整治目标。南沙岛礁应开展清洁能源利用、岛礁绿化和生态修复工作，责任到岛，为此在每个岛都成立环保综合整治运营中心，均具备可移动、高效垃圾分类的特点。因岛礁目前不具备自我消化的功能，需将可回收垃圾压缩打包运回大陆，将不可回收垃圾焚烧消减产生的废渣封闭运回大陆，对建筑废料分门别类处理，对生活垃圾如人畜排泄物等进行无害化处理，将其用于岛礁种植，绿色高效，实现建筑垃圾、生活垃圾、污水的循环式处理利用。

思考题

1. 从民用和军事两个角度分析为何要进行南海筑岛工程？
2. 筑岛选址设计时，有哪些有利条件和不利条件？
3. 筑岛平面布置应遵循的原则是什么？
4. 如何在陆域形成中使用吹填工艺，其优点是什么？

5. 吹填造岛中为何要进行地基处理？简述地基处理的常用工艺方法。

6. 试述岛礁生态修复的目的及主要方法。

参考文献

黄晖，等，2020. 热带岛礁型海洋牧场中珊瑚礁生境与资源的修复[J]. 科技促进发展，16(02)：225-230.

李元超，等，2014. 西沙赵述岛海域珊瑚礁生态修复效果的初步评估[J]. 应用海洋学学报，33(03)：348-353.

林琛，2007. 迪拜棕榈岛：人间奇迹还是人类的遗憾？[J]. 生态经济，(02)：8-13.

聂雨萱，2021. 大型抓斗式挖泥船现状及发展趋势[J]. 建筑机械化，42(11)：27-30.

王新志，等，2017. 珊瑚礁地基工程特性现场试验研究[J]. 岩土力学，38(07)：2065-2070＋2079.

席明军，等，2009. 外海人工岛工程施工技术[J]. 中国港湾建设，(04)：49-54.

中国船舶及海洋工程设计研究院海工部，2018. "天鲲"号超大型自航绞吸挖泥船[J]. 船舶，29(01)：103-104.

中华人民共和国交通运输部. 水运工程海上人工岛设计规范：JTS/T 179—2020[S]. 北京：人民交通出版社，2021.

周杰，2011. 振冲碎石桩复合地基在复杂临海填海地层中的应用研究[D]. 北京：中国地质大学(北京).

第 10 章　岛礁基础设施

自 20 世纪以来，人类的发展目标逐渐从陆地转向海洋，海洋工程得到了迅速的发展。我国自 2014 年起在南海进行吹填造岛，短短几年间永暑岛拥有可停纳波音 737 的 3160 m 机场跑道和一个 5000 t 级码头。同时，我国还建成了拥有 3250 m 机场跑道的渚碧岛和 2660 m 机场跑道的美济岛，以及华阳岛、赤瓜岛、东门岛、南薰岛等多个岛礁工程。南海地理位置优越，且蕴藏大量宝贵的油气资源。在填海科技日益成熟的今天，进一步开发岛礁功能、探索海洋资源，并使南海岛礁广泛应用于民用或者军事用途已经成为可能。因此，加紧开展建设岛礁机场、跑道等交通设施方面的理论和工程技术研究，并使之服务于国家海洋开发战略，具有重要的理论和现实意义。

岛礁基础设施包含岛礁机场、道路、桥梁、民居建筑等常见基础设施，以及灯塔、雷达塔楼、大跨度机库、地下储水库、储油库和防空洞等典型的基础设施，基础设施的建设和运行期间，可能涉及的工程地质问题包括土体沉降、渗流和液化等。本章主要关注岛礁机场、道面、地下空间和桥梁工程这四个方面，对涉及的岩土工程内容进行介绍。

10.1　岛礁机场工程

10.1.1　岛礁机场工程概述

航空运输是目前速度最快的交通方式，具有高度机动性，可满足军事和民用双重需求。机场主体通常由飞机、跑道、滑行道、停机坪、航站楼、停车场和维修设施等组成。除此之外，在确保不会干扰飞机运行、通信设备和地面导航设备正常工作的前提下，考虑商业需要，机场还会配备一定的娱乐、工业和商业活动的空间。

第二次世界大战期间，美国和澳大利亚在太平洋的一些珊瑚岛屿上就地取材，使用珊瑚礁岩土建筑了多条公路和机场跑道，至今仍在使用。例如，巴布亚新几内亚俾斯麦群岛 Los Negros 岛上的 Momote 简易机场，美军在 1945 年挖取潟湖里的珊瑚礁砾石，将跑道由 1200 m 加长至 2375 m(赵焕庭等，2017)。1954 年，澳大利亚空军也使用同源材料将该机场改造成为民用机场。20 世纪 80 年代，巴布亚新几内亚仍使用同一种材料将原机场改建成为国际机场。随着科技的进步和工程技术水平的提高，以及港口和海洋项目的大量工程实践，现阶段人工填海造地的能力和效率已经发生了翻天覆地的变化，这为我国在南海岛礁突破陆域限制建造机场提供了重要的条件。20 世纪 80 年代，我国南海舰队工程指挥部在西沙琛航岛建立了直升机坪。我国台湾地区 1965 年在东沙群岛的东沙岛修建了长约

1550 m，宽约 30 m 的机场跑道；2006 年我国在南沙群岛的太平岛修建了长约 1200 m，宽 30 m 的机场跑道。永兴岛是西沙群岛最大的灰沙岛，于 1991 年建成机场，该机场跑道横跨东西两段礁坪和中段灰沙岛，长逾 2400 m。2014 年，永兴岛机场跑道扩建至 3000 m。

钙质砂作为机场跑道填筑材料，其物理力学性质与陆源石英砂不同。钙质砂颗粒棱角多、质脆、疏松多孔、易破碎，理论上会加剧工后变形。在该岩土体上修建工程是岛礁机场建设所要面对的难题之一。岛礁场地内地基填筑材料主要特征如下：地基填筑材料由粒径小于 0.075 mm 的钙质粉土到粒径大于 200 mm 的珊瑚碎石组成，材料颗粒级配分布极为不均匀，且不同的吹填区域常表现出不同粒径集中分布的特征，使得现场最大干密度和压实度的确定较为困难。尽管如此，钙质砂的强度较高，只要能满足工程力学性能的要求，就可以就地取材，并选择适合的施工工艺，以极大地降低材料成本。随着吹填工艺的不断发展，就地吹砂填海方便而高效，成为目前主流的筑岛方法。例如，我国南海诸岛的建设便是先通过前期的吹砂填海形成足够的陆域面积，并对吹填土进行地基处理后，最终建设成具有不同功能的岛屿。

岛礁上建设机场面临比陆地机场更艰巨的挑战，主要表现在两个方面：一是岛礁机场周边自然环境恶劣，岛礁机场位于海洋中孤立的岛屿上，暴露在开敞无掩护的海洋环境中，洋流和恶劣天气对机场建(构)筑物和设施的安全构成较大的威胁。2011 年日本釜石港防波堤在海啸中被淹没就是一个典型案例。在海啸发生前两年，日本修建了被誉为“世界第一”的海堤，这条防波堤长 1660 m(北堤 990 m，南堤 670 m)，高 63 m，总投资 14.88 亿美元。然而，在 2011 年的海啸中，却无法抵抗海水的涌入，使仙台机场的跑道、候机楼和停机坪陷入一片汪洋中(图 10-1)，乘客及工作人员不得不爬到候机楼顶层等待救援。二是岛礁与外界的联系相对脆弱，连接陆岛间交通的桥梁抗灾能力弱，施工难度大。机场所需的油气资源只能通过船舶、管道和航空等方式从陆地运输至岛礁机场，大大增加了机场的生产运营成本。

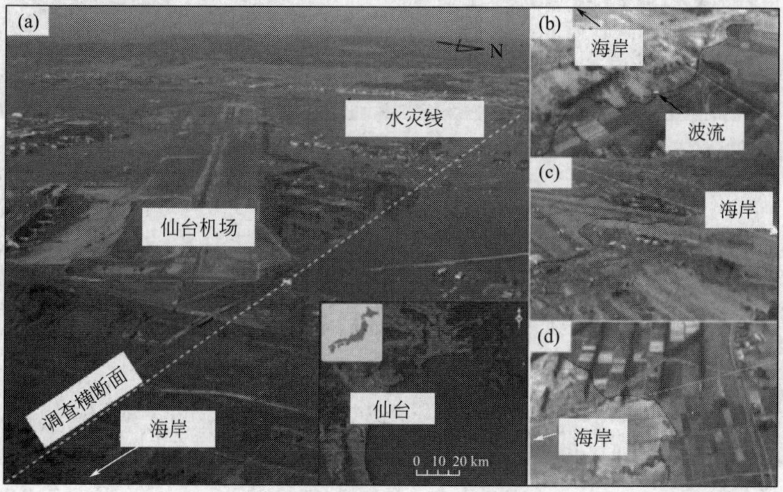

图 10-1 2011 年海啸中仙台机场鸟瞰图(Goto 等，2011)

解决的途径主要是提高岛礁建筑设施安全性能标准，增强极端天气下岛礁的韧性建设，提高岛礁抵御灾害的能力，同时建立更多类型的交通通道，建立完善的海上重大事故评估方法和紧急救援机制。不同岛礁的机场工程都有其自身的特点，面临的项目要求、施工条件、环境因素千差万别，客观上是不可复制的。虽然，近年来我国岛礁工程已取得了一定的经验和成就，但无论是海上施工工艺和工程运维，还是海洋生态保护，都还有很长的路去探索，这也将成为我国工程界面临的新课题和亟待攻关的重大关键性技术及应用研究方向。

10.1.2　岛礁机场工程设计

1. 工程概况

南海岛礁机场建设选址可以不考虑人流量及建设用地拆迁款项等常规陆域机场所面临的主要问题，但需考虑机场服务的军事或民用需求及岛礁场地的建设条件。其他影响因素对机场的建设也很重要，甚至有些能起决定性作用，其中包括：空域条件、电磁环境复杂区域、气象条件(风场、降水、能见度)、净空条件、鸟类栖息地及其迁徙路径、噪声敏感区域、交通条件、建设条件、周边配套措施(水源、能源、救援、污水处理、通信)、邻近机场等及其他不适合开展航空活动的因素。由于地理环境因素的影响，岛礁机场处于四面环海的海岛环境，此类机场没有桥梁和陆地连接，属于孤岛类机场，如我国南海永暑岛(图 10-2)、美济岛、渚碧岛及永兴岛等机场及国外马尔代夫维拉纳国际机场、印度拉克沙群岛阿格蒂机场等。

图 10-2　南海永暑礁机场(赵焕庭等，2017)

马尔代夫维拉纳国际机场位于马尔代夫首都马累岛东北部 2 km 的 Hulhule 岛，该机场扩建工程项目建设内容包括：填海护岸工程、飞行区场道工程(新建 1 条 4F 级跑道，现有跑道改建为 F 类滑行道，新建与现有跑道相接的 7 条联络滑行道，改造及扩建现有西机坪，新建东机坪、与东、西机坪连接的 8 条联络滑行道)、助航灯光与导航工程、新建货运站工程、油库及机坪加油管线工程等。为解决机场岛的土地短缺问题，需要实施填海造地工程。新建飞行区总占地面积约为 2.35 km^2，其中新填海面积约为 0.75 km^2。根据马尔代夫当地地质条件，采用钙质砂作为填料进行陆域吹填，并采用直立式钢板桩及斜坡式块石护岸对吹填区域的边坡进行防护。结合吹填钙质砂压缩变形量小、排水性能好、承载力高等特点，采用开敞式无围堰钙质砂岛礁吹填技术(图 10-3)(张晋勋等，2021)。

图 10-3　马尔代夫维拉纳国际机场开敞式无围堰钙质砂岛礁吹填(张晋勋等，2021)

我国南海几个建有机场的岛礁面积都较小，如美济礁的礁坪面积仅为 8.5 km^2，永暑礁与渚碧礁则分别为 4 km^2 和 5 km^2(表 10-1)。在机场开始施工前一般需先对岛礁进行就地吹砂造陆，获得足够容纳机场及配套设施的陆域空间。填海工程设计应根据以下基本资料进行：①机场工程总平面规划；②以工程场地地层等信息为主的工程地质资料和水下地形及其历史演变资料；③以水深、水(洋)流、波浪、潮汐、泥砂淤积等信息为主的水文资料；④土石方等料源调查资料；⑤填海工程建设影响区域的波浪数学模型和物理模型研究资料；⑥对填海工程建设区域内海洋生态影响的相关分析、评价资料。机场填海工程中地基处理方法的选择也是影响造价和工期的主要因素之一。

南海三大岛的岛礁礁坪面积(王新志，2008)　　　　**表 10-1**

礁体名称	形态	礁体面积	礁坪面积	潟湖面积	潟湖水深
永暑礁	纺锤	110 km^2	4 km^2	97 km^2	15～20 m
美济礁	椭圆	46.4 km^2	8.5 km^2	37.9 km^2	20～25 m
渚碧礁	梨	14.6 km^2	5 km^2	9.6 km^2	10～20 m

南海某珊瑚岛礁机场建设工程主要包括道面工程、排水工程、管廊工程、油罐、配套用房等部分，主要建筑物或构筑物包括道面、排水沟、管廊、机务用房等，但由于现场珊

瑚岛礁地面标高较低，必须采用吹填等方式形成新近吹填地基。利用吹沙船将礁坪上(或潟湖内)沉积的钙质砂与海水经搅拌混合通过管线泵送至拟建场地上，混合物在渗流排水和自重固结作用下达到设计的相对稳定标高，最后形成新近沉积的钙质砂地基。现场吹填钙质砂层厚度一般在 6～10 m，最大厚度可达 13 m。由于新近吹填钙质砂地基的承载力特性不能满足上部结构的需要，需要开展吹填钙质砂的地基处理实验研究，探索钙质砂地基处理最优方案和施工技术参数，确保后续施工质量。

2. 岛礁机场工程地基处理方法与评价

我国古代的人工打夯法就是一种碾压技术的体现，由于效率低、劳动强度大，逐步被基于静压原理的光轮压路机和基于冲击、振动压实原理的冲击和振动压路机所取代。但是，光轮压路机和振动压路机的碾压速度和压实厚度会受机械设计限制，通常通过增大压轮重量来增加影响深度，从而提高压实效果和压实生产率。冲击压实所具有的巨大冲击能和所能获得的深层压实效果，促使人们不断探求能够连续地进行冲击压实的先进设备。

冲击压路机(图 10-4)的压实作用较为复杂。多边形凸轮在滚动过程中，距离轮轴中心最远点着地时使得冲压轮整体重心举升产生势能，加之牵引机械轮按一定速度转动具有了瞬时动能，转化为距轮心最近处着地时的动能冲击地面，其冲压过程中兼有拉、压、推力的作用，并通过压实轮滚动与填料接触，冲压轮凸点与冲压平面交替抬升与落下，产生集中的冲击能量并辅以滚压、揉压的综合作用，连续对填料产生作用，使地基得以碾压与压实。其运动方式为间歇性冲击，可产生瞬时的冲击动荷载。而且，有研究表明冲击压实的冲力可相当于轻型强夯(350 kN · m)的作用，故其对集料也可产生一定的粒径改良作用，可以改善颗粒级配，使级配趋于合理。

图 10-4　冲击压路机工作图(徐超等，2011)

冲击压路机较传统压路机具有生产效率高、影响深度大、对填料含水率和最大粒径要求范围宽等优点，特别是石方施工时，对于最大粒径控制要求不高，减少了二次爆破增加的费用，综合经济效益十分明显。就目前状况，冲击压实在机场的填方工程、大坝堆石体填筑、公路和铁路的土基面层补强中应用较多。

针对钙质砂地基采用冲碾处理方式，主要有以下优点：

(1)冲击碾压适用范围广：一般适用于细粒土、土石混合料及爆破碎石填料等巨粗粒土，最大粒径不超过层厚的 2/3 即可，且冲击碾压施工速度快。

(2)冲击碾压影响厚度大：冲碾处理对钙质砂地基的影响深度较大，可以达到 1.0 m 以上，对表层的处理效果更好，施工现场可根据不同影响深度选择合理的机具能量(25 kJ、32 kJ)。

(3)冲压对钙质砂颗粒具有一定的破碎作用：在一定程度上能够改良填料的级配特性，相对于振动碾压，对填料的级配可在一定程度上放宽。

(4)施工参数根据现场情况易于调整：冲压遍数应根据机具能量、影响厚度、土料性状、密实度设计确定，一般不宜超过 30 遍，行驶速度 10～15 km/h。

由于冲击压实自身具有的优势，并且机场要求土基顶面 80 cm(相当于垫层)厚度内土层的压实度达到 96%，因此冲击压实具有不可比拟的优越性，加之冲击压实适合大面积施工，具有效率高、速度快等优势，所以在南海机场建设中得到大面积推广使用，并取得了良好的经济、社会效益。岛礁吹填场地进行施工作业前，可针对性地开展关键技术问题专项研究，选择代表性的位置进行勘察、测试和实验性施工，以获得优化设计指标和参数。对于软土地基，由于室内实验中存在对原状土的扰动现象，获取的土样难以完全还原土样在真实场地的性质，且各类取土器械类型、规格及工作人员技术水平参差不齐，因此如果室内实验数据缺少对应的原位测试数据来作对比，就难以评估土体扰动的程度，而无法得知实验数据的误差大小及合理性。为了解决上述问题，在岩土工程勘察中常常采用现场原位测试等手段来获取地基岩土的工程特性参数。这是因为现场原位测试能够较好地保持原状土体的本身结构及其初始的应力状态，能够尽可能地避免取样以及室内实验过程中产生的土样扰动和应力状态的改变对实验数据造成的误差。主要的原位测试方法有标准贯入实验、平板载荷实验、触探实验、扁铲侧胀实验、波速测试、浅层地震勘探、点荷载测试及现场剪切实验等(图 10-5)。

(a) 平板载荷实验　(b) 浅层地震勘探　(c) 点荷载测试

图 10-5　南海岛礁地质勘察过程中的原位测试(Zhu 等，2017；Wang 等，2017，Wang 等，2020)

中国科学院武汉岩土力学研究所依托某珊瑚岛礁机场建设工程，通过在实验区开展平板载荷实验、重型动力触探实验和密实度检测，对比分析了振冲深度分别为 5 m 和 10 m

条件下的地基加固效果以及冲碾施工时吹填钙质砂地基的加固深度；通过现场地基回弹模量、变形模量及 CBR(California Bearing Ratio，加州承载比)实验，研究加固地基的承载力和固结压缩变形特性。根据机场工程地基处理要求，实验区地基处理后的评价指标及其对应的实验项目如下：

(1)地基承载力指标：浅层平板载荷实验；

(2)道面土基强度指标：地基回弹模量作为道面结构的设计参数，通常用于测定机场道面土基强度，用于反映地基的抗变形能力；现场 CBR 实验，用于测定土基强度和承载能力；

(3)变形指标：实验区沉降观测及工后沉降观测；

(4)密实度指标：压实度检测，现场采用灌砂法测定钙质砂地基表层压实度；由于现场钙质砂填方工程土层厚度普遍在 6～10 m，对于深层地基密实度检测，则采用标准动力触探实验，即采用圆锥重型动力触探实验检测，利用 63.5 kg 重锤从固定高度(76 cm)自由下落，测定探头和探杆每贯入 10 cm 时所需要的锤击数，间接反映地基的密实程度和强度。

3. 机场排水设施设计

机场排水包括场内场外雨水排水、防洪等，是机场设计的基本要求之一。排水设计的目标是在暴风雨事件期间为车辆的安全通行或机场设施的运行提供安全保障。排水工程设计应注重水土保持、雨水利用、环境保护，体现绿色发展理念，遵循低影响开发理念，优先采取自然积存、自然渗透、自然净化等方式，有效控制雨水径流，消减面源污染，防治内涝，提高雨水利用程度。排水系统的设计应满足：①快速清除机场路面上的雨水；②有效收集机场水流并将其输送到排放点；③在大风暴期间和之后保护路面免受损坏；④为空中交通和地面车辆提供安全运行保障；⑤考虑未来的扩建和分级要求等。排水设施施工流程如图 10-6 所示。由于机场本质上相对平坦，在一定程度上会使上述任务变得更加困难，因此必须仔细评估每个地点的土质条件、地形、设施规模、植被、积水和当地风暴特征频率，做到排水系统能够统筹规划、因地制宜、合理布局，保障机场使用安全。

10.1.3 岛礁机场后期监测和维护

在机场建设中，沉降监测方法主要分为两个类别：一类是常规的测量方法，另一类则是基于物理传感器的技术。常规地面沉降监测方法一般采用精密水准测量来实现，该方法应用广泛，具有测量精度高、数据可靠等优点。其中，常用的全站仪在各种建筑物的现场数据采集和变形监测中发挥了重要作用，特别是对于地面沉降变形的监测，全站仪具有可观测水平角、垂直角及距离等功能。但此方法工作量大、效率低，受气候影响较大，难以实现测量过程的连续监控和自动化，加上水准点本身布设密度较低，难以实现大范围、高分辨率监测，也难以做到全面揭示地面的变形规律。数字摄影测量在监测土体变形中慢慢展示出其独有的优点，不过利用三维摄影来处理地基沉降观测的精度仍需在实践中探索和

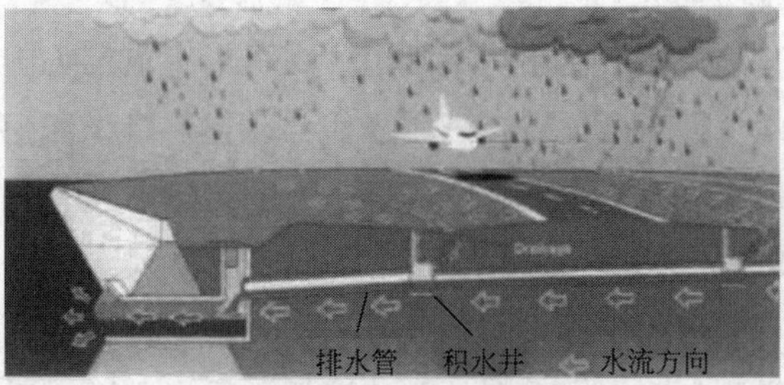

(a) 排水管网示意图

(b) 待装排水管

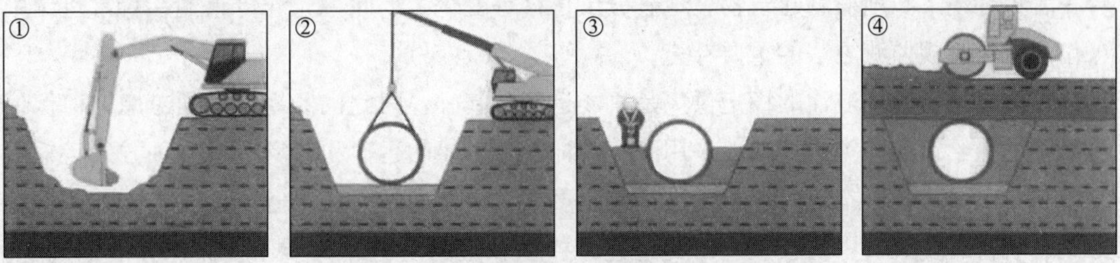

(c) 管道施工流程

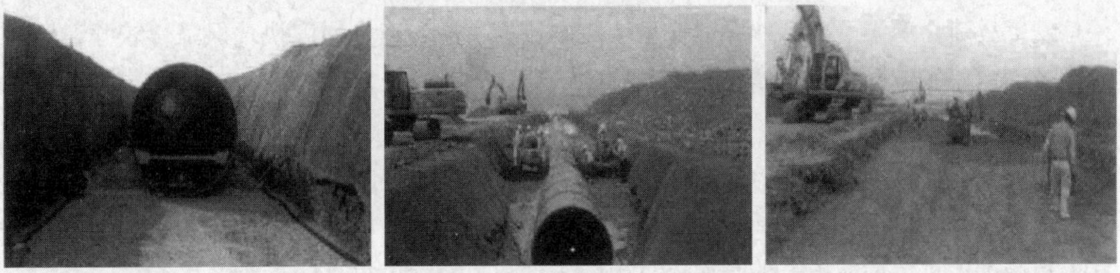

(d) 施工现场

图 10-6 排水设施施工(王诺，2018)

提高。

物理传感器方法即使用应力应变计和倾斜仪等，其优势是可以将观测的信息集中于对象的内部，可在精度较高的条件下获取对象局部变形信息，还可以实现长时间不间断的有效观测。缺点是变形观测范围比较有限，而且成本往往较高。

20 世纪 90 年代初期，全球导航卫星系统(GNSS)技术已经被广泛应用。这种技术具有三维定位功能和监测周期较短的特性，拥有高精度和易操作的特点。在地面沉降监测中，利用 GNSS 监测地面变形并捕获地面沉降的信息，然后将其反映在地图上，这种方法能够克服距离的限制，实现对较远地区的有效监控。因此，GNSS 是地面沉降监测的重要工具之一。

然而，虽然 GNSS 技术在地面沉降监测中具有重要的应用价值，但该技术也存在一些不足之处，如易受干扰。由于 GNSS 是通过卫星信号发射并接收才能完成对特定位置的定位，当信号较差而周围存在其他设备造成干扰时，GNSS 的信号容易被阻隔，从而无法形成有效的定位。此外，GNSS 的垂直位移精度比水平位移精度低得多，误差可达到 2～3

倍，因此垂直位移测量是 GNSS 测量的一个短板。

为了解决土体变形精密观测问题，可以在常规变形监测的基础上，在机场跑道等关键位置增设光纤传感器监测手段。光纤传感器是一种新型仪器，采用光作为载体，以光纤为媒介，以测量多种物理量和化学量，包括应力、应变、温度、电场等。光纤传感器具有体积小、功能多、稳定性好、精度高、便于网络系统整合协调等特点，其应用范围十分广泛，从军事、航天领域逐渐普及到土木工程、通信工程等民用产业。采用光纤式位移传感器，结构简单，安装方便快捷，可实现远程遥测，弥补了很多常规传感器的缺点，同时适合在恶劣环境下长期监测建筑物、地基分层位移等变化。因此，光纤传感器在日常运维中可作为机场常规监测方法的重要补充。

在机场运营中，航油的稳定供应是机场运营的基础，因此机场规划必须考虑如何保证机场航油供给。孤岛类机场一般采用海底输油管道、船舶运输和航空运输三种方式运输航空燃油。水路运输成本较低，来源途径可以多样化，应变能力强。但水运属于间断式运输方式，航行时受天气影响较大，由此将连带产生较大的安全和海洋环境保护方面的问题。海底管道运输可靠性高、连续性好、技术上成熟，但由于是唯一通道，无替代方式，因此一旦发生故障，后果严重。航空运输虽然成本较为高昂，但是速度快，保障性较强，输入途径较广，对于短期或应急使用具有特别的优势。因此，针对不同的应对情形，应合理选择相应的运输方式。

此外，在任何机场项目中，设计工程师都应该考虑机场附近的野生动物对飞机运行的危害问题。例如，当吹填岛礁的部署与周边海洋生物栖息的生存空间有冲突时，除了在选址上规避外，另一种解决办法是通过设立野生动物保护区以尽量减少此类危害。

岛礁机场工程填筑量巨大，对海域及周边环境会产生深远影响，并且有的对海洋与海岸带生态系统自然属性的改变是永久性的。归纳起来，岛礁机场建设对环境有如下影响：

（1）施工期。①环境污染：疏浚、抛石砂、挖淤泥产生的悬浮物、施工用船产生的工程污水、陆域生产和生活污水；②固体废物污染：陆域、船舶生活垃圾和建筑垃圾；③声环境污染：施工机械噪声；④大气环境污染：场地堆料扬尘、器械运输过程中的扬尘及尾气排放等。

（2）运营期。①废水污染：机场作业污水、生活污水；②固体废物污染：航空垃圾、生活垃圾、工业生产产生的污油污泥、绿化废物和修缮性建筑垃圾；③声环境污染：飞机起降噪声；④大气环境污染：运输扬尘、飞机起降及交通工具尾气排放等。

（3）渔业资源。对鱼类影响严重程度不一，体现为以下几点：①直接杀死鱼类个体；②通过降低其健康程度和提高患病率而降低其生长率，对交配、产卵和孵化等进行干扰，从而影响仔鱼出生率；③影响鱼类的洄游习性和各种生活习惯，减少其食物来源，从而影响其生物链和捕食效率等。

由于海洋生态系统的复杂性，人类对海洋的认识还存在一定的局限性。针对海洋生态恢复的研究还处于探索阶段，对于影响链多个生态因子统一恢复的研究还尚缺乏。例如，在填海工程施工中，污染防控主要是防止淤泥悬浮物的扩散，但是还未关注因施工产生的冲击波、噪声等对海洋生物造成的影响。在地理环境恢复方面，虽然生态恢复技术在人工河流系、护滩、海岸带湿地等方面已有一些进展，但是缺乏离岸海洋系统的综合研究。在河道整治中，景观型护岸结构形式研究已有一些应用，城市河流的景观型、亲水型护岸结构也有应用实例，但在海洋工程中，由于自然条件较为恶劣，目前采用较多的仍是大型护面块体结构，缺少具有景观效果及生态型的岛礁护岸结构。

除了污染工程海域，岛礁吹填完成后还将使岛礁周边海洋潮流、波、浪等水动力条件受到影响，进而改变泥沙输移和沉积环境，对海底地形地貌和周边海域造成一系列的影响，对周边海洋生物构成威胁。这种影响是长期持续发生的，且几种因素直接相互影响的结果可能会带来更大的后果。从长远的角度来看，对吹填工程完工后对周围水动力环境、海底地貌等的影响，建立科学可信的评估方案和完善的工后环境监测和保护机制，是机场工程从陆域走向海域不可缺少的重要一步。因此，在生态文明建设的背景下推进岛礁建设，也是未来海洋工程要解决的重要难题。

10.2 岛礁机场道面工程

10.2.1 机场道面工程概述

机场道面是供机场内飞机起飞、滑行、停放以及运营期内进行维护修理的场地。飞机质量和胎压随着新型飞机的推出不断增大，且飞行时间需求也越来越长，原有的老式机场道面逐渐难以满足飞机的使用要求。喷气式飞机的发动机在运行时会喷射高温气流到道面上，道面承受的温度约为 150 ℃，超出了之前的土质、草皮和一般的砂石道面的性能范围，采用沥青混凝土和水泥混凝土可抵御这种高温高压条件，于是这类高级道面技术得到了迅速发展。而无论是陆域还是岛礁，这些机场道面都是以水泥混凝土和沥青混凝土为主，目前水泥混凝土、沥青混凝土及两者的混合式道面也是国际机场跑道道面类型的主流选择。不同机场道面的主要特点如下：

(1) 水泥混凝土道面

水泥混凝土道面是指由水泥、水、粗集料(石子)、细集料(砂)按预先设计的比例掺配，并在必要时加入适量外加剂、掺加料或其他改性材料等，经拌合均匀铺筑而成的道面。

(2) 沥青混凝土道面

沥青混凝土道面是指用沥青材料作结合料，与粗集料、细集料、矿粉以及外加剂，在严格控制条件下拌合均匀、经摊铺碾压成型后形成的道面。

(3) 砂石道面

砂石道面是在处理平整后的土基上面，填铺力学性质较为优良的筛分后砂石材料，然后经过压实而形成的道面。这种道面因其承载能力较低，晴天易扬尘，雨天泥泞致使飞机无法飞行，故目前应用较少。

（4）土道面

土道面是指以碾压密实的平整土质表面作为道面的面层，供飞机起落滑跑之用。这种道面造价低，施工简便，主要用于轻型飞机的起降。军用机场的应急跑道通常为土质道面。大型机场的土跑道是紧急情况下飞机迫降用的。土道面通常会种植草皮，以提高其承载能力。

（5）水上机场

水上机场即供水上飞机使用的机场。飞机利用水面进行起飞、着陆、滑行，以及进行飞行前的准备工作和维护保养。水上机场应具有符合要求的飞行水域、码头和其他条件，其“道面”为水面。

（6）冰上机场

冰上机场即利用表面平整而坚硬的冰层作为机场道面，供飞机起飞、着陆、滑行和维护保养之用。河湖冰上机场建造要求不仅冰块要坚硬，而且冰面也要尽量平整以避免凹凸不平的水域。而南海岛礁主要位于热带海域中，无法修建冰上机场，其道面也无需考虑季节性降雪和结冰问题。

表10-2为国际民航组织(ICAO)1980年的统计资料，它包括147个成员国的1038个机场，1718条跑道的道面分类情况。由表中数据可以看出，水泥混凝土和沥青混凝土道面约占88%(彭余华等，2015)，而到目前为止，正在使用的机场道面中仍是以这两种道面为主。

国际民航组织(ICAO)机场道面类型统计表(彭余华等，2015)　　表10-2

道面类型	水泥混凝土	沥青混凝土	沥青及水泥混凝土	碎石	草皮或土	红土	珊瑚	砂	砖	有孔钢板
数量(条)	433	823	253	21	134	22	9	19	2	2
百分比(%)	25.2	47.9	14.7	1.2	7.8	1.3	0.5	1.1	0.15	0.15

10.2.2 岛礁机场道面工程设计

1. 机场建设对地基岩土工程性质的要求

机场道面通常采用水泥混凝土浇筑而成，道面下由水泥稳定基层及垫层组成，道面结构分层如图10-7所示。根据机场道面设计规范和使用机型，对道面厚度进行设计计算，通常机场道面结构层的总厚度能够达到60～90 cm。

无论是在陆域还是岛礁吹填场地，飞机机轮荷载和自然因素对道面结构的影响随着道面深度的增加而逐渐减弱。因此，对道面材料的强度、刚度和稳定性的要求也随道面深度的增加而逐渐降低。为适应这一特点，降低工程造价的方法是，道面采用多层结构，即上层采用高级材料，下层采用低级材料，如图10-7所示。根据使用要求、承受的荷载大小、

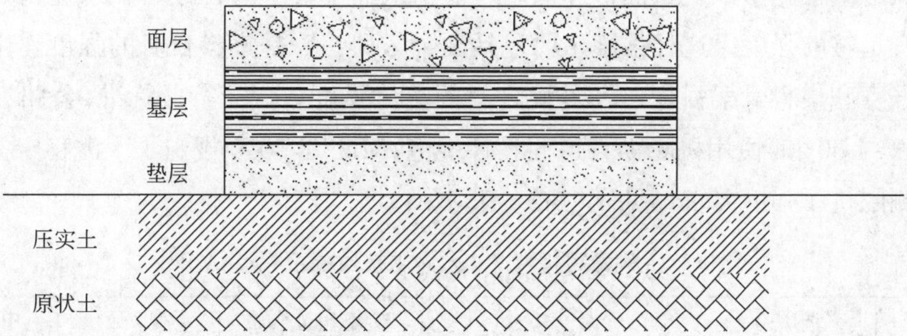

图 10-7 机场道面结构分层

土基支承条件和自然因素影响程度的不同，土基顶面一般采用不同规格和要求的材料分别铺设压实土基、垫层、基层和面层等结构层次。

(1) 压实土基

压实土基是道面结构的最下层，承受全部上层结构的自重和机轮荷载。土基的平整性和压实质量在很大程度上决定着整个道面结构的稳定性。因此，无论是填方还是挖方区域土基均应按要求予以严格压实。对于特殊土质还应采取相应的技术措施，以免在机轮荷载和自然因素的长期作用下，土基产生过量的变形和各种病害，从而加速道面结构的损坏。

(2) 垫层

垫层介于基层和土基之间，主要作用是改善土基的温度和湿度状况，以保证面层和基层的强度稳定性、水稳定性和温度稳定性，继续扩散由基层传下来的荷载，以减少土基产生的变形。垫层并不是必须设置的结构层次，通常是在土基的水、温状况不良时设置。对垫层材料的要求是：强度不一定高，但其水稳性和抗冻性要好。常用的垫层材料，一类是由松散的颗粒材料，如砂、砾石、炉渣等组成的透水性垫层；另一类是石灰土、水泥土或炉渣土等稳定土垫层。

珊瑚岛礁机场建设时，首先在礁坪上大面积吹填形成陆域，并对该陆域进行平整，之后对平整场地进行冲击压实处理，使其上层形成密实的垫层，一般对垫层的厚度要求为 80 cm，压实度为 90%以上。

(3) 基层

基层是面层和土基或垫层之间的结构层，是道面结构中的重要层次，主要承受面层传来的机轮荷载，并将其扩散至下面的层次中去。基层的主要作用有：提高道面结构承载力，改善面层受力条件；改善土基的受力状态，减小土基的累积塑性变形，从而使面层获得均匀、稳定的支承，保证道面的使用寿命；缓和水及温度变化对土基的影响，通过设置基层可以减小机轮荷载对土基的压力，隔断或减轻水对土基的作用，改善道面的水及温度状况，控制和抵抗土基不均匀冻胀的不利影响；为铺筑面层提供平整、坚固的作用面，从而改善施工条件。

在道路、码头堆场和机场等工程中，水泥稳定类基层常用作垫层和面层之间的过渡层，为了保证基层能够承受路面传递的动、静荷载而不发生弯拉破坏，水泥稳定类基层材料必须要有足够的强度。这种强度主要包括两个方面：一是集料自身的强度，主要包括集料单颗粒强度和集料骨架强度；二是混合料的整体强度。现行行业标准《公路沥青路面设计规范》JTG D50 和《民用机场沥青道面设计规范》MH/T 5010 规定了水泥稳定类基层及底基层的无侧限抗压强度要求，见表 10-3、表 10-4。

无机结合料稳定材料 7 d 无侧限抗压强度标准(MPa)　　**表 10-3**

材料	结构层	公路等级	极重、特重交通	重交通	中等、轻交通
水泥稳定类	基层	高速公路、一级公路	5.0～7.0	4.0～6.0	3.0～5.0
		二级及二级以下公路	4.0～6.0	3.0～5.0	2.0～4.0
	底基层	高速公路、一级公路	3.0～5.0	2.5～4.5	2.0～4.0
		二级及二级以下公路	2.5～4.5	2.0	1.0～3.0

水泥稳定材料的压实度及 7 d 无侧限抗压强度(MPa)　　**表 10-4**

层位	飞行区指标为 C、D、E、F	
	压实度(%)	抗压强度(MPa)
上基层	≥98	3.5～5.0
下基层	≥97	3.0～4.5

普通的水泥稳定碎石基层是以级配碎石作为骨料，加入一定数量的胶凝材料和足够的灰浆体积来填充骨料的孔隙，并按嵌挤原理摊铺压实，以满足规范要求的压实度。对于岛礁机场工程而言，若使用传统建筑材料进行远海工程建设，则存在海上运输任务艰巨、运输成本过高等制约我国远海工程建设的短板。为加快工程建设并节约成本，某远海工程机场跑道就地取材，采用珊瑚礁砾砂配置水泥稳定层。目前，针对珊瑚混凝土应用在建筑物中的研究较多，学者们主要关注水泥种类、水泥剂量、集料级配等因素对珊瑚混凝土抗压强度的影响。研究表明，抗硫酸盐水泥拌制的试块综合性能最佳，水泥用量一般为 5%～8%，水泥剂量的增加会增强试块的力学性能，且具有早强现象。当集料中细颗粒(<5 mm)含量在 45%左右时，珊瑚砂混凝土试块力学性能较好。在公路工程中，荷载的施加会使基层底部产生拉应力，拉应力过大会导致基层产生裂缝，从而降低基层的强度和耐久性。因此，水泥稳定层的抗拉强度也是重要的力学指标之一。

相较于普通碎石材料，珊瑚礁类岩土具有高吸水性和较低的抗压性，而且现场一般采用海水拌合。因此，水泥稳定珊瑚礁砾砂基层的生产和质量控制难度较普通砂石水稳层大。当使用珊瑚混凝土作为机场跑道水稳层时，建议以大于 5 mm 的珊瑚礁石作为粗集料，小于 5 mm 的珊瑚礁砂作为细集料，并对其配合比进行设计。具体步骤包括以下几点：

① 进行无机结合料稳定材料击实实验，以确定不同混合比的混合料的最优含水率和最大干密度；

② 制作无机结合料稳定材料试件，用于测试试块的无侧限抗压强度；

③ 无机结合料稳定材料养护，对于无侧限抗压强度和巴西劈裂强度实验，养护龄期分别为 7 d 和 28 d；对于回弹模量实验，养护龄期为 90 d；

④ 进行无机混合料稳定材料无侧限抗压强度实验(图 10-8a)。

另外，半刚性基层在荷载作用下呈现出拉应力状态，若拉应力大于材料极限值，基层下部易产生裂缝，导致基层强度降低，同时对上部结构造成不利影响。冯韦皓(2019)提出须对达到龄期的试块开展劈裂强度实验、弯拉强度实验和回弹模量实验，用来检测其最大抗拉强度、抗折能力和整体刚度，实验过程如图 10-8(b)～(d)所示。实验结果表明，水泥稳定珊瑚礁砂基层材料的无侧限抗压强度、劈裂强度、弯拉强度和回弹模量均随着水泥剂量的增加(6%～8%)、粗颗粒比例(>5 mm)的降低和龄期的增加(7 d，28 d)而增强；且水泥剂量对其力学性能的影响程度大于集料中粗颗粒比例的影响。这有可能是因为珊瑚砾砂的颗粒强度较低，即使良好的集料级配能形成较好的骨架，但集料的整体强度仍低于水泥强度，因此水泥剂量是决定试块最终强度的关键因素。

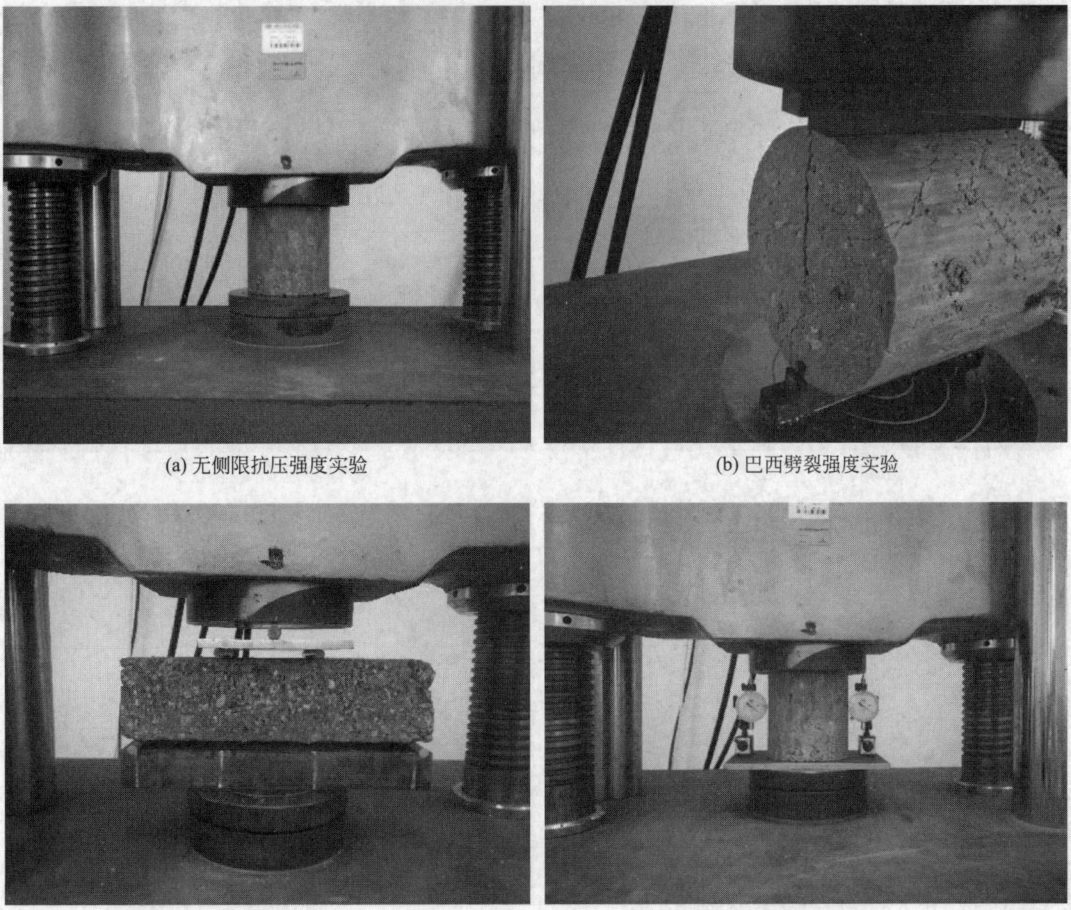

(a) 无侧限抗压强度实验　　(b) 巴西劈裂强度实验

(c) 弯拉强度实验　　(d) 回弹模量实验

图 10-8　水泥稳定珊瑚礁砂强度测试实验(余以明等，2017)

余以明(2017)用不同的水泥及海水掺量对不同珊瑚砾砂比例的集料进行拌合，探讨珊瑚礁砾石作为机场跑道水泥稳定层的适用性。研究发现，最佳配合比为珊瑚礁碎石(16～31.5 mm)：珊瑚礁砾(5～16 mm)：珊瑚礁砂：P.O.42.5 为 20%：45%：35%：6%，其 7 d 无侧限抗压强度高达 6.7 MPa，满足设计要求。同时，在现场以 5～53 mm 珊瑚礁砾石和 0.075～5 mm 珊瑚砂按施工配合比进行水泥稳定层实验段施工，实验结果显示采用 22 t 压路机碾压 25 遍后，水泥稳定层压实度达到 98%，无侧限抗压强度达到 5.5 MPa。之后覆盖土工布，洒水养护 7 d，去掉土工布再暴露于高温、高湿、高盐的远海海洋环境中自然养护至 28 d、60 d 和 90 d，水泥稳定层养护至 90 d 仍未出现较明显裂纹，说明其抗裂性较好。林伟才(2017)对海水拌制珊瑚礁砂水泥稳定层的配合比研究发现，珊瑚礁砂本身具有较多的空隙结构，其最佳含水率约为 15%，用水量大于常规碎石、石粉拌制的水泥稳定层(约为 8%)。图 10-9 为某岛礁机场跑道水泥稳定层施工现场图，该水泥稳定层的拌制采用数字化摊铺设备控制施工过程，实现自动化生产。结果发现，使用 16 t 压路机碾压 6～8 遍后，水泥稳定层基本满足 98%的压实度要求，施工完成的水泥稳定层顶面光面效果好，无明显褶皱及开裂现象(图 10-9d)。

(a) 摊铺水泥稳定层　　(b) 摊铺碾压水泥稳定层

(c) 水泥稳定层压实度检测　　(d) 密实平整的水泥稳定层

图 10-9　机场跑道珊瑚砂石水泥稳定层外观质量(林伟才，2017)

北京城建集团有限责任公司依据马尔代夫维拉纳国际机场的水泥稳定珊瑚砂底基层的施工建设经验，总结出了包括拌合、摊铺、碾压和养生等控制技术的重点，以实现完整的水泥稳定珊瑚砂底基层工艺控制。在拌合方面，由于珊瑚砂的最佳含水率偏高，混合料含水率按高于最佳含水率2%～3%控制。在摊铺方面，对于15 cm厚的水泥稳定层，松铺系数按1.15～1.20控制，为获取不同厚度水泥稳定层的松铺系数，应开展实验段进行确定。在碾压方面，对于15 cm水泥稳定珊瑚砂底基层，经13 t双钢轮压路机初压后，采用22 t单钢轮振压2遍后压实度即可满足要求，为消除表面细裂纹，应使用胶轮压路机碾压2遍，碾压段长度宜为30～50 m。在养生方面，考虑到岛礁环境的高温和大风特点，建议水泥稳定珊瑚砂碾压完毕后，先铺设塑料薄膜，再在上面覆盖土工布进行养生(张晋勋，2021)。

(4) 面层

机场道面的面层是直接接触飞机机轮和大气环境的关键层，需要同时承受机轮荷载的竖向压力、水平力和冲击力，以及降水和温度变化的影响。面层的作用是为飞机提供优质的起飞、降落和滑行表面条件，同时将机轮荷载传递和扩散到基层中。因此，与基层和垫层相比，面层应具有较高的结构强度、刚度、耐磨性、防水性和温度稳定性，并且表面还应具有良好的平整度和粗糙度，以确保飞机的舒适性和安全性。

岛礁机场的道面面层材料多采用水泥混凝土和沥青类材料，材料的选用原则是为了满足机场道面的使用要求。不同道面材料的特性如下：

① 水泥混凝土。这类道面材料具有强度高、使用品质好等优点。然而，完工后需较长时间的养护期才能开放使用，且养护和维修难度大，耗时长。因此，在不影响飞机起降、滑行和停放的情况下，很少采用水泥混凝土道面进行维修作业。该材料适用于跑道、滑行道、联络道和各种停机坪的面层。在飞机机轮荷载以及环境温度变化等因素作用下，水泥混凝土板将产生压应力和弯拉应力。混凝土板受到的压应力与混凝土抗压强度相比很小，而所受的弯拉应力与其抗弯拉强度的比值则较大，可能导致混凝土板的开裂破坏。因此，在水泥混凝土道面设计中，以弯拉强度为设计标准。混凝土的强度随龄期的增加而增长，因此机场水泥混凝土道面的设计通常以90 d龄期的强度为标准。机场水泥混凝土道面在完工90 d内往往不会正式开放运行，但即使在此期间内开放运行，使用飞机的重量可能较轻(与设计飞机相比)，且使用频率较低(与设计使用年限内累积作用次数相比)，因此混凝土强度的疲劳消耗很少。为便于施工控制，混凝土配合比实验和施工过程中的强度测试通常以28 d龄期强度为基准。同时，水泥混凝土的强度的提高可以提高道面的强度、刚度、耐久性和耐磨性等力学性能，对使用寿命影响很大。因此，在条件许可的情况下，应尽量采用较高的混凝土设计强度。

② 沥青类材料。这类道面平整性好，飞机滑行平稳舒适，强度高，可满足各种飞机的使用要求。铺筑完成后，不需要进行养护，可以立即投入使用。由于现代飞机大多采用喷气式发动机，飞机在道面上滑行时会喷出300 ℃以上的高温高速气流。水泥混凝土材料

可以承受高达500 ℃的高温而不致发生结构破坏。然而，沥青道面则有所不同。由于沥青材料的温度敏感性，当温度超过60 ℃时，其就会变软，影响道面的强度。如果飞机的尾喷气流作用时间较长，则会对沥青道面产生影响。因此，跑道端部和机坪很少采用沥青道面。飞机发动机停止工作后，油管内一部分油料会散落到道面上，停机坪上的沥青道面也会受到航油的侵蚀，导致沥青被溶解，混合料散碎，形成坑洞，进而破坏沥青道面。沥青面层可分为三种结构类型：贯入式、表面处治式和沥青混合料。贯入式沥青面层是指在初步压实的碎石(或破碎砾石)上，分层浇洒沥青、撒布嵌缝料，或再在上部铺筑沥青封层，经压实形成的结构层。表面处治式沥青面层是指分层浇洒沥青、撒布集料，然后碾压成型的结构层。沥青混合料面层是指矿料和沥青按一定比例掺配，经过热拌、摊铺、碾压成型的结构层。贯入式和表面处治式的强度和稳定性较低，主要用于飞行场区的低等级路面(如围场路)及防吹坪、道肩等次要构筑物的面层。一般而言，沥青道面表面平整，滑行平稳舒适，可用于跑道滑行道、联络道。沥青混合料由于不耐航油的侵蚀，一般不用于停机坪的面层。沥青碎石和沥青贯入式用作面层时，因空隙多且易透水，通常应加封层。沥青表面处治一般不能单独作为面层，主要作为封层的摩擦层，以改善道面表面的性能。

③ 土类材料，如泥结(砾)碎石道面，各种结合料处治的土道面、草皮道面等。这类道面只能供轻型飞机使用，兼作大型飞机和军用飞机的紧急着陆场，或野战机场道面，使用品质较差。

此外，机场道面的良好性能是飞机安全运行的基本条件，受飞机荷载的持续作用和环境温度、光照和降雨等因素的持续影响，机场道面的结构性能和功能性能不断下降，必须采取适当的监测、评估和维护措施，以保证机场道面的正常使用。

虽然大型机场可能有空中交通管制塔台、多条跑道、应急响应部门、除雪设备车队，以及提供餐厅和购物等旅客服务的扩展航站楼，但小型机场可能只有一条跑道。从技术上讲，机场或简易机场满足只有跑道的设施即可。岛礁机场由于陆域空间较小，一般首先满足跑道的功能需求，建造的机场多为小型机场，而跑道则是岛礁机场交通功能实现的重要媒介，是岛礁机场的核心。岛礁机场跑道图如图10-10所示。

图10-10　岛礁机场跑道图(张晋勋，2021)

机场道面的修建是为了给机场各类飞机提供安全耐用和舒适的道面结构。机场道面除了承受飞机运行时传递下来的自重荷载、喷射的高温气流外，还有温差、湿度、冻融等其他自然条件带来的影响，为了保证飞机的日常服役需要，机场道面应具备可靠优良的使用性能，并满足下面的基本要求：

① 强度和刚度。道面在飞机运行时不仅要承受竖向的车轮压力，还会承受水平的剪切应力。由于飞机滑行过程中道面受力状态十分复杂，往往还受到温差产生的温度应力等荷载，道面结构就会产生多种拉、压、剪应力。当这些荷载超过了道面的结构强度或刚度承受极限时，道面便会发生沉陷、断裂等各种破坏现象，随即产生破坏和变形，道面使用性能和耐久性能就会因此而下降，从而缩短了道面的服役寿命。同理，道面的其他组成结构也应具备相应的强度和刚度，以免产生破坏和不可承受的变形，影响道面的工作性能。

② 气候稳定性。自然环境中的曝晒、雨雪、刮风，都会让道面结构承受各类应力的叠加影响，从而使道面的使用性能产生变化。例如，沥青道面在夏季高温季节可能会变软、泛油，出现轮辙和拥包；在冬季低温时又可能因收缩受到约束出现开裂，这将影响机场道面的使用品质和使用寿命。同样，水泥混凝土道面在水的作用下会出现唧泥或板底脱空，进而造成板的断裂，这些都给其结构设计和材料组成设计带来挑战。为此，在进行机场道面设计时，要充分调查和分析机场周围的环境条件(温度和湿度)和水文地质条件，研究建筑材料的性能同温度和湿度的关系，在此基础上选取合适的设计参数和结构组合，设计出在当地气候条件下具有足够稳定性的道面结构。

③ 平整度。飞机在道面滑行与汽车在道路桥梁上行驶时类似，如果道面不平整则会引起振动和颠簸，使整个飞机的行驶稳定性遭到破坏，降低乘客的乘坐体验，严重的话还会加剧飞机各连接部件的损耗，对飞机的安全性能造成危害。飞机起落时不仅重量大，且在道面滑行时速度快，所以机场道面的平整度必须满足使用要求，以避免飞机滑行时产生振动和冲击。控制道面平整度的最有效方法是采用强度和抗变形性能良好的道面结构面层材料，且在日常使用中辅以严格的监测与即时的养护，便能达到机场道面保持平整的目的。

④ 表面粗糙度。除满足机场道面的平整要求外，道面表面的粗糙度要求也是不可或缺的，可以想象如果道面摩擦力较低就会让飞机难以有效制动，导致制动时滑行的距离过长而造成飞机失去控制，有冲出跑道的危险。这种情况尤其在湿润道面上更容易发生。实践表明，飞机在湿跑道上滑跑，道面摩擦系数小于0.2时非常危险。为了保证道面的抗滑性，各国都对机场道面的摩擦系数及表面纹理深度作了具体的规定。

⑤ 耐久性。在飞机日常运行时，道面结构会遭受飞机、气候等带来的动静荷载的长期作用，疲劳损坏和塑性变形累积等各种潜在危害就会出现在道面结构的整体或其组成部分上。如果设计时机场的各项性能指标都定得很高，而耐久性却较差就会导致道面在使用一段时间后，轻则需要反复性的修复，重则迫使道面结构改建，这样不仅会对机场的正常运行造成干扰，同时也造成了不必要的浪费。因此，机场道面结构的设计应保证其服役年限内的耐久性，并保持较高的抗疲劳和抗塑性变形能力。

⑥ 经济性。道面设计在满足各种技术要求的前提下，应综合考虑初期费用和后期的运维成本，必要时留有一定的发展空间，以长远眼光来布局并经过多方案论证拟选出一个既能满足工程要求又节省投资的方案。

⑦ 表面洁净。道面洁净是机场道面满足工作状态的基本要求，以免砂石或其他杂物影响飞机滑行，并避免带起砂石、杂物打坏飞机蒙皮或被带起吸入发动机中，而对飞机部件造成损坏。因此在日常维护时对跑道进行清洁打扫是非常必要的。

10. 2. 3　荷载作用下水泥稳定珊瑚礁砂基层的沉降分析

机场飞行区道面影响区主要岩土工程问题为地基发生沉降或不均匀沉降，这类问题容易造成道面结构层的破坏和导致功能性不能满足设计要求。为此对机场设计提出了沉降与不均匀沉降的要求。土基的沉降包括三个部分：一是动荷载下的累积变形，二是静荷载下的压缩固结变形，三是环境因素(如温度、水等)等引起的变形。各类沉降产生的原因主要如下：

① 动荷载作用下的累积变形：飞机在跑道上反复起降，地基将承受重复荷载作用，由于地基为弹塑性体，弹性变形会完全恢复，但是塑性变形是不能恢复的，尽管地基在一次动荷载作用下变形较小，但是累积变形会随着循环荷载次数的增加而增加，从而影响机场道面使用。因此，要求地基上部结构具有一定的刚度和密实度。

② 静荷载作用下的压缩固结变形：一是机场填方形成的附加荷载，在土基中增加附加应力，导致原土基的沉降；二是填筑体的自重应力引起的填筑体自身的压缩沉降。因此本节提出的沉降与不均匀沉降指标实际上就是指静荷载作用下的原地基的压缩变形和填筑体的蠕变沉降。

③ 环境因素(如温度、水等)等引起的变形：在季节性冰冻地区，土基的冻胀，也会引起道面的变形，通常可采用设置垫层方法处理；高填方机场由于地下水排水不良，土基变得软化，强度降低，加上流水冲刷作用等，都会造成土基的沉降及不均匀沉降，影响机场道面使用；气温变化和太阳热辐射也会引起土基变形，因此对于高填方机场而言，在挖方区的岩石地区，要设置褥垫层，一方面预防温度变化引起不均匀变形，另一方面防止岩石裂缝引起道面的反射裂缝。

10. 3　岛礁地下工程

由于南海诸岛礁陆域面积普遍较小，单纯依靠地面建筑难以满足军事和民事活动的需求，对岛礁地下工程建设的需求就日益迫切。地下工程涵盖范围广泛，包含地下人行通道、地下停车场、地下公路、地下铁路、地下商业街和地下物流等交通和商业设施工程，以及综合管廊、地下储库、城市蓄洪等市政工程。地下空间的开发利用是人类向陆地要空间走向向地下要空间的一个关键转变，是解决土地资源紧张、交通拥堵、拓展城市空间和缓解环境恶化的有效途径。随着工程科技的发展和当代人类发展思路向可持续发展的转变，我国在城市地下空间开发方面已经得到越来越多的实践经验(图 10-11)。

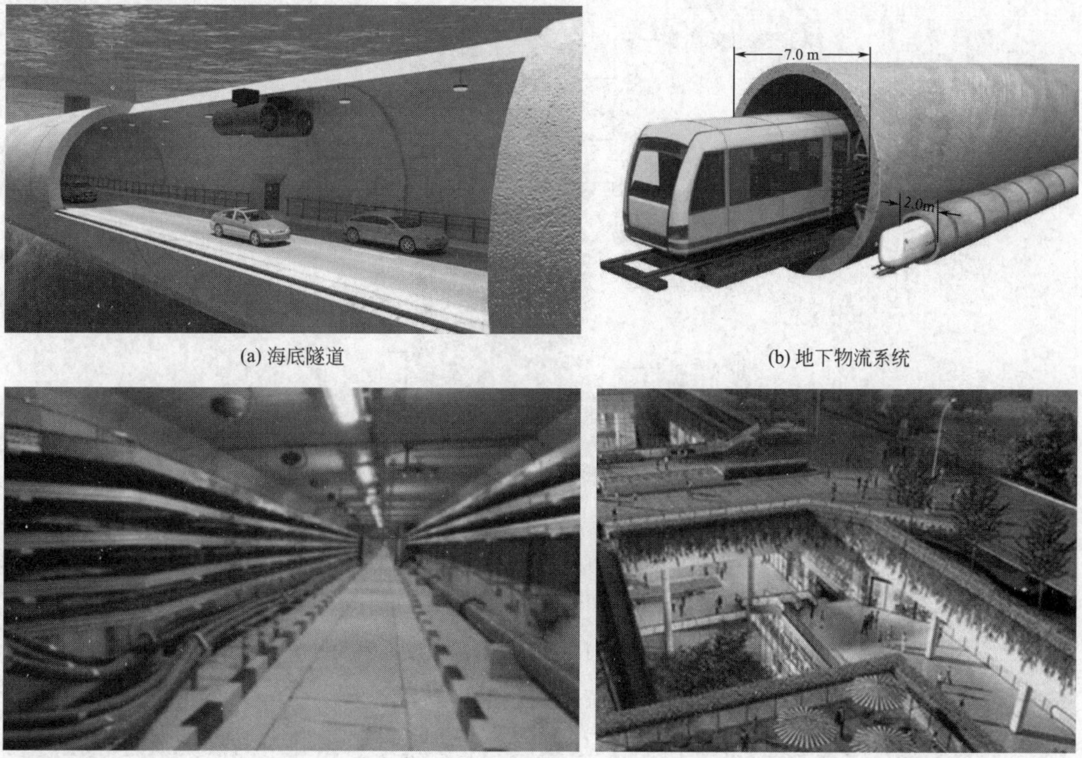

(a) 海底隧道　(b) 地下物流系统

(c) 地下综合管廊　(d) 地下空间

图 10-11　各类地下工程

地下空间置身于地面之下，具有天然的防护功能，可为所在城市灾害的综合防治提供一个容量大又安全稳定的空间，其重大灾害的防护能力可以说是地面空间所无法比拟的。地下空间的建设首先需要一个安全稳定的地下岩土环境，在此基础之上开辟出一个可服务于功能需要的地下空间。众所周知，每座城市对外部灾害如火灾、地震、爆炸、台风等都要具有一定的抵御能力，而中国地域辽阔，各大城市、不同地域遭受的灾害还具有一定的差异性，但建设地下空间可有效地提高对这些灾害的抵抗能力，因为地下空间具有天然的外部灾害抵御性，只需采取一定的措施，便可以使城市具备较强的防灾减灾能力。发生地震灾害时，地下的岩土环境对建造于其中的地下建筑结构提供支撑力，并阻止结构的相对位移，同时周边岩土环境对结构的自振可起到阻尼减振作用，使地震反应弱于地面结构，一定程度上避免了结构的振动破坏，这是地面结构无法比拟的防灾抗灾优势(邱桐等，2021)，特别是近年来随着韧性城市概念的提出，地下工程发挥着越来越重要的作用(图 10-12)，这已经成为目前研究的热点内容。近年来我国大、中城市地下空间的开发力度不断加大，地下商场、地下交通枢纽、地下综合体、地下停车场、地铁隧道及车站、综合管廊的数量和规模迅速增加，并积累了相当丰富的工程经验，为岛礁地下空间的开发建

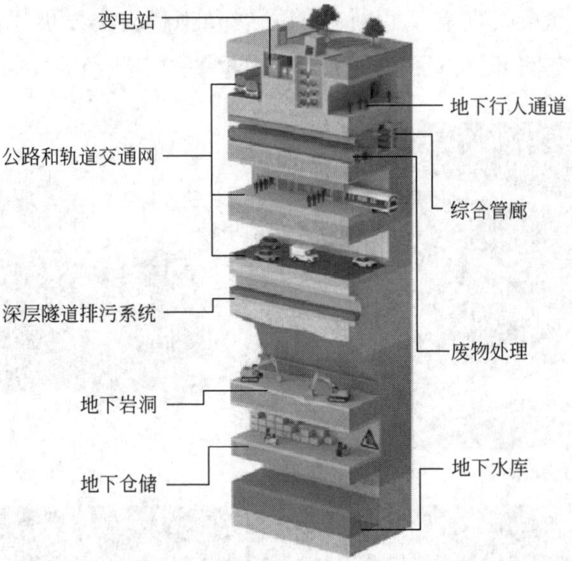

图 10-12　韧性城市下的地下空间概念(陈湘生等，2020)

设提供了技术基础。

与陆地工程不同，岛礁地下工程必须充分考虑地基材料的不同和海洋的特殊环境。目前认为，南海岛礁一般由生物灰岩和生物碎屑灰岩(即礁灰岩)组成。珊瑚礁在岩石学上统称为礁灰岩，礁灰岩是造礁石珊瑚群体在死亡后的遗骸经过长久沉积后形成的(任辉启等，2015)。岛礁独特的地形地貌对地下工程建设产生重要影响，因此对岛礁地质进行足够的勘察和调研工作是保证工程顺利进行的前提。图 10-13 展示了永暑礁外礁坪的地层剖面图，上层为珊瑚砂砾层，含少量的珊瑚断枝、贝壳等，松散无胶结，下层为礁灰岩，埋深在 16～22 m 之间，基岩面起伏不定，部分含有弱胶结的礁灰岩，呈倾斜状，为珊瑚碎屑胶结物，强度比原生礁灰岩低。

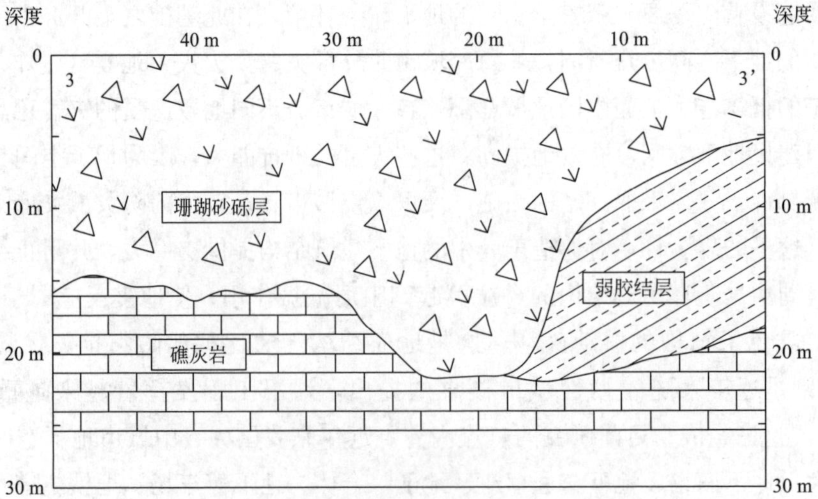

图 10-13　永暑礁外礁坪地层剖面图(汪稔等，1997)

由于岛礁建设所需的吹填工程量一般较大，而且建成后也面临着外部环境恶劣等问题，因此，苏理昌(2017)提出了结合地下空间开发的微型人工岛礁建造的构想。微型岛礁的地下空间周围被海水和岩体等介质所包围。一方面，由于这些介质的双重围合，岛礁地下空间与海面的连通性能相对较弱，但具有更好的封闭性和更优越的防灾减灾性能。另一方面，海水的比热容高于岩体和土壤，使得岛礁地下空间具有更好的热稳定性。但是，这种微型岛礁地下空间所面临的问题也包含地质不均匀沉降、洋流和潮汐、海水涌渗和近源地震剪切破坏等风险。上述问题的解决，可采取沉箱、建筑材料防腐蚀处理、地下空间热湿环境控制、地下空间应急疏散与救援体系和地下空间防排水等各项技术与机制，结合科学、协调的规划和开发原则来进行理论和实验设计，以期达到预期目标。这表明，地下空间的开发不仅可以在陆地上也可以在海上得以实现。虽然面临诸多的工程和技术问题，但地下空间所带来的优势是明显的，未来也具有广阔的发展前景。

必要时，岛礁地下工程也可充当防空洞的作用，因此地下工程抗爆抗冲击的安全性能也是工程中关心的热点。炸药爆炸是一种极为迅速的物理或化学能量释放过程，在此过程中，炸药系统的内在势能转变为机械动能以及光和热的辐射能等。爆炸的一个重要特征是在爆炸点周围介质中产生急剧的压力突变，从而导致爆炸破坏。爆炸荷载可在 2～5 ms 之间升至峰值，之后很快衰减。炸药在岩土介质中爆炸时，其冲击压力以波动形式向四周传播，这种波统称为爆炸应力波。爆炸荷载作用具有瞬时性、超高压、高频、衰减快等特征。饱和土中的爆炸应力波传播问题需考虑剪应力的影响，可引入有效应力的概念进行分析，因为骨架中的有效应力是饱和土抗剪切能力的唯一来源。同地震荷载和其他稳态荷载不同，爆炸荷载作用下饱和土介质表现出一些独特的规律性，这主要表现在以下几个方面：①荷载作用的瞬时性。爆炸荷载的作用时间一般为几毫秒到几百毫秒，在这个时间间隔内，水和空气来不及从饱和土的孔隙中排出，土的组分没有变化。②排水条件对介质的压缩性有很大的影响。研究饱和土的短时波动问题时，可以采用不排水边界条件，因为短时波动过程中饱和土各组分之间的相对运动可以忽略不计。在卸载阶段，有效应力的卸载速度可能比孔隙水压力大，使得有效应力向孔隙水压力转移，从而出现爆炸液化现象。③饱和土中孔隙被水和少量空气所填充，在动力荷载作用下固体颗粒构成的骨架也要对压缩产生反作用力。现场实验表明，空气和水混合物的压缩性与骨架的压缩性构成了爆炸波作用下饱和土的两种压缩机制。荷载水平较低时，骨架的压缩性比空气和水的压缩性小，此时骨架的压缩性控制了饱和土的压缩性。当荷载增加时，饱和土的变形随之增加，由于骨架的压缩性变化不大，空气和水混合物的压缩性控制了饱和土的压缩性，饱和土的变形规律表现为递增硬化特性。④在动荷载作用下，应变率对介质的强度有一定的影响，应变率对饱和土的影响较非饱和土较小。这是因为饱和土存在着界限压力，而界限压力只与饱和土的初始气体含量有关。

徐学勇(2009)通过室内小型爆炸实验，研究不同相对密度饱和钙质砂在爆炸荷载作用下土压力、孔隙水压力和质点振动加速度等参数的变化规律，发现不同相对密度的钙质砂质点振动加速度、孔隙水压力和土压力增量均随距离爆源水平及垂直距离的增大而衰减；微差起爆相对于单发起爆，最大单响起爆药量相同，但由于爆炸应力波的叠加，质点加速度反应峰值、孔隙水压力和土压力增量明显大于单发起爆，而增大幅度与总药量的增幅不呈线性比例关系。爆炸荷载作用下饱和钙质砂孔隙水压力一般在 10～30 ms 内到达峰值，峰值持续时间很短，继而开始消散，在爆炸后 2～3 min 内快速消散，消散幅度达 90%以上，消散时间一般为 3～5 min。不同测试距离处超孔压峰值开始时相差较大，有的相差两倍以上，但随着时间的增长，超孔压快速消散，不同测试距离处超孔压逐渐趋于一致，最终基本恢复到爆炸荷载作用前的水平。经过爆炸密实处理后，集中装药条件下钙质砂试样平均纵波波速为 1623 m/s，分层装药条件下的平均纵波波速为 1810 m/s，波速测试指标较爆炸前平均提高近一倍，实验结果表明用爆炸密实法处理饱和钙质砂地基是有效的，而且分层装药密实效果优于集中装药。饱和钙质砂爆炸密实效果与药包埋置深度、装药形式、起爆方式等因素有关。工程实际中需要结合工程地质条件、周边环境、建筑成本等综合考虑，兼顾工程质量和工程安全。在相同最大单段起爆药量情况下，微差起爆一方面可以有效地减小爆破地震效应，确保爆破施工安全；另一方面可以产生更高的超孔隙水压力，为饱和砂土爆炸密实提供内因保障，这一结论可以为岛礁地下工程开发提供理论依据。

为与石英砂爆炸实验相比较，实验测试试样内部质点振动加速度、孔隙水压力、土压力等参数的变化规律，结果表明，相同位置处钙质砂动力响应弱于石英砂，爆炸应力波在钙质砂中衰减速度比石英砂快，爆炸前钙质砂试样平均纵波波速为 976 cm/s，石英砂平均为 1227 cm/s，而爆炸密实处理后钙质砂试样平均纵波波速和石英砂相当，这说明在相同的爆炸荷载作用下钙质砂的密实度增幅更大；在相同的实验条件下，钙质砂表面沉降量明显大于石英砂，钙质砂集中装药爆炸后表面沉降量甚至大于石英砂分层装药爆炸后的沉降量。爆炸前后颗分实验结果表明，钙质砂相对破碎度明显大于石英砂，说明爆炸冲击荷载作用下，爆炸点近区钙质砂颗粒大量破碎。理论计算可知，钙质砂中形成压碎区和损伤区所耗损的能量达到 25%左右，数据对比说明了钙质砂颗粒破碎会消耗大量的爆炸冲击能量，同时也影响了爆炸应力波的传播速度，加快了爆炸应力波的衰减。

对于岛礁地下空间工程建设而言，在基于陆域城市地下空间开发经验的基础之上，还应充分做好岛礁工程地质条件及环境的勘察工作。地下空间的岩土工程勘察应在收集区域地质、工程周边勘察资料、环境现状资料以及类似工程设计、施工经验的基础上，结合地下空间工程类型、结构形式和拟采用的施工方法，编制和实施勘察方案，正确反映场地工程地质与水文地质条件，查明不良地质作用和特殊岩土性质，以得出资料完整、数据可靠、评价正确和建议合理的勘察报告。在施工前地下空间的岩土工程勘察可分为三阶段：

(1) 可行性研究勘察阶段应收集已有资料，进行现场踏勘，开展必要的工程地质测绘、勘探和测试，了解拟建场地工程地质、水文地质和环境条件，评价场地的稳定性和适宜性，满足选择场址方案的要求；

(2) 初步勘察阶段应进行工程地质测绘和调查，通过勘探和测试等，初步查明拟建场地地层结构、地下水类型、不良地质作用和环境条件，对拟采取的基础形式、施工工法、工程降水方案作出初步分析评价，评价场地的稳定性，满足初步设计的要求；

(3) 详细勘察阶段应以钻探、原位测试和室内实验为主要手段，查明地层分布规律和地下水赋存条件，提供岩土的物理力学性质指标和岩土工程设计参数，对基础形式、地基处理、基坑支护、施工工法、地下水控制和不良地质作用防治等作出分析、评价和建议，满足施工图设计的要求。

地下空间结构设计的基本准则为满足不同环境条件下的结构安全性、适用性和耐久性的同时，做到节省材料、方便施工、降低能耗与保护环境。地下空间结构设计应包括下列内容：①结构方案设计，包括结构选型、传力途径和构件布置；②作用及作用效应分析；③结构构件强度、刚度及结构与构件的构造、连接措施；④耐久性要求；⑤满足特殊要求结构的专门性能设计；⑥稳定性验算；⑦地下水控制及防水设计；⑧施工及监测技术要求。由于岛礁地处海洋环境，地下工程防水难度比陆域上更大，防水设计时应根据工程规划、结构设计、材料选择、结构耐久性和施工工艺等全面系统地做好地下工程的防排水设计，并应按地下工程的类型性质和使用功能要求，合理确定防水等级、制定防水方案、择优选用防水材料。除此之外还应考虑地表水、地下水、毛细管水等的作用以及人为影响的其他因素来综合比较确定。地下工程种类繁多，其重要性和使用要求各有不同，有的工程对防水有特殊要求，有的维修使用困难，因此工程防水应做到定级准确、方案可靠、经济合理。地下工程的耐久性很大程度上取决于结构施工过程中的质量控制和质量保证，设计寿命一般超过 50 年。

目前针对岛礁地下工程的研究还十分有限。付豪(2021)采用室内模型实验和数值模拟相结合的方法，制作符合大型室内模型实验的礁灰岩相似材料，开展珊瑚礁灰岩三维地质力学模型地下硐室开挖实验，并在开挖过程中对监测断面各点的位移与应力进行监测，得到硐室开挖过程中的位移与应力演变规律，综合评价硐室的整体稳定性。

围岩是地下工程中因开挖引起地下硐室周围初始应力状态发生变化的岩土体。围岩的稳定性分析有多种方法，包括工程地质类比法[岩石质量指标(RQD 分类)、岩体地质力学分类(RMR 分类)、Q 系统分类、Z 系统分类等]、数值模拟法(离散元法、有限元法、边界元法、快速拉格朗日分析法等)、解析法、可靠性分析法等(秦玉红，2009)。隧道开挖后不同岩体中围岩的行为不同，可根据完整性、硬度等不同指标划分为不同的质量等级。围岩的分级判定可作为选择施工方法，确定衬砌结构的类型及其尺寸，并进行科学工程管理及正确评价经济效益等的依据。现行国家标准《城市轨道交通岩土工程勘察规范》GB 50307 中将围岩分级按照不同岩石坚硬程度和岩土完整程度划分为五级，而现行行业标准《公路隧道设计规范 第一册 土建工程》JTG 3370.1 则将围岩划分为六级。目前还没有关于岛礁围岩分级的标准，但国内已有一些学者进行过相关内容的探讨，如郑坤(2019)等人基于珊瑚礁灰岩纵波速度与钻孔岩芯沿深度变化的回弹值测试结果，提出了一个基于纵波速度的珊瑚礁灰岩质量等级的划分标准，如表 10-5 所示。在进行工程建设时应根据工程实际和施工条件，因地制宜地进行设计。根据《城市地下空间工程技术标准》T/CECS 772—2020，表 10-6 归纳了地下空间工程各种施工方法的适用范围。

珊瑚礁灰岩质量等级的划分(郑坤，2019)　表 10-5

纵波速度(m/s)	干密度(g/cm^3)	孔隙度(%)	回弹值(MPa)	胶结类型	质量等级
>6500	>2.6	<1	>40	微晶方解石孔隙式	坚硬岩
5500～6500	2.4～2.6	1～5	30～40	微晶方解石孔隙式	较坚硬岩
5000～5500	2.2～2.4	5～15	20～30	微晶方解石为主孔隙式	较软岩
4000～5000	2.0～2.2	15～25	10～20	亮晶方解石接触式	软岩
<4000	<2.0	>25	<10	亮晶方解石接触式	极软岩

地下空间工程各种施工方法的适用范围　表 10-6

施工方法	地质适应性	施工及环境条件
明挖法	适用于各种地层	场地及环境保护要求允许的条件下均可采用
盖挖法	适用于各种地层	当采用明挖法无法满足正常道路交通、建设工期或施工作业面等方面要求时采用
矿山法	适用于含水率较小且具有一定自稳性的地层	适合各种断面形式(单线、双线及多线等)和变化断面(过渡段、多断面等)
盾构法	适用于各种地层	隧道断面单一、具有一定施工长度及覆土厚度且具备工作井建造条件的隧道工程
沉管法	适用于水道河床稳定和水流不急场地	水下段隧道工程
沉井(箱)法	淤泥土、砂土、黏土、砂砾等土层	沉井法适用于周边环境要求较高的工程；沉箱法适用于周边环境或承压水控制要求较高的工程
顶管法	黏性土、粉性土和砂土以及卵石、碎石、风化残积土等土层	适用于不易或不宜开挖沟槽的隧道或地下管道
浅埋暗挖法	适用于覆跨比小、淤泥土等软弱地层、岩层和土岩结合地层	适用于埋深浅、地层岩性差、存在地下水、周围环境复杂的工程
逆作法	黏性土、粉性土和砂土等土层	适用于周边设施保护要求高、施工场地狭小的工程

岛礁工程地质环境是一个复杂的系统，包括海洋水动力环境、生态环境和沉积环境等。在礁体的不同部位，礁体结构、工程地质环境和岩土体的工程性质有着较大的差异。根据各种环境特征的差异对岛礁各相带的地形地貌进行分析，并研究其工程地质性质，进行工程适宜性评价，为在岛礁上开展工程活动，并进行合理布局、规划和设计提供指导性依据。对于岛礁地下工程而言，必须对珊瑚礁体的工程地质环境、工程地质特征、地层岩性及分布、各地层的力学性质有较为全面的认识，才能达到指导工程设计的目的。

10.4　岛礁桥梁桩基工程

钙质砂地基上的桥梁桩基的设计必须要认识到钙质砂性质的独特性。目前我国工程技术人员开展的岛礁钙质砂桥梁桩基设计案例不多，见诸报道的案例多是海外工程。中交公路规划设计院有限公司与中交第二航务工程勘察设计院有限公司负责设计的马尔代夫马累机场项目中的跨海大桥项目是其中之一。援马尔代夫马累—机场岛跨海大桥(中马友谊大桥)项目路线全长 2.0 km，其中桥梁长度为 1.39 km。

主桥采用 V 形支腿六跨连续刚构桥(图 10-14)，跨径布置为 18×30 m(引桥)+(100 m+2×180 m+140 m+100 m+60 m)(主桥)+3×30 m(引桥)，主梁采用混凝土梁+钢箱叠合梁的混合梁方案，主桥主墩基础采用“变截面钢管复合桩基础”方案，桩基为摩擦桩。同时，采用海工高性能混凝土和耐候钢等方法确保结构的耐久性。针对桥址处特殊的珊瑚礁地质条件和恶劣的强涌浪深水海洋环境，主墩基础采用钻孔灌注桩群桩基础，持力层均为角砾混珊瑚砾块层。由于各主墩所受波流力较大，为提高单桩水平承载力，将钢护筒设计为永久结构，共同抵抗桩身弯矩。在前述条件下，按现行规范开展桥梁桩基础的设计计算，所需钙质砂的相关参数根据现场及室内实验确定。

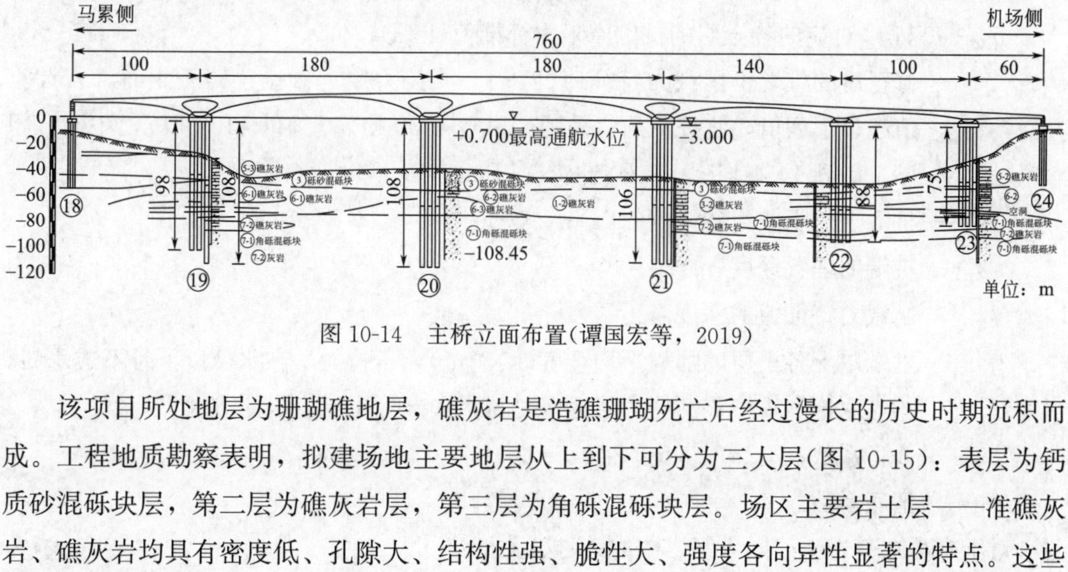

图 10-14　主桥立面布置(谭国宏等，2019)

该项目所处地层为珊瑚礁地层，礁灰岩是造礁珊瑚死亡后经过漫长的历史时期沉积而成。工程地质勘察表明，拟建场地主要地层从上到下可分为三大层(图 10-15)：表层为钙质砂混砾块层，第二层为礁灰岩层，第三层为角砾混砾块层。场区主要岩土层——准礁灰岩、礁灰岩均具有密度低、孔隙大、结构性强、脆性大、强度各向异性显著的特点。这些特征与礁灰岩原生生物成岩的复杂性、胶结程度、后期成岩作用环境的变化直接关联，显示出极为复杂的岩土工程特性。在礁灰岩地基进行施工时发现，采用钢管打入桩，存在偏位、倾斜和打入困难等问题，且打桩引起的礁灰岩结构的破坏使钢管桩的抗水平荷载的能力降低，因此项目中桥梁主墩基础采用按摩擦桩设计的钻孔灌注群桩基础。下面给出了钻(挖)孔桩单桩轴向受压承载力特征值 R_a 的计算公式。对于支承在土层中的钻(挖)孔灌注桩：

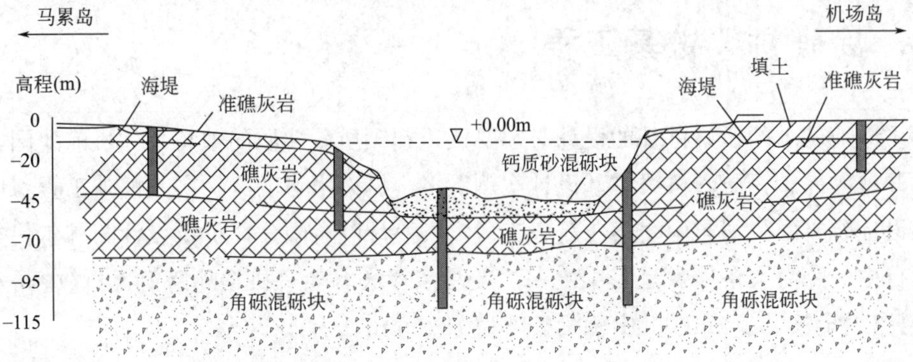

图 10-15　项目沿线纵断面地质剖面图(谭国宏等，2019)

$$R_a = \frac{1}{2} u \sum_{i=1}^{n} q_{ik} l_i + A_p q_r \tag{10-1}$$

$$q_r = m_0 \lambda \left[f_{a0} + k_2 \gamma_2 (h - 3) \right] \tag{10-2}$$

式中　u——桩身周长(m)；

A_p——桩端截面面积(m^2)；

n——土的层数；

l_i——承台底面或局部冲刷线以下各土层的厚度(m)；

q_{ik}——与 l_i 对应的各土层的桩侧摩阻力标准值(kPa)；

q_r——修正后的桩端土承载力特征值(kPa)，当持力层为砂土、碎石土时，若计算值超过下列值，宜按下列值采用：粉砂 1000 kPa，细砂 1150 kPa，中砂、粗砂、砾砂 1450 kPa，碎石土 2750 kPa；

f_{a0}——桩端土的承载力特征值(kPa)；

h——桩端的埋置深度(m)；

k_2——承载力特征值的深度修正系数；

γ_2——桩端以上各土层的加权平均重度(kN/m^3)，若持力层在水位以下且不透水时，均应取饱和重度；当持力层透水时，水中部分土层应取浮重度；

λ——修正系数；

m_0——清底系数。

对于支承在基岩上或嵌入基岩中的钻(挖)孔桩：

$$R_a = c_1 A_p f_{rk} + u \sum_{i=1}^{m} c_{2i} h_i f_{rki} + \frac{1}{2} \zeta_s u \sum_{i=1}^{n} l_i q_{ik} \tag{10-3}$$

式中　c_1——根据岩石强度、岩石破碎程度等因素确定的端阻力发挥系数；

A_p——桩端截面面积(m^2)；

f_{rk}——桩端岩石饱和单轴抗压强度标准值(kPa)；

f_{rki}——第 i 层的 f_{rk} 值；

c_{2i}——根据岩石强度、岩石破碎程度等因素确定的第 i 层岩层的侧阻发挥系数；

u——各土层或各岩层部分的桩身周长(m)；

h_i——桩嵌入各岩层部分的厚度(m)；

m——岩层的层数，不包括强风化层和全风化层；

ζ_s——覆盖层土的侧阻力发挥系数，其值应根据桩端 f_{rk} 确定；

l_i——承台底面或局部冲刷线以下各土层的厚度(m)；

q_{ik}——桩侧第 i 层土的侧阻力标准值(kPa)，应采用单桩摩阻力实验值；

n——土层的层数，强风化和全风化岩层按土层考虑。

上述参数的具体选取应根据现行行业标准《公路桥涵地基与基础设计规范》JTG 3363 和现场、室内土工实验综合确定。其中土工实验由中国科学院武汉岩土力学研究所开展，如图 10-16 所示。结果发现珊瑚礁砂试样直剪内摩擦角在 38.85°～57.82°之间，礁灰岩的密度在 1.34～2.88 g/cm^3 范围内，饱和重度在 18.20～22.90 kN/m^3 之间，波速在 4715.17～7764.06 m/s 之间，单轴抗压强度值大多在 11.304～22.178 MPa 之间，劈裂实验中横向应力在 1.756～3.747 MPa 之间，钙质砂和礁灰岩三轴剪切内摩擦角分别处于 31.9°左右和 33.6°～38.5°之间，礁灰岩的峰值和残余摩阻力分别为 3621 kPa 和 608 kPa(围压 500 kPa)，5425 kPa 和 1996 kPa(围压 2 MPa)。

(a) 大型直剪实验

(b) 蜡封法密度测试

(c) 饱和重度实验

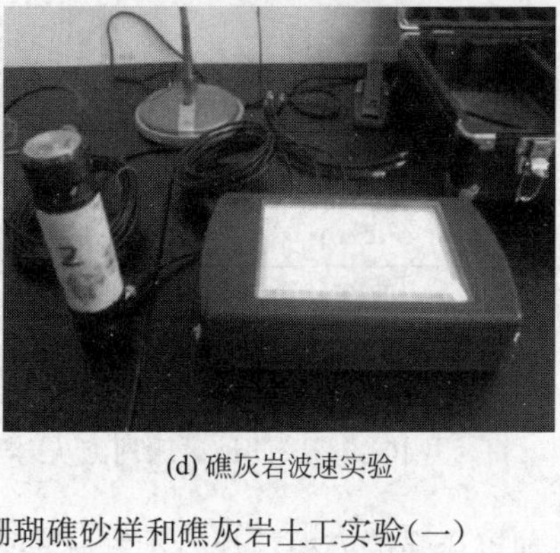

(d) 礁灰岩波速实验

图 10-16　马尔代夫跨海大桥项目中的珊瑚礁砂样和礁灰岩土工实验(一)

(e) 单轴压缩实验

(f) 巴西劈裂强度实验

(g) 饱和三轴剪切实验

(h) 钻孔桩侧摩阻力实验

图 10-16　马尔代夫跨海大桥项目中的珊瑚礁砂样和礁灰岩土工实验(二)

以上实验采用的是取自马尔代夫地区的礁灰岩，郑坤(2020)等收集了国内有关礁灰岩实验的研究数据，对比不同地区珊瑚礁灰岩的密度、孔隙率、单轴抗压强度、抗拉强度、抗剪强度指标以及地基承载力等指标，发现在密度方面，南沙与西沙的礁灰岩比较相近，沙特与马尔代夫比较相近，南沙礁灰岩的孔隙率离散性最大(图 10-17)。

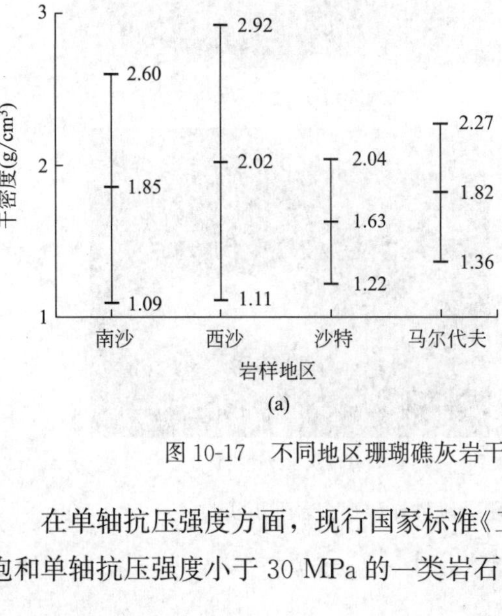

(a)

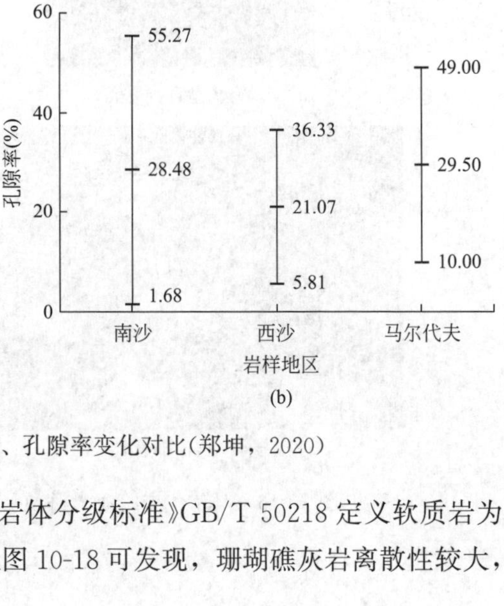

(b)

图 10-17　不同地区珊瑚礁灰岩干密度、孔隙率变化对比(郑坤，2020)

在单轴抗压强度方面，现行国家标准《工程岩体分级标准》GB/T 50218 定义软质岩为饱和单轴抗压强度小于 30 MPa 的一类岩石。从图 10-18 可发现，珊瑚礁灰岩离散性较大，软硬程度不一，南海部分珊瑚礁灰岩处于非软质岩范畴，因此，不能一概而论地将珊瑚礁灰岩统称为软质岩。礁灰岩按抗剪强度大小排序为：致密状珊瑚礁灰岩>蜂窝状珊瑚礁灰岩>管状珊瑚礁灰岩；按地基承载力大小排序为：原生珊瑚礁灰岩层>次生珊瑚礁灰岩层>珊瑚碎屑砂砾层，中风化珊瑚礁灰岩>强风化珊瑚礁灰岩>全风化珊瑚礁灰岩。

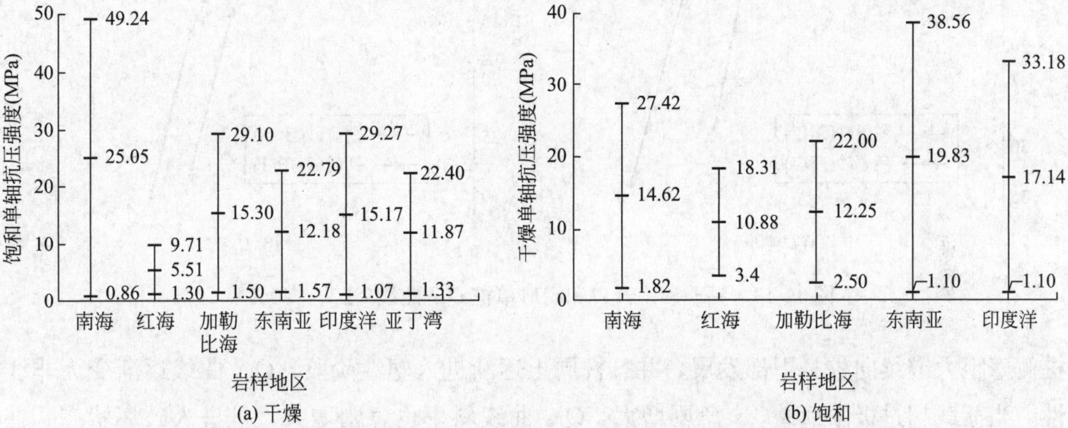

图 10-18 不同地区珊瑚礁灰岩单轴抗压强度变化对比(郑坤，2020)

与石灰岩、白云岩等碳酸盐岩相比，珊瑚礁灰岩基本物理力学特性离散性较大，特别是孔隙率偏大，强度偏小。这与珊瑚等原生生物骨骼疏松多孔、结构复杂以及非均质性的固有特征相吻合。珊瑚礁内部表现出较显著的软硬互层交替特征，这正是珊瑚礁灰岩孔隙发育程度不均一、强度软硬不一以及结构构造无序性的宏观体现。因此，基于钻孔岩性特征和测井数据初步对珊瑚礁体进行地层划分是十分重要的环节，可以为岛礁基础工程提供设计依据。

由于其独特的物理特性，钙质砂与石英砂在工程力学性质上有较大的差异，导致在钙质砂地基上进行桩基工程建设时，现有的设计理论和设计方法的适用性有待商榷。单桩在竖向荷载作用下，桩顶荷载由桩侧摩阻力和桩端阻力承受。以剪应力形式传递给桩周土体的荷载最终也将分布于桩端持力层，持力层受桩端荷载和桩侧荷载而发生压缩，桩的沉降也因此而产生。单桩的承载力随桩的几何尺寸与外形、桩周与桩端土的性质、成桩工艺而变化。单桩承载力的计算公式为：

$$Q_{uk}=Q_{sk}+Q_{pk} \tag{10-4}$$

式中 Q_{uk}——单桩承载力；

Q_{sk}——土的总极限侧阻力；

Q_{pk}——总极限端阻力。

下面对钙质砂单桩承载能力的一个具体研究案例进行介绍。

钙质砂中开口和闭口单桩的 Q-s 曲线如图 10-19 所示。闭口单桩和开口单桩的 Q-s 曲线均为陡降型，曲线的拐点比较明显。当荷载水平较低时，桩顶荷载由桩身上部摩阻力承担，桩周土处于弹性阶段，Q 与 s 为线性关系。随着荷载的增大，沉降增速也逐渐增大，

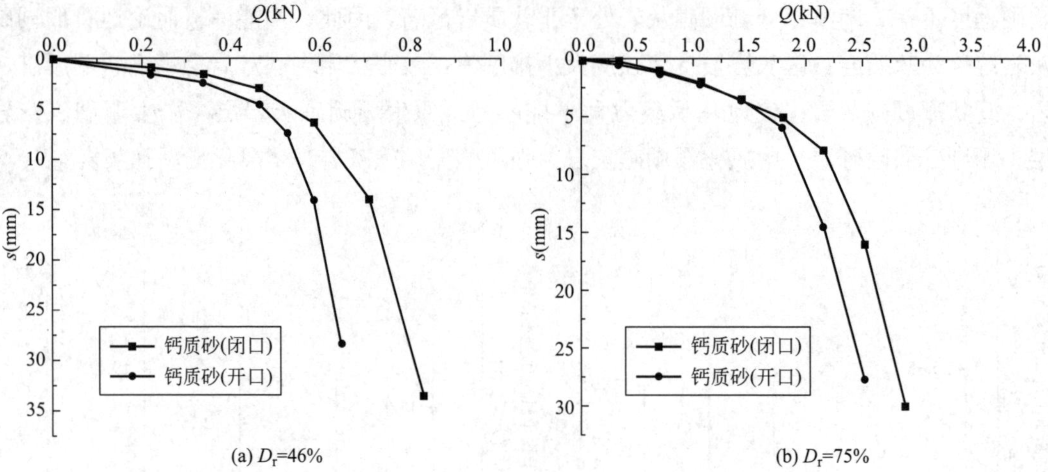

图 10-19　钙质砂中开口和闭口单桩 Q-s 曲线(江浩，2009)

桩侧摩阻力继续向桩身下部发展，并且桩周土逐渐进入塑性阶段，Q-s 曲线逐渐变为非线性。当荷载超过极限荷载，s 急剧增大，Q-s 曲线斜率也急剧增大，桩进入破坏状态。在钙质砂相对密度为 46％时，闭口单桩的极限承载力比开口单桩约高 12％；在钙质砂相对密度为 75％时，闭口单桩的极限承载力比开口单桩约高 17％。

相对密度对单桩承载力的影响如图 10-20 所示。从图中可以看出，相对密度影响着钙质砂中单桩承载力的性状和大小。对于闭口单桩，钙质砂 D_r＝75％时的极限承载力约为 D_r＝46％时的 3.7 倍；对于开口单桩，大约为 3.5 倍。可见，随着钙质砂相对密度的增加，单桩的承载能力也得到较大的提高。其原因主要为：(1)相对密度的增加，导致桩侧水平有效应力增加，桩侧摩阻力也随之增加，从而促使桩的承载力增加；(2)钙质砂的变形模量随着相对密度的增加而变大，钙质砂的压缩性也随之减小，从而能给桩提供较高的桩端阻力，导致桩的承载力增加。

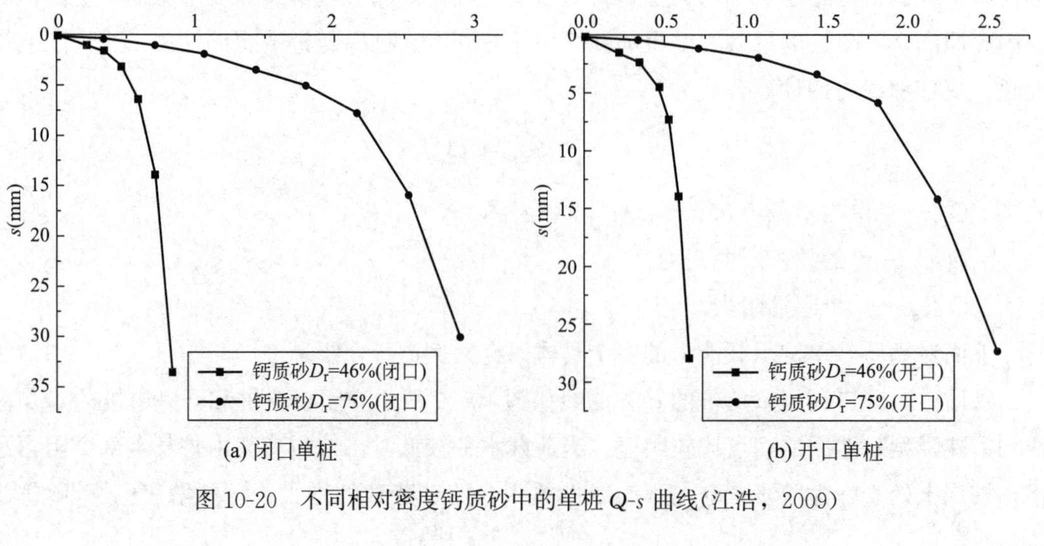

图 10-20　不同相对密度钙质砂中的单桩 Q-s 曲线(江浩，2009)

图 10-21 展示了相对密度分别为 46%和 75%时，钙质砂和石英砂中闭口单桩的 Q-s 曲线对比。与石英砂相比，在相同相对密度下，钙质砂中闭口单桩的承载力明显较低。当 $D_r=46\%$时，石英砂中闭口单桩的极限承载力为 0.83 kN，而钙质砂中闭口单桩的极限承载力只为石英砂的 70%左右。当 $D_r=75\%$时，石英砂中闭口单桩的极限承载力为 3.26 kN，而钙质砂中闭口单桩的极限承载力只有石英砂的 66%。这种差异主要是由钙质砂的颗粒破碎特性造成的，这也凸显了钙质砂这种特殊介质与一般陆源砂的显著区别。

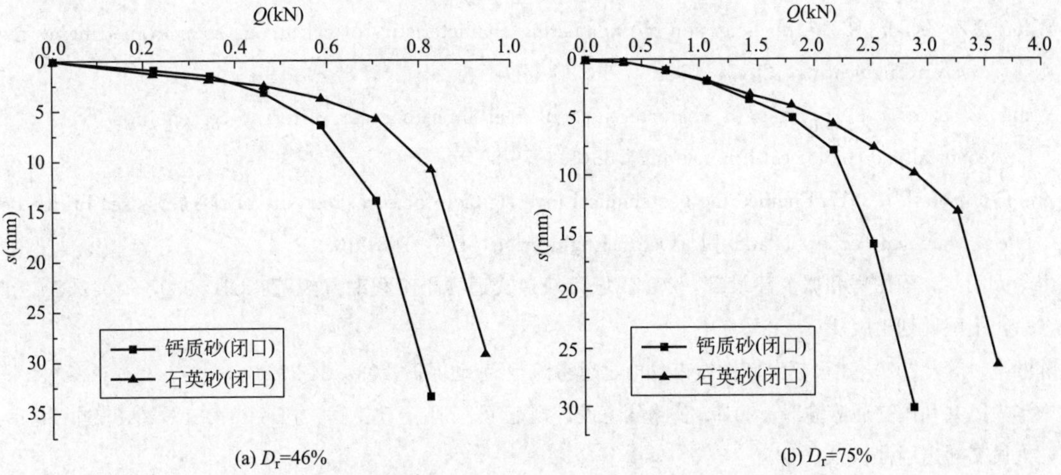

图 10-21 钙质砂和石英砂中单桩 Q-s 曲线(江浩，2009)

钙质砂中桩基工程的特殊性很多，概括起来主要为以下几点(单华刚等，2000)：(1)虽然钙质砂内摩擦角较高，但是打入桩桩侧阻力却很低，桩端阻力也较低，一般认为是由颗粒破碎和胶结作用的破坏造成的；(2)打入桩桩侧阻力远低于钻孔灌注桩或沉管灌注桩(在打入钢管桩壁预先设置喷嘴，钢管桩打入后再向桩内注水泥浆，浆液通过喷嘴注入钙质砂中而成桩)；(3)原位测试数据难以确定桩基承载力，桩基承载力往往受胶结程度的影响较大，即使同一个地区也难以概括出地区经验；(4)桩侧阻力与钙质砂压缩性有关；(5)珊瑚礁浅部地层中胶结层与未胶结层交互出现，给桩基承载力计算、工程设计和施工带来很大困难。因此，桩基工程设计时需要深入考虑钙质砂地基的特殊工程性质，全面掌握在不同荷载条件下桩体变位、桩身变形等的规律，才能更好地服务于岛礁工程。

思考题

1. 简述岛礁机场工程的优点，及其面临的风险。由此说明建造岛礁机场需考虑哪些因素？

2. 机场道面工程有哪几类？哪些种类是目前比较常用的？

3. 如何计算荷载作用下岛礁地基的沉降变形？

4. 简述开发地下空间的重要性。

5. 岛礁与陆域地下工程在开发设计时需考虑的因素有什么不同?

参考文献

Goto K, et al., 2011. New insights of tsunami hazard from the 2011 Tohoku-Oki event[J]. Marine Geology, 290(1): 46-50.

Wang X Z, et al., 2017. Investigation of engineering characteristics of calcareous soils from fringing reef [J]. Ocean Engineering, 2017, 134: 77-86.

Wang X, et al., 2020. Strength characteristics of reef limestone for different cementation types [J]. Geotechnical and Geological Engineering, 38(1): 79-89.

Zhu C Q, et al., 2017. Engineering geotechnical investigation for coral reef site of the cross-sea bridge between Malé and Airport Island[J]. Ocean Engineering, 146: 298-310.

中华人民共和国住房和城乡建设部,2012. 城市轨道交通岩土工程勘察规范:GB 50307—2012[S]. 北京:中国计划出版社.

陈湘生,等,2020. 建设超大韧性城市(群)之思考[J]. 劳动保护,03:24-27.

中华人民共和国交通运输部,2019. 公路隧道设计规范 第一册 土建工程:JTG 3370.1—2018[S]. 北京:人民交通出版社.

单华刚,汪稔,2000. 钙质砂中的桩基工程研究进展述评[J]. 岩土力学,(03):299-304+308.

冯韦皓,2019. 水泥稳定珊瑚礁砂基层的路用性研究[D]. 杭州:浙江工业大学.

付豪,2021. 珊瑚礁灰岩地下硐室三维地质力学模型试验机数值模拟研究[D]. 济南:山东大学.

江浩,2009. 钙质砂中桩基工程承载性状研究[D]. 武汉:中国科学院研究生院(武汉岩土力学研究所).

林伟才,2017. 海水拌制珊瑚礁砂混凝土的特性及工程应用研究[D]. 广州:华南理工大学.

彭余华,廖志高,2015. 机场道面施工与维护[M]. 北京:人民交通出版社.

秦玉红,2009. 地下洞室围岩稳定分析方法的研究现状[J]. 现代矿业,25(05):24-27.

邱桐,等,2021. 城市地下空间综合韧性防灾抗疫建设框架[J]. 清华大学学报(自然科学版),61(02):117-127.

任辉启,等,2015. 南沙群岛珊瑚礁工程地质研究综述[J]. 防护工程,01:63-78.

苏理昌,2017. 微型人工岛地下空间开发可行性研究[J]. 港工技术,54(04):70-74.

谭国宏,等,2019. 援马尔代夫中马友谊大桥总体设计[J]. 桥梁建设,49(02):92-96.

汪稔,等,1997. 南沙群岛珊瑚礁工程地质[M]. 北京:科学出版社.

王诺,2018. 海上人工岛机场规划、设计与建设[M]. 北京:科学出版社.

王新志,2008. 南沙群岛珊瑚礁工程地质特性及大型工程建设可行性研究[D]. 武汉:中国科学院研究生院(武汉岩土力学研究所).

徐超,等,2011. 冲击碾压法处理粉土地基试验研究[J]. 岩土力学,32(S2):389-392+400.

余以明,等,2017. 珊瑚礁石礁砂水稳层应用于机场跑道的研究[J]. 河南建材,3:34-36.

张晋勋,等,2021. 远洋吹填珊瑚砂岛礁机场建造关键技术研究与应用[J]. 建筑科技,433:104-110.

赵焕庭,王丽荣,2017. 南海诸岛珊瑚礁人工岛建造研究[J]. 热带地理,37(05):681-693.

郑坤，等，2019. 不同结构类型珊瑚礁灰岩弹性波特性研究[J]. 岩土力学，40(08)：3081-3089.

郑坤，等，2020. 珊瑚礁灰岩工程地质特性研究新进展[J]. 海洋地质与第四纪地质，40(01)：42-49.

中国工程建设标准化协会，2020. 城市地下空间工程技术标准：T/CECS 772—2020[S]. 北京：中国建筑工业出版社.

中国民用航空局，2017. 民用机场沥青道面设计规范：MH/T 5010—2017[S]. 北京：中国民航出版社.

中华人民共和国住房和城乡建设部，2015. 工程岩体分级标准：GB/T 50218—2014[S]. 北京：中国计划出版社.

中华人民共和国住房和城乡建设部，2019. 城市地下空间规划标准：GB/T 51358—2019[S]. 北京：中国计划出版社.

中华人民共和国交通运输部，2020. 公路桥涵地基与基础设计规范：JTG 3363—2019[S]. 北京：人民交通出版社.

中华人民共和国交通运输部，2017. 公路沥青路面设计规范：JTG D50—2017[S]. 北京：人民交通出版社.